普通高等教育电子通信类特色专业系列教材

电磁场数值方法

陈涌频　孟　敏　方宙奇　编著

科学出版社
北　京

内 容 简 介

本书在论述电磁场数值方法的分类、共性和实现方法的基础上，分章节系统地论述了求解电磁场工程问题的三大基本数值方法——差分法、有限元法和矩量法。本书阐明了这几种计算方法的基本原理和解题步骤，并对各种方法的优势和局限性、相互联系与应用区域等作了介绍。在第5章，对目前常用的电磁场数值方法中的快速算法和混合算法作了介绍。附录提供了部分计算程序，以供参考。

本书体系完整，可读性强，可作为高等工科院校相关专业的本科生教材，立足于学生在完成“电磁场理论”和“高级语言设计”课程学习的基础上，培养学生利用计算机分析解决工程问题的方法和能力。同时，本书也可作为从事电磁场应用等相关研究的科研人员和技术人员等的参考用书。

图书在版编目(CIP)数据

电磁场数值方法/陈涌频，孟敏，方宙奇编著. —北京：科学出版社，2016.1

普通高等教育电子通信类特色专业系列教材

ISBN 978-7-03-047138-3

I. ①电… II.①陈… ②孟…③方…III. ①电磁场-数值方法 IV. ①0441.4

中国版本图书馆 CIP 数据核字(2016)第 012551 号

责任编辑：潘斯斯 匡 敏/责任校对：胡小洁

责任印制：张 伟/责任设计：迷底书装

科学出版社 出版

北京东黄城根北街 16 号

邮政编码：100717

http://www.sciencep.com

北京厚诚则铭印刷科技有限公司 印刷

科学出版社发行 各地新华书店经销

*

2016 年 1 月第 一 版 开本：787 ×1092 1/16

2022 年12月第六次印刷 印张：12

字数：284 000

定价：59.00 元

(如有印装质量问题，我社负责调换)

前　言

随着计算机技术的应用和发展，许多无法求解的电磁问题得以解决。例如，理论模型复杂或理论模型尚未建立，或者实验费用昂贵甚至不能进行实验，此时，借助计算机的数值方法就成为研究这些问题的唯一或主要手段，它已成为当今研究电磁场问题不可或缺的一条重要途径。在高科技竞争日益激励的今天，以电磁场理论为基础的数值计算在电磁场与微波学科中发挥着越来越重要的作用。本书的目的就在于帮助电磁专业的本科生学习一些常用的数值方法，为今后更加深入学习和应用数值方法打下基础。

全书分为 6 章。第 0 章为绪论，介绍电磁场数值方法的历史、现状与发展趋势，对其共性和实现要点进行说明。第 1～4 章分别介绍电磁场数值方法中的几种重要方法，有限差分法、时域有限差分法、有限元法和矩量法，从基本理论到应用实例都有深入浅出的讲解，力图使学生在学习了这些基本理论后能通过上机实践很快掌握这些方法。第 5 章介绍电磁场数值方法中的一些快速算法及混合方法，力图使学生对电磁场数值方法最新的发展应用状况有更详细的了解。本书附录中的程序选择简单易用的 MATLAB 语言，帮助学生理解本书数值方法的过程及应用。本书中，第 0、第 5 章由陈涌频修订，第 1、第 3 章由方宙奇编写，第 2、第 4 章和附录由孟敏编写。

本书立足本科生的基础与能力，力求达到以下目的：

(1) 传授技能：帮助学生将数值方法的数学表达转换成有用及有效的软件代码。

(2) 帮助设计与建模：只有在了解目前流行的几种工程数值方法之间的相对优势、有效范围、应用区域、理想精度、基本特性的基础上，才能更好地选择和使用仿真软件。

(3) 加深理论：通过应用数值方法解决电磁基本问题，帮助学生更好地理解电磁理论。

限于作者学识水平，书中难免有不足和疏漏之处，敬请广大读者批评指正。

作　者

2015 年 9 月

目　录

第0章　绪　　论

数值解是相对于解析解而言的，它是求解场域内若干点的离散值。数值方法就是求得这些点的数值解的方法。

0.1　数值方法产生的历史和发展现状

1. 数值方法产生的历史

宏观电磁现象的基本规律可以用麦克斯韦方程组(积分形式和微分形式)表示，再加上边界条件(三类边值问题和不同介质分界面上的边界条件、无限远处的边界条件、周期性边界条件等)和初始条件，就可以描述不同的实际电磁问题。经过数学抽象后归结为微分方程模型、积分方程模型和属于优化模型的变分方程模型三大类。例如，最初求解电磁问题，是用分离变量法或其他数学方法严格求解偏微分方程和积分方程，得到的是解析解(或称严格解)。其优点如下：

(1) 严格解是一个明确的表达式，各物理量之间的关系直观，便于优化设计；

(2) 精度高，计算量小；

(3) 可以作为近似解和数值解的检验标准，也可作为近似方法和数值方法的基础。

而其局限性如下：

(1) 解题范围有限，仅能解决很少量的问题，如标量亥姆霍兹方程只有在 11 种坐标系下才能用分离变量求解，并且要求边界面是该坐标系的一个坐标面或几个坐标面的组合，且边界条件是第一类或第二类；又如积分方程中的积分核只有在某些形式时才能用变换数学得到严格的积分解；

(2) 难掌握；

(3) 往往在理想条件下得到，而且有其不严格的一面。

工程电磁场问题的复杂性，致使各种解析方法已经无法适应广泛工程问题分析求解的需要。随着计算机的出现，属于近似计算方法范畴的电磁场数值计算方法得到了长足的发展，最初始于 20 世纪 60 年代。

最早的近似解包括一些高频方法，如物理光学法(PO)、几何光学法(GO)、一致绕射理论(UTD)、几何绕射理论(GTD)等，这些方法至今仍占有重要地位。

近似法的优点是：①计算简单、省时，参量间关系直观，便于优化；②借助于计算机，存储量小，计算速度快；适合电大尺寸目标。局限性是：①准确度低；②处理复杂目标比较困难。

近似解法首先要根据求解问题的解的范围作出在该范围内成立的近似假设，从而达到简化模型和求解过程的目的。根据不同的实际问题，近似假设也不同，于是派生出不同的近似方法。

近似解法中包括了部分解析法和部分数值结果。其解析部分比严格解中的解析部分要少些，但计算工作量较大，且随着期望精度的提高而增大，反之，工作量小，数值结果就不会太精确。

数值法是指直接将待求解的数学方程进行离散化处理，将无限维的连续问题化为有限维的离散问题，将解析方程的求解问题化为代数方程的计算问题的一类方法。在这类方法中，应尽量保持数学上的严谨性，少作物理上的近似，以保证当离散精度无限提高时所得数值解也可无限地趋于精确解。从这个意义上讲，数值法既是一种近似方法，又留有提高计算精度的无限空间。解析法所求得的往往只是方程的经典解，数值法则突破了这一限制，能够求得方程的广义解(仍然是近似的)。数值法从原理上讲没有局限性，是一种普遍适用的方法，只是计算机的存储空间和计算速度限制了其应用范围。

数值方法的优点是:①原则上可以求解任意复杂边界的电磁工程问题;②准确度高。其局限性主要受限于计算机的容量、速度和有效位数。

综上所述，3 种解法各有千秋，它们相互促进，相互补充。而对于大量的工程实际问题，只能求其数值解。

2. 数值方法的发展现状和前景

数值方法的发展大致分为两个阶段，已经从“能否解决”问题的阶段发展到了“如何更快更好地解决”问题的阶段。为了实现这一目标，近期的数值法均围绕工程实际问题研究各种改进方法、手段及相应的计算技术。近年来，越来越多的研究单位和人员参与到电磁场数值方法的研究中，各单位和人员间也日益加强了相互的交流与合作。

提高计算能力的手段包括两方面，一是计算机技术的进步，包括内存增大、计算速度提高及并行技术的发展；二是快速算法及混合算法的发展。

近年来出现了多种商用软件，如 FEKO(基于积分方程法)、HFSS(基于有限元法)、CST(基于时域有限积分方法)、XFDTD(基于时域有限差分法)等。这些方法及软件各有优势，但仍有其不能解决的问题，所以致力于电磁场数值方法的研究还是很有前景的。

0.2 数值方法的地位和作用

各种电磁场数值方法(现称计算电磁学)已广泛应用于军民两方面，如 RCS 分析与隐身技术、天线分析与设计、电磁干扰、遥感技术、通信、生物工程、电路设计等，如图 0-1 所示。对于这些复杂的电磁问题，不仅解析方法无能为力，实验手段也不可能给予全面的解决，更不用说经济上付出的代价，而且，计算电磁学所能提供的信息的丰富程度也是实验方法无法比拟的。可以说，计算电磁学的发展改变了现代电磁场工程的设计过程，越来越多地依赖计算机辅助设计。这也充分说明了电磁场数值方法是一种解决电磁工程问题强有力的现代化方法，是电磁场理论的重要组成部分。

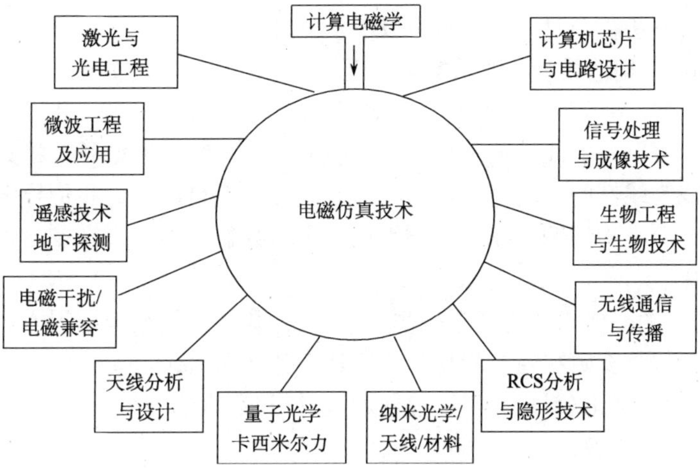

图 0-1　计算电磁学的应用图示

0.3　数值方法的特性和分类

数值方法按其数学模型的形式分为微分方程法和积分方程法；还可以按照求解域分为频域方法和时域方法，如图 0-2 所示。其共同特点是：将连续函数离散化，将描述的微分方程或积分方程化为代数方程组，再利用求解代数方程组的解法求得其数值解。

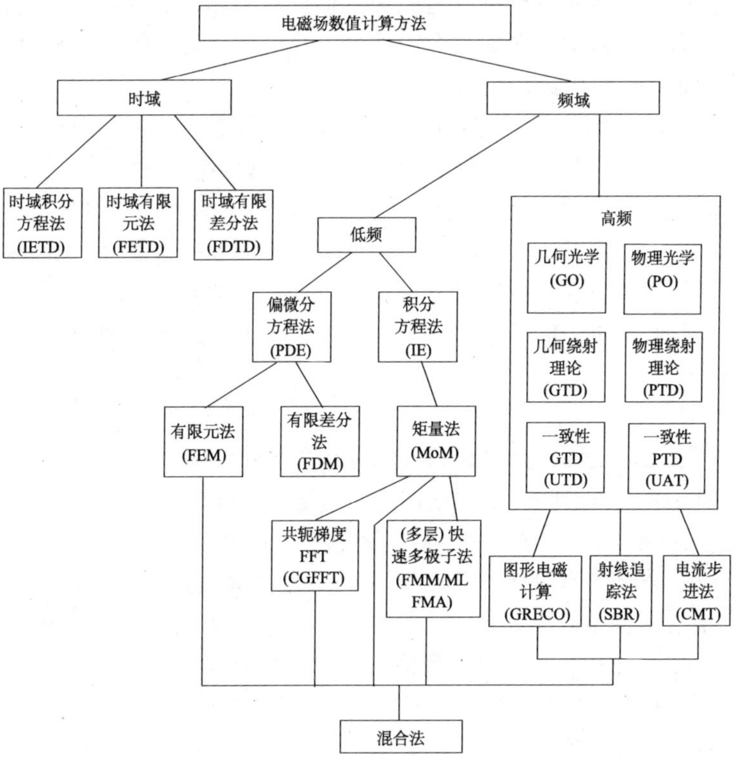

图 0-2　数值方法分类

在应用数值方法解题时，大致可按以下步骤进行。

(1)分析问题，构造模型，即从实际问题出发，进行一定的简化，构成物理模型，然后用数学语言描述，建立其数学模型。例如，要计算一个金属波导，其导电率为有限值，其中填充的介质可能是非线性或不均匀的。我们在建立物理模型时，将其导电率视为无穷大，将介质视为线性的、均匀的，而且假设波导中无自由电荷和传导电流、波导工作在匹配状态、截面是均匀的。在这些假设前提下，我们采用亥姆霍兹方程来描述它，即 $\nabla_t^2\varphi + K_c^2\varphi^2 = 0$。

(2)选择适当的数值方法将数学模型离散化，即化为一组代数方程或矩阵特征值问题；例如，选用差分法将亥姆霍兹方程化为矩阵特征值问题 $\boldsymbol{K\varphi=\lambda\varphi}$。

(3)求解代数方程组(或矩阵特征值问题)，得到数值结果。

(4)误差分析及检验。

0.4 数值方法的前后处理

电磁场数值方法是求解能代表整个问题的某些离散点(区域)的值，因此，在实现数值计算之前，我们首先要找到这些离散点(区域)。这一过程称为剖分或网格创建。

我们用规则或不规则的点、线、面、体的集合来模拟计算区域，并给这些剖分单元赋予能表达物理特性的参数值(通常称为基函数)。线可以是直线段、曲线段；面常用三角形与矩形块，可以是平面，也可以是曲面；体有四面体、三棱柱与六面体等，同样可以用曲面体或平面体。通常，在同一个问题中，我们使用同样的单元剖分。当然，这些剖分必须细到能表达出电流或场的振荡。

在电磁分析中，得到光滑、规则的网格是很重要和具有挑战的工作，对于复杂目标尤其如此。目前，很多商业软件能助我们完成剖分，如 ANSYS、Hypermesh 等。

完成数值计算后，我们得到的数值结果是否有效、是否可用呢？这是一个极为重要、必须解决的问题。只有通过检验证明所得数值结果是所求问题的数值解，该结果才是有用的。

事实上，任何数值方法在解题过程中都有近似，都会带来误差。所以对其数值结果进行检验、判断是必不可少的步骤。下面简单介绍误差的来源及数值结果的检验方法。

1. 主要误差来源

(1)模型误差。将实际问题抽象为物理、数学模型时，可能将某些条件理想化，或者加上了某些限制，或忽略某些次要因素，建立的是一个理想化模型(如学习波导时，假定波导是匀直的、无限长的)，它只是客观实际的一种近似、粗糙描述，必然带来误差。

(2)观测误差。数学模型中常常包含着一些通过实验测量得到的物理参数，如介电常数、导电率、电磁耦合系数等。这些实验测量参数不可避免地带有误差，这种误差称为观测误差。前两项误差其实对于包括严格法在内的任何解法都是存在的。

(3)方法误差(截断误差)。例如，差分方程用差商代替微商，截断了泰勒级数的高阶项。如果碰到积分，也是取有限项之和，且迭代是迭代有限次数。

(4)计算机舍入误差(累积误差)。这是由计算机的有限字长带来的，也称为计算误差。

在计算机上进行很多次运算以后，其舍入误差的累积也是相当惊人的。

2. 主要检验方法

既然有这么多误差，计算结果一定要进行检验(如和实验结果比)，以判定结果是否可用。不符合检验的计算结果一定是错误的，符合检验的计算结果也不一定就是正确的。主要检验的方法如下。

(1)利用先验知识检验。如解的互易性、对称性等，以及从经验和概念上去判断与参量之间的关系、变化趋势或极限情况等。例如，对于静态场，常用的检验方法有是否满足边界条件，电位变化是否具有连续趋势，等位线走向是否与边界条件呈相似变化，对称场是否对称等。

(2)对比检验。利用已有成果的数据来检验，例如，解析结果、实验结果、文献结果。还可以同时利用几种方法对计算结果进行比较，如有限元法和矩量法的结果。

(3)收敛试验。现在通常在计算结果与对比结果相近但不吻合时使用，以耗费大量机时为代价。具体做法是逐渐细化场(剖分加密)或提高收敛精度。

我们把数值方法的解题步骤概括为如图0-3所示的简图。由图0-3可见，除了各种

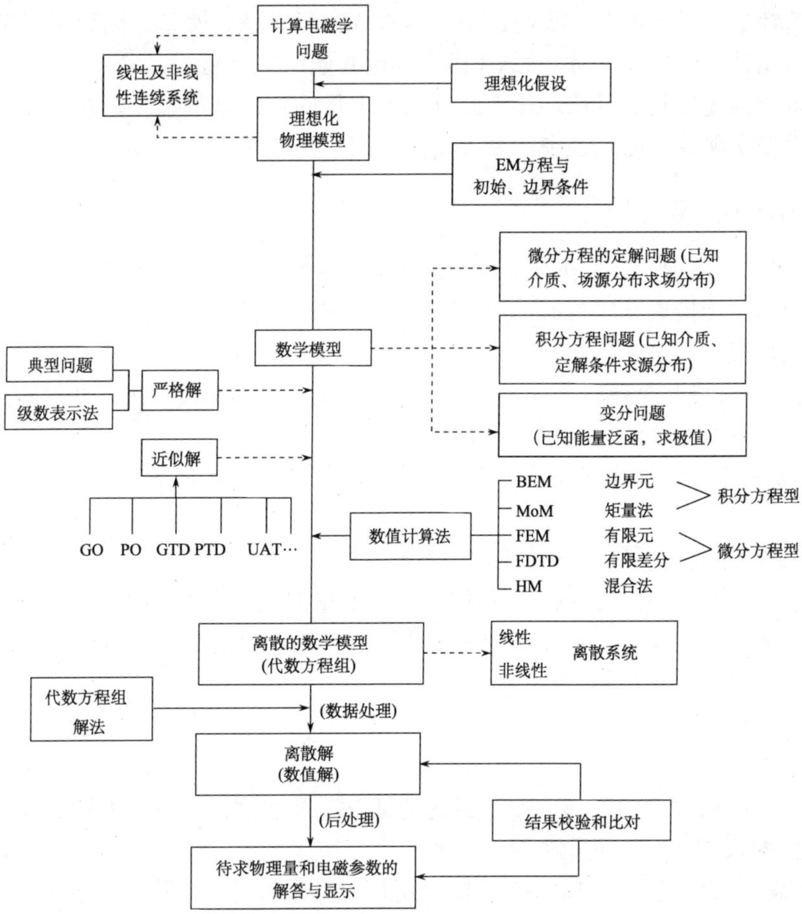

图0-3　电磁场数值计算流程图

数值方法为核心内容外，执行电磁场数值计算必须具备一定的数学、物理基础和电磁场的专业知识，建模中还需要实践知识和经验的积累，合理地利用理想化或工程化假设，准确地给出问题的定解条件(初始条件、边界条件)；并在计算流程的前处理(如场域剖分、数据文件构成等)、数据处理和后处理等计算机编程和应用方面具备相应的基础。

0.5 数值方法的代码实现

数值方法是程序语言的典型应用。我们常用的程序语言包括 Fortan 以及后来的 Fortan 90、C、C++，或使用交互式数字编程环境，如 MATLAB。虽然 Fortan 不再流行，但其简单、运行速度快的特点，使其在科学计算中占有重要地位。其他语言更典型地被用于商业代码中。

本书中的算例和参考代码都使用 MATLAB 语言编写。相比于 C、Fortan 等语言，MATLAB 语言因指针和低级计算构造封装起来而更简单易学。这也使得 MATLAB 语言成为学习数值方法应用的合适工具。但它运行时会比 C 和 Fortan 慢且多占内存。虽然 MATLAB 的一些核心函数已经高度优化，能快速运行，但是，一个算法的性能强烈地依赖其实现的细节。对于本书，我们使用 MATLAB 语言就足够了，因为在程序语言的学习、编写和调试代码方面，MATLAB 语言都比其他语言容易。

对于本书描述的基础算法，读者必须通过大量的实践来掌握。好的编程习惯会节省大量时间。在实现算法的过程中，读者要注意如下几方面。

1. 编写代码

(1) 正式写代码前，首先在纸上画出算法流程，找出其中的关键部分，并将算法的主要公式写成尽可能接近真实代码的形式。这一步骤通常被忽略，但没充分理解算法就写出的代码通常很难调试。

(2) 将代码分成几个逻辑部分，如物理参数定义、求解参数、计算过程参数、剖分及数据处理、矩阵填充、线性求解、后处理。

(3) 不要将未知量和物理尺寸等作为常数，而将其作为变量参数定义在整个代码的开头部分。

(4) 尽量使用缩进循环和条件语句，不要写长句。

(5) 对代码进行注释。包括，简单描述一下变量的意思，函数的作用，函数中每行代码或几行代码的意思，甚至更详细地将公式注明；用明显的分隔符将代码的主要几个部分分开；记录易错的符号和常量。

2. 调试代码

代码写完不代表它能工作，不恰当的调试方法可能会耗费我们大量的时间。为尽快得到能工作的代码，有如下几个建议。

(1) 切忌盲目改变数字或命令，不断地运行代码来获得正确结果。这种做法在某些情况下偶尔有用，但通常是浪费时间。

(2)好的调试习惯是将代码分成几部分，每部分分别调试。很难同时调试一个以上的复杂代码段。

(3)用一个特殊算例来检查代码的正确性，也许我们会从其结果曲线中得到些提示。

(4)一直调试代码，可能会卡在某个地方不能通过。这时最好暂别代码，休息一会儿后再回头仔细读代码。

(5)作为最后的手段，从头开始重写代码。这可能比从一个长码中找到一个易被忽略的小错误更快。

有时，代码的前后处理比核心算法更难完成和调试。在证实前处理代码前不要去调试核心算法代码，在证实核心代码前不要去调试后处理代码。谨记，将复杂的长代码分成小段来调试，不要一起调试。

第 1 章　有限差分法

有限差分法(Finite Difference Method，FMD)于 19 世纪末被提出，自 20 世纪 50 年代以来得到了广泛的应用，是电磁场数值方法中应用得最早的一种，至今仍被广泛运用。因为该方法是一种直接将微分问题变为代数问题的近似数值解法，数学概念清晰，表达简单、直观。无论是常微分方程、偏微分方程、各种类型的二阶线性方程，甚至是高阶或非线性方程，均可利用差分法转化为代数方程组，而后利用计算机求其数值解。

有限差分法的基础是差分原理，它把电磁场连续域内的问题变为离散系统的问题，即用各离散点上的数值解来逼近连续场域内的真实解，因而它是一种近似的计算方法。根据目前计算机的容量和速度，对许多问题可以得到足够高的计算精度。

该方法将求解域划分为差分网格，用有限个网格节点代替连续的求解域。有限差分法以泰勒级数展开等方法，用网格节点上的函数值的差商代替控制方程中的导数进行离散，从而建立以网格节点上的值为未知数的代数方程组。

1.1　有限差分法基础

1.1.1　差分与差商

设函数 $f(x)$ 的自变量 x 有一个小增量 $\Delta x = h$，则 $f(x)$ 的增量为

$$\Delta f(x) = f(x+h) - f(x) \tag{1-1}$$

$\Delta f(x)$ 称为函数 $f(x)$ 的一阶差分，它与微分不同，因为是有限量的差，故称为有限差分。

式(1-1)为一阶向前差分，与之对应的 $\Delta f(x) = f(x) - f(x-h)$ 为一阶向后差分，组合一下得 $\Delta f(x) = \dfrac{f(x+h) - f(x-h)}{2}$，此一阶差分称为中心差分。

而一阶差分 Δf 除以增量 h 的商，就称为一阶差商：

$$\frac{\Delta f(x)}{\Delta x} = \frac{f(x+h) - f(x)}{h} \tag{1-2}$$

当增量 h 足够小时，差分 Δf 与微分 $\mathrm{d}f$ 之间的差才足够小，$\dfrac{\Delta f(x)}{\Delta x}$ 将接近于一阶导数 $\dfrac{\mathrm{d}f}{\mathrm{d}x}$。

一阶差分 Δf 是自变量 x 的函数。按式(1-1)计算一阶差分 $\Delta f(x)$ 的差分，就得到二阶差分 $\Delta^2 f(x)$：

$$\Delta^2 f(x) = \Delta f(x+h) - \Delta f(x) \tag{1-3}$$

函数 $f(x)$ 的一阶导数 $f'(x)$ 为

$$f'(x)=\frac{\mathrm{d}f}{\mathrm{d}x}=\lim_{\Delta x\to 0}\frac{\Delta f(x)}{\Delta x}$$

它是无限小的微分 $\mathrm{d}f=\lim\limits_{\Delta x\to 0}\Delta f(x)$ 除以无限小微分 $\mathrm{d}x=\lim\limits_{\Delta x\to 0}\Delta x$ 的商。应用差分，$f'(x)$ 可近似表示如下：

一阶向前差商

$$f'(x)\approx\frac{\Delta f(x)}{\Delta x}=\frac{f(x+h)-f(x)}{h} \tag{1-4}$$

故 $f'(x)$ 可表示为有限小的差分 $\Delta f(x)$ 除以有限小差分 Δx 的商，称为差商。同理，一阶导数 $f'(x)$ 还可表示如下：

一阶向后差商

$$\frac{\mathrm{d}f}{\mathrm{d}x}\approx\frac{\Delta f(x)}{\Delta x}=\frac{f(x)-f(x-h)}{h} \tag{1-5}$$

中心差商

$$\frac{\mathrm{d}f}{\mathrm{d}x}\approx\frac{\Delta f(x)}{\Delta x}=\frac{f(x+h)-f(x-h)}{2h} \tag{1-6}$$

它们对于一阶导数的逼近度可以通过泰勒公式的展开式得知。

由泰勒公式，其近似表达式可以写成

$$f(x+h)=f(x)+h\frac{\mathrm{d}f(x)}{\mathrm{d}x}+\frac{1}{2!}h^2\frac{\mathrm{d}^2 f(x)}{\mathrm{d}x^2}+\cdots \tag{1-7}$$

和

$$f(x-h)=f(x)-h\frac{\mathrm{d}f(x)}{\mathrm{d}x}+\frac{1}{2!}h^2\frac{\mathrm{d}^2 f(x)}{\mathrm{d}x^2}-\cdots \tag{1-8}$$

可见式(1-4)和式(1-5)都截断于 $h\dfrac{\mathrm{d}f(x)}{\mathrm{d}x}$ 项，而把 h^2 项以及更高幂次的项全部略去。式(1-6)相当于把相应的泰勒公式

$$f(x+h)-f(x-h)=2h\frac{\mathrm{d}f(x)}{\mathrm{d}x}+\frac{2}{3!}h^3\frac{\mathrm{d}f(x)}{\mathrm{d}x^3}+\cdots \tag{1-9}$$

截断于 $2h\dfrac{\mathrm{d}f(x)}{\mathrm{d}x}$，略去了 h^3 项以及更高幂次的项。很明显，以上 3 种差商表达式中，式(1-6)所示的差商截断误差最小。其误差大致和 h 的二次方成正比。显然，采用中心差商代替导数，其精度更高。这种抛弃了泰勒展开式高阶项所带来的误差就称为截断误差。$h\to 0$，截断误差 $\to 0$。

函数 $f(x)$ 的二阶导数(差商的差商) $f''(x)$ 为

$$\begin{aligned}\frac{\mathrm{d}^2 f}{\mathrm{d}x^2}&=\frac{1}{\Delta x}\left(\left.\frac{\mathrm{d}f}{\mathrm{d}x}\right|_{x+\Delta x/2}-\left.\frac{\mathrm{d}f}{\mathrm{d}x}\right|_{x}\right)\\&\approx\frac{1}{h}\left[\frac{f(x+h)-f(x)}{h}-\frac{f(x)-f(x-h)}{h}\right]\\&=\frac{f(x+h)-2f(x)+f(x-h)}{h^2}\end{aligned} \tag{1-10}$$

式(1-10)相当于把泰勒公式 $f(x+h)+f(x-h)=2f(x)+h^2\dfrac{\mathrm{d}^2 f(x)}{\mathrm{d}x^2}+\dfrac{2}{4!}h^4\dfrac{\mathrm{d}^4 f(x)}{\mathrm{d}x^4}+\cdots$ 截断于 $h^2\dfrac{\mathrm{d}^2 f(x)}{\mathrm{d}x^2}$ 项，略去了 h^4 项以及更高幂次的项。

对于偏导数，可仿照上述方法，将 $\dfrac{\partial u}{\partial x}$ 表示为

$$\frac{\partial u}{\partial x}\approx\frac{u(x+h,y,z)-u(x,y,z)}{h} \tag{1-11}$$

同样，二阶偏导数可表示为

$$\frac{\partial^2 u}{\partial x^2}\approx\frac{u(x+h,y,z)-2u(x,y,z)+u(x-h,y,z)}{h^2} \tag{1-12}$$

由此可见，有限差分法误差的关键之一为 Δx 的大小。

1.1.2　求解步骤与网格划分

有限差分法的应用范围很广，不但能求解均匀或不均匀线性媒质中的位函数和有关参量，而且能解决非线性媒质中的场；它不仅能求解恒定场或似稳场，还能求解时变场。从前面的数学分析可以看到，有限差分法是以差分原理为基础的一种数值方法，它实质上是将电磁场连续域问题变换为离散系统的问题来求解，也就是通过网格状离散化模型上各离散点的数值解来逼近连续场域的真实解。通常的步骤如下。

(1)采用一定的网格划分方式离散化场域。从原则上说，离散点可以采取任意方式分布，但为了简化问题，减少所用的差分格式数目，提高解题速度和精度，通常使得离散点按一定的规律分布，即用规则网格划分求解域。常见的规则差分网格有正方形、矩形、平行四边形、等角六边形和极坐标网格等，如图 1-1 所示。这些规则网格线的交点(节点)就是我们要计算其场值的离散点，网格间的距离称为步长，用 h 表示。其中最常用，也是最重要的是正方形网格。

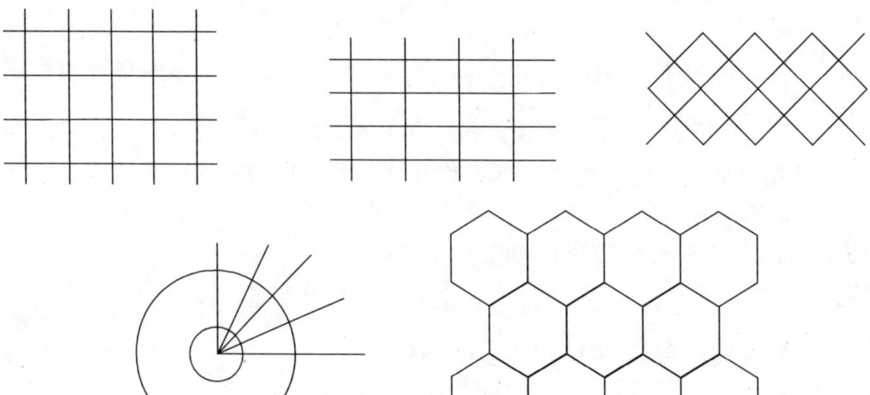

图 1-1　常见的规则差分网格

当然，规则划分网格也有其局限：①不适合场的变化十分剧烈的问题，变化剧烈要取密网格，于是增加了计算量和存储量；②不适用于曲线边界或分界面，因为它们与网格斜交而不在节点处。在第二类边界条件或含有法向导数的边界条件下将造成不少困难，它需要使用更高级的插值，由此也导致了差分法的两个局限：①因为必须使用规则网格，所以差分法不适用于场的变化剧烈且不均匀的问题；②不适用于曲线边界或分界面，因为会导致不对称的差分格式。

(2) 基于差分原理的应用，需要对场域内偏微分方程以及场域边界上的边界条件，也包括场域内不同媒质分界面上的边界条件，都进行差分离散化处理，给出相应的差分计算格式。

(3) 结合选定的代数方程组的解法，编制计算机程序，求解由上所得的对应于待求边值问题的差分方程组，所得解答即为该边值问题的数值解。

1.2　静态场问题的差分法

在实际计算中，对于不同问题，所采用的差分方程的具体形式是不同的；具体取决于所求问题所选用的坐标系、网格形状和问题的边界条件。例如，直线边界选用直角坐标系，圆形边界可以选用极坐标系等。下面我们以直角坐标系下的二维泊松方程为例介绍不同差分格式的形成。

1.2.1　差分格式的建立

泊松方程在物理中是用来描述稳定场的状态的，写为

$$\nabla^2\phi = \frac{\partial^2\phi}{\partial x^2} + \frac{\partial^2\phi}{\partial y^2} = f(x,y) \tag{1-13}$$

相应的边界条件有三类：

$$\phi|_G = g(p)\ (\text{第一类边界条件}) \tag{1-14}$$

$$\frac{\partial\phi}{\partial n}|_G = g(p)\ (\text{第二类边界条件}) \tag{1-15}$$

$$\phi|_G + g_1(p)\frac{\partial\phi}{\partial n}|_G = g_2(p)\ (\text{第三类边界条件}) \tag{1-16}$$

介质不连续处还要增加连接条件

$$\begin{cases} \phi_1|_G = \phi_2|_G \\ \varepsilon_1 \dfrac{\partial\phi}{\partial n}|_G - \varepsilon_2 \dfrac{\partial\phi}{\partial n}|_G = \sigma \end{cases} \tag{1-17}$$

式中，G 为区域边界；p 为边界上的点；$\boldsymbol{n}$ 为边界的法向单位向量。

按照前面所说的步骤进行数值求解。

首先离散化场域，通常采用完全有规律的分布方式，这样在每个离散点上可得出相同形式的差分方程，有效地提高解题速度。如用矩形网格，如图 1-2 所示。

取 h 为不相等的最一般情况。ϕ_0 代表中心点的函数值，ϕ_1、ϕ_2、ϕ_3、ϕ_4 分别代表节点 1、2、3、4 上的待求电位值。

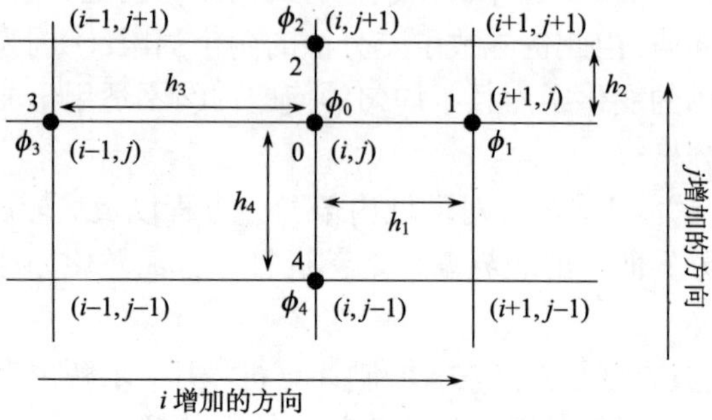

图 1-2　矩形差分网格的节点配置

然后形成差分格式，包括内点(场域中的节点)和边界点的差分格式。推导差分方程的方法有很多，在此我们采用泰勒级数展开法来推导 0 点的差分方程。

将任一点的位函数 ϕ 沿 $i(x)$ 方向展开节点为 0 点的位函数 ϕ_0 的泰勒级数

$$\phi = \phi_0 + \left(\frac{\partial \phi}{\partial x}\right)_0 (x - x_0) + \frac{1}{2!}\left(\frac{\partial^2 \phi}{\partial x^2}\right)_0 (x - x_0)^2 + \frac{1}{3!}\left(\frac{\partial^3 \phi}{\partial x^3}\right)_0 (x - x_0)^3 + \cdots \tag{1-18}$$

于是得到

$$\phi_1 = \phi_0 + \left(\frac{\partial \phi}{\partial x}\right)_0 h_1 + \frac{1}{2!}\left(\frac{\partial^2 \phi}{\partial x^2}\right)_0 h_1^2 + \frac{1}{3!}\left(\frac{\partial^3 \phi}{\partial x^3}\right)_0 h_1^3 + \cdots \tag{1-19}$$

$$\phi_3 = \phi_0 - \left(\frac{\partial \phi}{\partial x}\right)_0 h_3 + \frac{1}{2!}\left(\frac{\partial^2 \phi}{\partial x^2}\right)_0 h_3^2 - \frac{1}{3!}\left(\frac{\partial^3 \phi}{\partial x^3}\right)_0 h_3^3 + \cdots \tag{1-20}$$

将 h_3 乘以式(1-19)并与 h_1 乘以式(1-20)相加，并忽略步长(步长很小)的三阶以上的高阶项，得到 $\left(\frac{\partial^2 \phi}{\partial x^2}\right)_0$ 为

$$\left(\frac{\partial^2 \phi}{\partial x^2}\right)_0 \approx 2\frac{h_3(\phi_1 - \phi_0) + h_1(\phi_3 - \phi_0)}{h_1 h_3 (h_1 + h_3)} \tag{1-21}$$

当取相等步长 $(h_1 = h_3 = h_x)$ 时，有

$$\left(\frac{\partial^2 \phi}{\partial x^2}\right)_0 \approx \frac{\phi_1 - 2\phi_0 + \phi_3}{h_x^2} \tag{1-22}$$

同理可得

$$\left(\frac{\partial^2 \phi}{\partial y^2}\right)_0 \approx 2\frac{h_4(\phi_2 - \phi_0) + h_2(\phi_4 - \phi_0)}{h_2 h_4 (h_2 + h_4)} \tag{1-23}$$

相等步长 $(h_2 = h_4 = h_y)$ 时，有

$$\left(\frac{\partial^2\phi}{\partial y^2}\right)_0=\frac{\phi_2-2\phi_0+\phi_4}{h_y^2}+O(h^3) \tag{1-24}$$

将式(1-21)和式(1-23)代入泊松方程(1-13)，得

$$\nabla^2\phi=2\left[\frac{h_3(\phi_1-\phi_3)+h_1(\phi_3-\phi_0)}{h_1h_3(h_1+h_3)}+\frac{h_4(\phi_2-\phi_0)+h_2(\phi_4-\phi_0)}{h_2h_4(h_2+h_4)}\right]=f(x_0,y_0)=f_0 \tag{1-25}$$

取相等步长$\left(h_1=h_3=h_x,\ h_2=h_4=h_y\right)$时，式(1-25)化为

$$\frac{\phi_1-2\phi_0+\phi_3}{h_x^2}+\frac{\phi_2-2\phi_0+\phi_4}{h_y^2}=f_0 \tag{1-26}$$

用节点的角标表示为

$$\frac{1}{h_x^2}(\phi_{i+1,j}-2\phi_{i,j}+\phi_{i-1,j})+\frac{1}{h_y^2}(\phi_{i,j+1}-2\phi_{i,j}+\phi_{i,j-1})=f_{i,j} \tag{1-27}$$

此为“五点格式”或“菱形格式”。当然，不一定非要如图 1-2 所示那样以最近的 4 个点来表示ϕ_0，如也可以用包围ϕ_0的 8 个点的电位。通常，如果把相邻的网格节点数取得越多，则在同样分割的情况下，其计算结果的精确度越高。但是有关系的节点数增多，不仅差分计算式变得复杂，而且边界处理也将变得麻烦。所以当分割正方形或长方形时，通常是用上下左右 4 个点的电位来表示中心节点的电位。网格步长常常随场域的情况不同而改变。由于场域的某些区域场值变化很急剧，对这部分局部性地分割且分割得较密，以提高计算的精确度，同时对一些不重要的部分则可以分割得较稀疏，以减少总的节点(未知量)数目。为了改变网格的步长，可以将场域划分为若干个块，把块内的网格步长取为定值，但各个块之间，网格步长的变化不能过大，否则用逐次超松弛法所求得的解将变成不收敛。场域究竟应当分割得多细，首先关系到其结果的精确度，其次关系到计算时间和计算机存储容量的重要问题。当$h_x=h_y=h$时，有

$$\phi_{i+1,j}+\phi_{i-1,j}+\phi_{i,j+1}+\phi_{i,j-1}-4\phi_{i,j}=h^2f_{i,j} \tag{1-28}$$

对于拉普拉斯方程，$f=0$，有

$$\phi_{i+1,j}+\phi_{i-1,j}+\phi_{i,j+1}+\phi_{i,j-1}-4\phi_{i,j}=0 \tag{1-29}$$

注意，微分方程在场域中每一点上都完全成立，而一个具体的差分方程仅在场域的各个具体的点上成立。即差分方程的公式形式相同，但在每一点上却有不同的内容，参见式(1-66)。

在旋转对称场的情况下(球、柱、回旋体等形状的问题都可以归结为平面轴对称场的计算)，拉普拉斯方程可表达为(根据柱坐标(r,φ,z)、$\phi(r,\varphi,z)$关于z对称推导)

$$\nabla^2\phi=\frac{\partial^2\phi}{\partial r^2}+\frac{1}{r}\frac{\partial\phi}{\partial r}+\frac{\partial^2\phi}{\partial z^2}=0 \tag{1-30}$$

进行如图 1-3 所示的不等距网格划分，根据式(1-20)～式(1-23)可得

$$\begin{aligned}\phi_0\left(\frac{2}{h_2h_4}+\frac{2r_0+h_3-h_1}{h_1h_3r_0}\right)&=\frac{2}{h_2(h_2+h_4)}\phi_2+\frac{2}{h_4(h_2+h_4)}\phi_4\\&\quad+\frac{2r_0+h_3}{r_0h_1(h_1+h_3)}\phi_1+\frac{2r_0-h_1}{r_0h_3(h_1+h_3)}\phi_3\end{aligned} \tag{1-31}$$

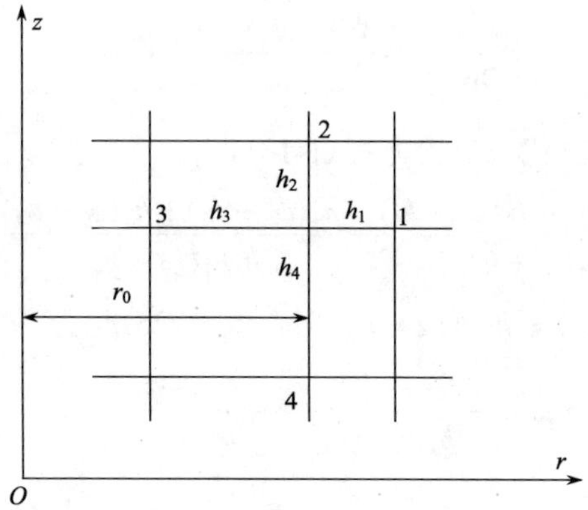

图 1-3　旋转对称场的不等距网格

在等距网格情况下，$h_1 = h_2 = h_3 = h_4 = h$。如果令轴线处 $j = 1$，而点 0 落于第 j 行（$j > 1$），则 $r_0 = (j-1)h_0$。根据式(1-31)可得

$$4\phi_0 = \phi_2 + \phi_4 + \left[1 + \frac{1}{2(j-1)}\right]\phi_1 + \left[1 - \frac{1}{2(j-1)}\right]\phi_3 \tag{1-32}$$

若点 0 落在 $j = 1$ 的轴上，需要另作处理，因为这时 $\frac{\partial \phi}{\partial r}|_{r=0} = 0$，$\frac{1}{r}\frac{\partial \phi}{\partial r}$ 为不定值。由洛必达法则知

$$\lim_{r->0}\left(\frac{1}{r}\frac{\partial \phi}{\partial r}\right) = \lim_{r->0}\frac{\left(\frac{\partial \phi}{\partial r}\right)'}{r'} = \left(\frac{\partial^2 \phi}{\partial r^2}\right)_{r=0} \tag{1-33}$$

所以对称轴上的泊松方程为

$$2\frac{\partial^2 \phi}{\partial r^2} + \frac{\partial^2 \phi}{\partial z^2} = 0 \tag{1-34}$$

再考虑到场的对称性，有 $\phi_1 = \phi_3$，可以求出等距网格情况下的差分格式为

$$6\phi_0 = \phi_2 + \phi_4 + 4\phi_1 \tag{1-35}$$

值得注意的是，在计算轴对称场时，除了考虑一般内点的差分格式外，还需要列出对称轴上的差分格式，因而在整个场域内，点的差分格式共有两种。

1.2.2　边界条件的处理

用差分法求解边值问题时，目的是要确定在所给定的场域中各节点上的位置 $\phi_{i,j}$。而未知量 $\phi_{i,j}$ 的个数等于节点的个数。假设节点数为 N(包括内点数 m 和边界节点数 $N-m$)。要确定 N 个未知数，则需要 N 个差分方程联立。前面只推导出了求解场域内部离散点的差分格式，因此还需要补充 $N-m$ 个方程。本节就来推导直角坐标系下二维求解域中常用的几种边界点的差分格式。

1. 不同介质平面分界面的情形(网格线与分界面重合，节点位于分界面上)

如图 1-4 所示，按不同介质分为两个区域。设 A 区有电磁源，满足泊松方程，取均等步长时，有

$$\phi_{a1}+\phi_{a2}+\phi_{a3}+\phi_{a4}-4\phi_{a0}+h^2W_a=0,\quad W_a=\rho/\varepsilon \tag{1-36}$$

B 区无电磁源，满足拉普拉斯方程，取均等步长，有

$$\phi_{b1}+\phi_{b2}+\phi_{b3}+\phi_{b4}-4\phi_{b0}=0 \tag{1-37}$$

ϕ_{a1} 和 ϕ_{b3} 为虚构点，因为节点 1 不在 A 区，节点 3 不在 B 区。它们都超出了各自方程的有效区间。处理的方法是利用边界条件消去此虚点。

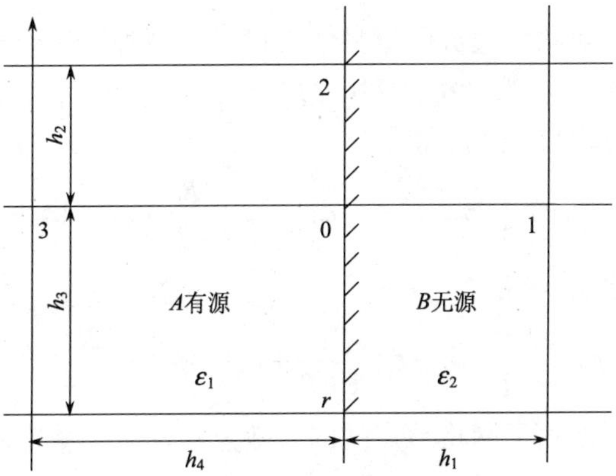

图 1-4　分界面处建立的坐标系

根据不同介质分界面上的边界条件，有

$$\phi_{a2}=\phi_{b2}=\phi_2,\quad \phi_{a4}=\phi_{b4}=\phi_4,\quad \phi_{a0}=\phi_{b0}=\phi_0 \tag{1-38}$$

$$\varepsilon_1\left(\frac{\partial\phi_1}{\partial n}\right)_0=\varepsilon_2\left(\frac{\partial\phi_2}{\partial n}\right)_0 \quad => \varepsilon_1(\phi_{a1}-\phi_{a3})=\varepsilon_2(\phi_{b1}-\phi_{b3}) \tag{1-39}$$

n 为边界上的法向单位向量。

令 $\varepsilon_1/\varepsilon_2=R$，由式(1-36)～式(1-39)可得

$$\frac{2\phi_{b1}}{1+R}+\phi_2+\phi_{a3}\frac{2R}{1+R}+\phi_4-4\phi_0+\frac{R}{1+R}h^2W_a=0 \tag{1-40}$$

几种特殊情况如下。

(1) $R=1$时,

$$\phi_{b1}+\phi_2+\phi_{a3}+\phi_4-4\phi_0+\frac{1}{2}h^2W_a=0 \tag{1-41}$$

(2) 两边均是拉普拉斯方程时，

$$\frac{2\phi_{b1}}{1+R}+\phi_2+\phi_{a3}\frac{2R}{1+R}+\phi_4-4\phi_0=0 \tag{1-42}$$

(3) 分界面为场域边界，满足第二类边界条件$\left(\dfrac{\partial\phi}{\partial n}\right)_0=\dfrac{\phi_1-\phi_3}{2h}=K$，设 B 区为场域内部，则 3 为虚拟节点，有$\phi_3=\phi_1-2hK$，边界上的差分方程为

$$2\phi_{b1}+\phi_2+\phi_4-2hK-4\phi_0=0 \tag{1-43}$$

若 A 为场域内部(法向与上正好相反)，边界上的差分方程则为

$$2\phi_{a3}+\phi_2+\phi_4-2hK-4\phi_0+h^2W_a/2=0 \tag{1-44}$$

K 也可为 0，如电力线边界，电位梯度为 0。

2. 边界不平行于网格，但是边界无拐点的情形(网格线与分界面斜交，如 45°，但节点位于分界面上)

如图 1-5 所示，对角线边界的这种情形可以用两种方法处理。第一种是把网格旋转 45°，相当于把网格步长变为$\sqrt{2}h$，利用边界点 p、q 及垂直边界的点 r、s 和已导出的矩形网格求出边界点方程(1-40)，得

$$\phi_{bp}\frac{2}{1+R}+\phi_q+\phi_{ar}\frac{2R}{1+R}+\phi_s-4\phi_0+\frac{R}{1+R}h'^2W_a=0$$

于是，以 h 为步长，得

$$\phi_{bp}\frac{2}{1+R}+\phi_q+\phi_{ar}\frac{2R}{1+R}+\phi_s-4\phi_0+\frac{2R}{1+R}h^2W_a=0 \tag{1-45}$$

但这样处理后，由于增大了网格节点间的有效尺寸，所以精度降低了。

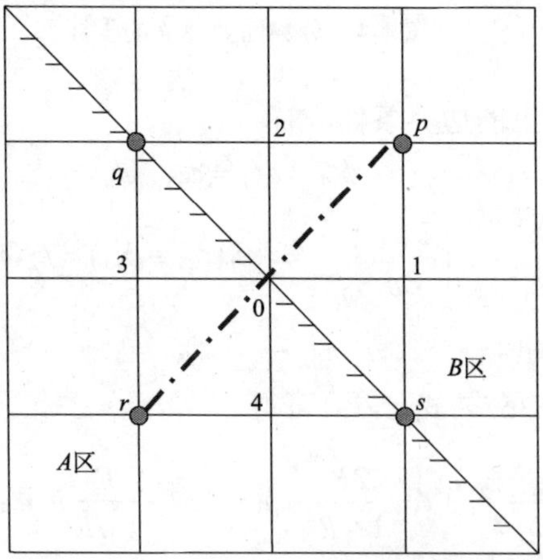

图 1-5　用第一种方法处理对角线边界

第二种方法是采用边界条件重新推导。将节点 1 和 2 连线，取中点为 x；将节点 3 和 4 连线，取中点为 y，如图 1-6 所示。在介质 A 内满足泊松方程，B 内满足拉普拉斯方程。

A 区：$\phi_{a1}+\phi_{a2}+\phi_{a3}+\phi_{a4}-4\phi_0+h^2W_a=0$；

B 区：$\phi_{b1}+\phi_{b2}+\phi_{b3}+\phi_{b4}-4\phi_0=0$；

边界条件为 $\varepsilon_1(\phi_{ax}-\phi_{ay})=\varepsilon_2(\phi_{bx}-\phi_{by})$ 。

中点 x 和 y 的值可以用网格节点的值替换为

$$\phi_{ax}=\frac{1}{2}(\phi_{a1}+\phi_{a2})$$

$$\phi_{ay}=\frac{1}{2}(\phi_{a3}+\phi_{a4})$$

$$\phi_{bx}=\frac{1}{2}(\phi_{b1}+\phi_{b2})$$

$$\phi_{by}=\frac{1}{2}(\phi_{b3}+\phi_{b4})$$

利用这些方程消去虚拟项（ϕ_{a1}，ϕ_{a2}，ϕ_{b3}，ϕ_{b4}，ϕ_{ax}，ϕ_{by}）和未知项（ϕ_{bx}，ϕ_{ay}）就得到边界条件的差分格式为

$$2(\phi_{b1}+\phi_{b2})+2R(\phi_{a3}+\phi_{a4})-4(1+R)\phi_0+Rh^2W_a=0 \tag{1-46}$$

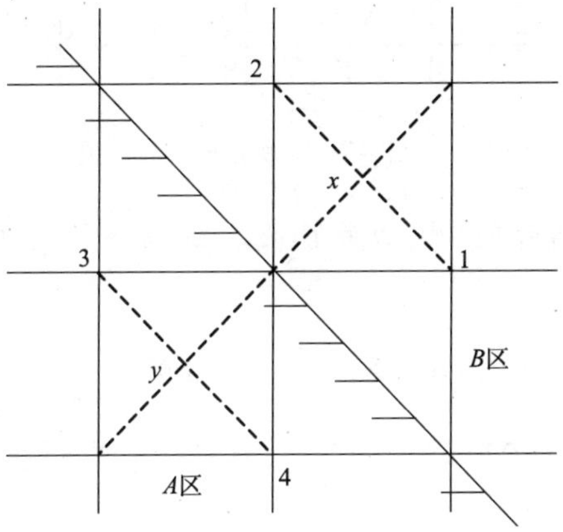

图 1-6　用第二种方法处理对角线边界

3. 边界平行于网格(二者重合)，但有拐点的情形

下面我们以磁场为例推导如图 1-7 所示的直角介质分界面顶点(拐点)0 的差分方程。3、4、0 点为边界上的点。此时，各点都有双重性，没有纯粹属于 A 区不属于 B 区的节点。这与前面完全不同，即此时无法引入虚构点。

首先将真实边界看成夹角为 0°的分界面(相当于全部场域为 μ_2 所填充)与夹角为 180°的分界面(相当于分界面与网格线成 45°斜交，如图 1-7 所示的虚线 LM)两种状态的平均状态。在第一种状态下，节点 0 的矢量位差分方程是

$$A_{b1}+A_{b2}+A_{b3}+A_{b4}-4A_0=0 \tag{1-47}$$

在后一种状态下，0 点的差分方程按式(1-46)写出

$$A_{b1}+A_{b2}+R(A_{a3}+A_{a4})-2(1+R)A_0+\frac{1}{2}Rh^2W_a=0 \tag{1-48}$$

取$(\frac{1}{2})\times$[式(1-47)+式(1-48)]得

$$A_{b1}+A_{b2}+\frac{1}{2}(1+R)(A_3+A_4)-(3+R)A_0+\frac{1}{4}Rh^2W_a=0 \tag{1-49}$$

式(1-49)就是直角形边界时的角形区域边界条件的差分格式，推导时用到了边界连续条件，即$A_{a3}=A_{b3}=A_3, A_{a4}=A_{b4}=A_4$。

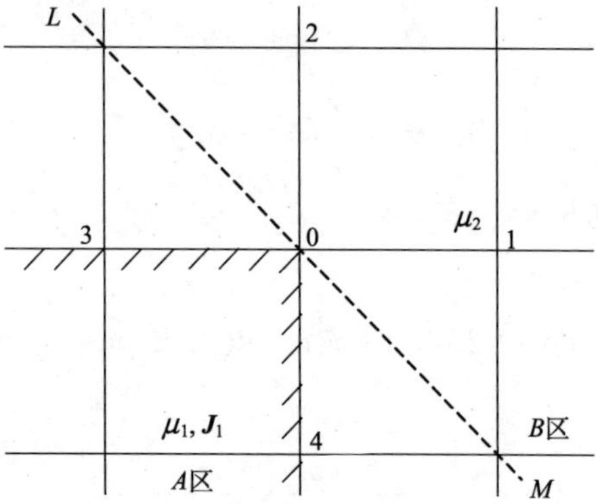

图 1-7　有拐点的平行边界

讨论特殊情况：若介质 1 是铁磁物质，$\mu_1 \gg \mu_2$，可认为$\mu_1 \to \infty$，故$R \to 0$，则式(1-49)简化为

$$A_{b1}+A_{b2}+\frac{1}{2}(A_3+A_4)-3A_0=0 \tag{1-50}$$

式(1-50)适用于含有 270°场域的顶点，如图 1-8 所示的铁和空气分界面顶点 0，其中空气场域含 270°。

若介质 2 是铁磁物质，有$\mu_2 \to \infty$，$R \to \infty$，且 $\boldsymbol{J}_1=0$，则式(1-49)简化为

$$(A_3+A_4)-2A_0=0 \tag{1-51}$$

式(1-51)适用于含 90°场域的顶点，如图 1-9 所示的空气区域的顶点为 0。

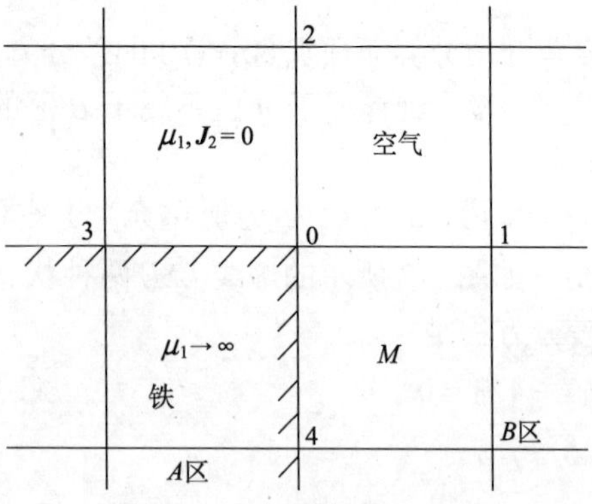

图 1-8　空气域含 270°

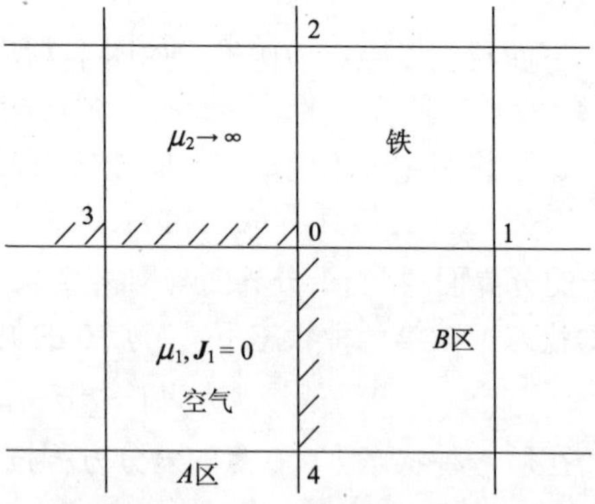

图 1-9　空气域含 90°

对于静电问题中的直角媒质分界面顶点的差分方程，只需利用类比关系便可列出所需的差分方程，此处不再叙述。

4. 格成对角线边界时的角形区域边界

如图 1-10 所示，其边界节点的差分格式完全可以用边界平行于网格，但有拐点的情形用同样方法处理。这种情况的推导比较复杂，且应用相对较少，此处略去推导，结果为

$$A_{b1}+\frac{1}{2}(1+R)A_3+\frac{1}{4}(3+R)(A_{b2}+A_{b4})-(3+R)A_0+\frac{1}{4}Rh^2W_a=0 \tag{1-52}$$

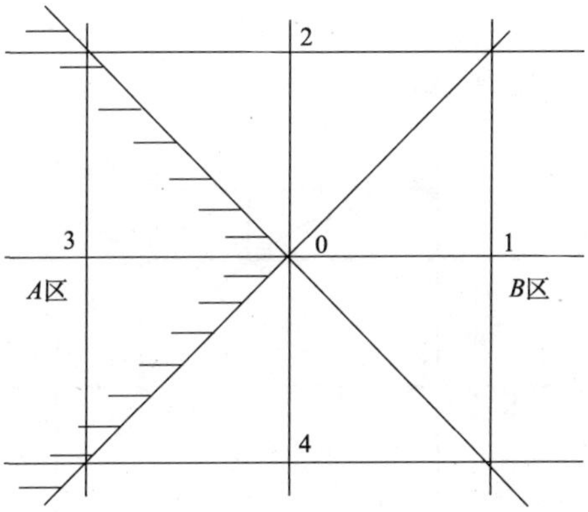

图 1-10　与网格成对角线的角形区域边界

5. 节点不重合的边界(网格线与分界面平行但不重合，节点不在分界面上)

当边界与节点不重合时，如图 1-11 所示，可以应用不等间距差分格式(1-25)直接求得

$$\nabla^2\phi=2\left[\frac{h_3(\phi_1-\phi_0)+h_1(\phi_3-\phi_0)}{h_1h_3(h_1+h_3)}+\frac{h_4(\phi_2-\phi_0)+h_2(\phi_4-\phi_0)}{h_2h_4(h_2+h_4)}\right]=f_0$$

并且取比例系数 h_1、h_2、h_3、h_4 表示网格长度相对标准网格长度 h 的比例

$$h_1=ph,\quad h_2=h,\quad h_3=qh,\quad h_4=h$$

$$\phi_1\frac{2}{p(p+q)}+\phi_2+\phi_3\frac{2}{q(p+q)}+\phi_4-2\phi_0\left(1+\frac{1}{pq}\right)-h^2f_0=0$$

式中包含虚元 ϕ_{b3} 和 ϕ_{a1}。利用边界条件和不等间距差分格式消去虚元 ϕ_{b3} 和 ϕ_{a1} 后，得

$$\phi_{b1}\frac{2}{p(p+pR)}+\phi_2+\phi_{a3}\frac{2R}{q(q+pR)}+\phi_4-2\phi_0\left(1+\frac{1}{pq}\right)-\frac{Rh^2f_0p}{q+pR}=0 \tag{1-53}$$

式(1-53)就是与节点不重合的边界节点的差分格式。

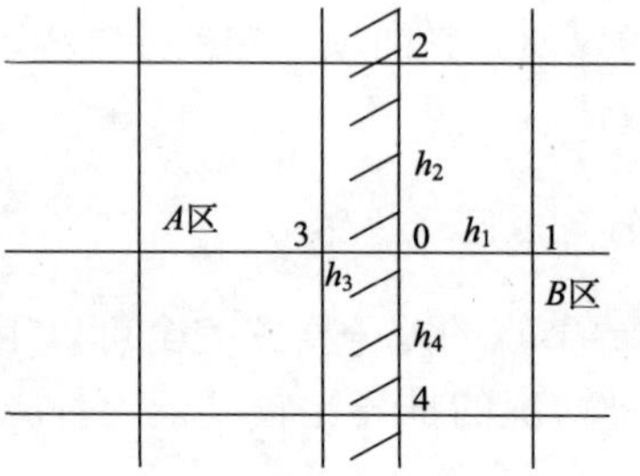

图 1-11　与节点不重合的边界

6. 曲线边界的情形

曲线边界的情形如图 1-12 所示。

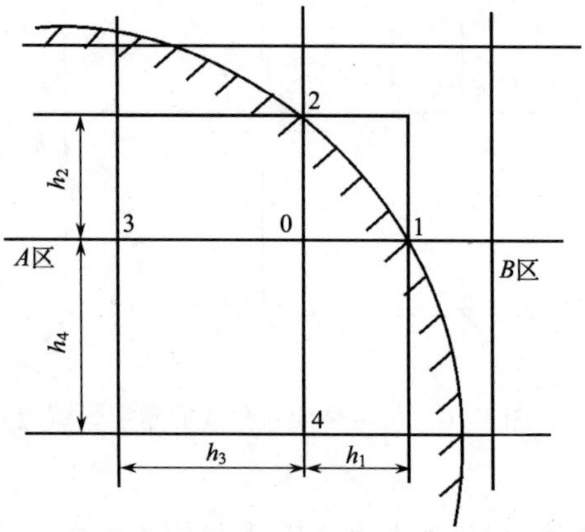

图 1-12　曲线边界

第一类边界条件的处理：第一类边界条件给定了待求场在边界上的数值，可以表达为 $\phi|_{\Sigma} = g(p)$，可以采用 3 种处理方法。

(1) 直接转移法。取最靠近 0 点的边界节点上的函数值作为 0 点的函数，例如，取 $\phi_0 \approx \phi_1$。这是一种比较粗糙的近似，简单、精度不高。

(2) 线性插值法。为了尽量提高精度，首先要选择最靠近 0 点的那一个方向上的边界点。若 x 方向最靠近 0 点，则取 $\phi_0 = \dfrac{h_3\phi_1 + h_1\phi_3}{h_3 + h_1}$；若 y 方向最靠近 0 点，则取 $\phi_0 = \dfrac{h_4\phi_2 + h_2\phi_4}{h_4 + h_2}$，这种方法的精度为 $O(h^2)$。

(3) 双向插值法。此时，相当于在边界上插入一个局部的不均等步长的网格。小网格内的步长关系为 $h_1 = \alpha h, h_2 = \beta h, h_3 = h_4 = h$，把这个步长关系代入普通的差分格式(1-25)中得

$$\frac{1}{\alpha(1+\alpha)}\phi_1 + \frac{1}{\beta(1+\beta)}\phi_2 + \frac{1}{1+\alpha}\phi_3 + \frac{1}{1+\beta}\phi_4 - (\frac{1}{\alpha} + \frac{1}{\beta})\phi_0 = \frac{1}{2}h^2 f_0 \tag{1-54}$$

7. 其他边界的情形($R=1$)

1)轴对称线上的差分方程

当场具有对称性时，可以只考虑计算其中某一部分场就能完全确定整个场的分布。此时，对称线上的节点需要特殊的差分方程。根据 $\frac{\partial \phi}{\partial n}=0$ ，可得如下结论。

如图 1-4 所示， $\phi_1=\phi_3$ ， $\phi_2+2\phi_3+\phi_4-4\phi_0+h^2W_0=0$ ；

如图 1-5 所示， $\phi_1=\phi_4,\phi_2=\phi_3$ ， $2(\phi_3+\phi_4)-4\phi_0+h^2W_0=0$ 。

如图 1-11 所示， $p=q=\frac{1}{2}$ (轴对称线平分网格)， $\phi_1=\phi_3$ ，代入式(1-53)得

$$8\phi_3+\phi_2+\phi_4-10\phi_0+\frac{1}{2}h^2W_0=0$$

2)无限远的处理(解开域问题)

在实际问题的计算中常常遇到场伸展到无限远处的情形，即所谓开域的问题。由于计算机的容量是有限的，所以计算时必然要将场限制于一定的范围内。根据场分布，边界条件及精度决定求解场域的大小，并在假想边界上令其 $\phi=0$ 或 $\frac{\partial \phi}{\partial n}=0$ 。

到此，我们所介绍的边界条件的处理告一段落。总之，边界条件的处理是一个很复杂的问题。常常会因为边界条件使所得的方程组很复杂，从而导致求解方程组的程序也相当麻烦。而且当边界节点很多，即方程的维数很高、边界很复杂时，边界条件的处理也很复杂。事实上，对于不规则的网格划分和不规则的直线或曲线边界所得到的不对称差分方程，往往使得在求解代数方程组时得不到收敛解，这就导致差分法无法使用。这是用差分法求解边值问题不可解决的局限所在。

1.3　差分方程组的求解

前面导出了泊松方程的差分格式，并处理了边界条件，由此形成以节点电位为未知数的联立方程，如何求解呢？首先要考虑所求的代数方程的特点，然后采用适合的方法求解。

1.3.1　差分方程组的特性

首先以最简单的平面泊松方程的第一类边界问题为例，研究差分方程组的基本特性。设场域 D 为正方形域： $0\leqslant x\leqslant 1$ ， $0\leqslant y\leqslant 1$ ，以等步长 $h=\frac{1}{N}$ 平行于 x 轴和 y 轴划分场域 D，如图 1-13 所示。这时差分格式可以写为

$$\begin{cases}\phi_{i+1,j}+\phi_{i,j+1}+\phi_{i-1,j}+\phi_{i,j-1}-4\phi_{i,j}=h^2 f_{i,j}, & \text{在 } D \text{ 内}\\ \phi_{i,j}=g_{i,j}, & \text{在边界上}\end{cases} \tag{1-55}$$

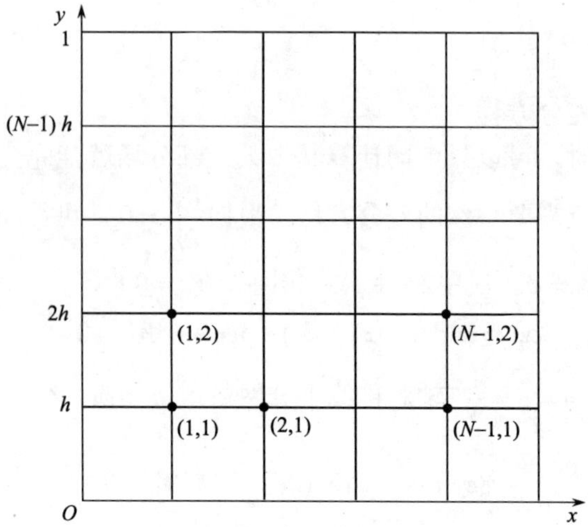

图 1-13　正方形域的差分网格

边界上：$\phi_{0,j}=g_{0,j}$（左侧）；$\phi_{N,j}=g_{N,j}$（右侧）；

$\phi_{i,0}=g_{i,0}$（下底边），$\phi_{i,N}=g_{i,N}$（上底边），$i\neq 0,i\neq N$。

特殊点：(1, 1)，$\phi_{2,1}+\phi_{1,2}+g_{0,1}+g_{1,0}-4\phi_{1,1}=h^2 f_{1,1}$；

$(N-1,\ 1)$，$g_{N,1}+\phi_{N-1,2}+\phi_{N-2,1}+g_{N-1,0}-4\phi_{N-1,1}=h^2 f_{N-1,1}$；

$(1,\ N-1)$，$\phi_{2,N-1}+g_{1,N}+g_{0,N-1}+\phi_{1,N-2}-4\phi_{1,N-1}=h^2 f_{1,N-1}$；

$(N-1,\ N-1)$，$g_{N,N-1}+g_{N-1,N}+\phi_{N-2,N-1}+\phi_{N-1,N-2}-4\phi_{N-1,N-1}=h^2 f_{N-1,N-1}$。

特殊行：$j=1,i=2\sim N-2$，$\phi_{i+1,j}+\phi_{i,j+1}+\phi_{i-1,j}+g_{i,0}-4\phi_{i,j}=h^2 f_{i,j}$；

$j=N-1,i=2\sim N-2$，$\phi_{i+1,j}+g_{i,N}+\phi_{i-1,j}+\phi_{i,j-1}-4\phi_{i,j}=h^2 f_{i,j}$；

$i=1,j=2\sim N-2$，$\phi_{i+1,j}+\phi_{i,j+1}+g_{0,j}+\phi_{i,j-1}-4\phi_{i,j}=h^2 f_{i,j}$；

$i=N-1,j=2\sim N-2$，$g_{N,j}+\phi_{i,j+1}+\phi_{i-1,j}+\phi_{i,j-1}-4\phi_{i,j}=h^2 f_{i,j}$。

引入 y 方向的层向量(也可以取 x 方向分层的层向量)

$$\boldsymbol{\phi}_j=\begin{bmatrix}\phi_{1,j}\\ \phi_{2,j}\\ \vdots\\ \phi_{N-1,j}\end{bmatrix}\tag{1-56}$$

$$\boldsymbol{f}_j=\begin{bmatrix}h^2 f_{1,j}-g_{0,j}\\ h^2 f_{2,j}\\ \vdots\\ h^2 f_{N-1,j}-g_{N,j}\end{bmatrix},\quad j\neq 1,j\neq N-1\tag{1-57}$$

$$\boldsymbol{f}_1=\begin{bmatrix} h^2 f_{1,1}-g_{1,0}-g_{0,1} \\ h^2 f_{2,1}-g_{2,0} \\ \vdots \\ h^2 f_{N-1,1}-g_{N-1,0}-g_{N,1} \end{bmatrix} \tag{1-58}$$

$$\boldsymbol{f}_{N-1}=\begin{bmatrix} h^2 f_{1,N-1}-g_{1,N}-g_{0,N-1} \\ h^2 f_{2,N-1}-g_{2,N} \\ \vdots \\ h^2 f_{N-1,N-1}-g_{N-1,N}-g_{N,N-1} \end{bmatrix} \tag{1-59}$$

并记

$$\boldsymbol{\Phi}=\begin{bmatrix} \phi_1 \\ \phi_2 \\ \vdots \\ \phi_{N-1} \end{bmatrix},\quad \boldsymbol{F}=\begin{bmatrix} f_1 \\ f_2 \\ \vdots \\ f_{N-1} \end{bmatrix} \tag{1-60}$$

则式(1-55)可以写为

$$\boldsymbol{K\Phi}=\boldsymbol{F} \tag{1-61}$$

式中，$\boldsymbol{K}$ 矩阵形式为

$$\boldsymbol{K}=\begin{bmatrix} \boldsymbol{D} & \boldsymbol{I} & & & \\ \boldsymbol{I} & \boldsymbol{D} & \boldsymbol{I} & & \\ & \ddots & \ddots & \ddots & \\ & & \boldsymbol{I} & \boldsymbol{D} & \boldsymbol{I} \\ & & & \boldsymbol{I} & \boldsymbol{D} \end{bmatrix} \tag{1-62}$$

$\boldsymbol{I}$ 是 $N-1$ 阶单位方阵；$\boldsymbol{D}$ 为 $N-1$ 阶方阵，表示为

$$\boldsymbol{D}=\begin{bmatrix} -4 & 1 & & & \\ 1 & -4 & 1 & & \\ & \ddots & \ddots & \ddots & \\ & & 1 & -4 & 1 \\ & & & 1 & -4 \end{bmatrix} \tag{1-63}$$

由式(1-61)～式(1-63)，沿 $y=h$ 上各节点得到的差分方程有如下形式

$$\begin{bmatrix} -4 & 1 & & & \\ 1 & -4 & 1 & & \\ & \ddots & \ddots & \ddots & \\ & & 1 & -4 & 1 \\ & & & 1 & -4 \end{bmatrix}\begin{bmatrix} \phi_{1,1} \\ \phi_{2,1} \\ \vdots \\ \phi_{N-2,1} \\ \phi_{N-1,1} \end{bmatrix}+\begin{bmatrix} 1 & & & \\ & 1 & & \\ & & \ddots & \\ & & & 1 & \\ & & & & 1 \end{bmatrix}\begin{bmatrix} \phi_{1,2} \\ \phi_{2,2} \\ \vdots \\ \phi_{N-2,2} \\ \phi_{N-1,2} \end{bmatrix}=\begin{bmatrix} h^2 f_{1,1}-g_{1,0}-g_{0,1} \\ h^2 f_{2,1}-g_{2,0} \\ \vdots \\ h^2 f_{N-1,1}-g_{N-1,0}-g_{N,1} \end{bmatrix}$$

即

$$\boldsymbol{D}\boldsymbol{\phi}_1+\boldsymbol{I}\boldsymbol{\phi}_2=\boldsymbol{f}_1 \tag{1-64}$$

同样沿 $y=2h$ 上各节点列出差分方程为

$$\boldsymbol{I\phi}_1+\boldsymbol{D\phi}_2+\boldsymbol{I\phi}_3=\boldsymbol{f}_2 \tag{1-65}$$

假设 $N=4$，中间有 9 个内点，列出全部的方程为

$$\begin{array}{ll}
1 & -4\phi_{1,1}+\phi_{2,1}+\phi_{1,2}=h^2 f_{1,1}-g_{1,0}-g_{0,1} \\
2 & \phi_{1,1}-4\phi_{2,1}+\phi_{3,1}+\phi_{2,2}=h^2 f_{2,1}-g_{2,0} \\
3 & \phi_{2,1}-4\phi_{3,1}+\phi_{3,2}=h^2 f_{3,1}-g_{3,0}-g_{4,1} \\
4 & \phi_{1,1}-4\phi_{1,2}+\phi_{2,2}+\phi_{1,3}=h^2 f_{1,2}-g_{0,2} \\
5 & \phi_{2,1}+\phi_{1,2}-4\phi_{2,2}+\phi_{3,2}+\phi_{2,3}=h^2 f_{2,2} \\
6 & \phi_{3,1}+\phi_{2,2}-4\phi_{3,2}+\phi_{3,3}=h^2 f_{3,2}-g_{4,2} \\
7 & \phi_{1,2}-4\phi_{1,3}+\phi_{2,3}=h^2 f_{1,3}-g_{0,3}-g_{1,4} \\
8 & \phi_{2,2}+\phi_{1,3}-4\phi_{2,3}=h^2 f_{2,3}-g_{2,4} \\
9 & \phi_{3,2}+\phi_{2,3}-4\phi_{3,3}=h^2 f_{3,3}-g_{4,3}-g_{3,4}
\end{array} \tag{1-66}$$

由上面分析可以看出差分方程(1-61)具有如下特性，也就决定了差分方程的解法。

(1)系数矩阵是方阵，大小为场域中离散节点的总数目 $N_x \cdot N_y$。

(2)系数矩阵 $\boldsymbol{K}$ 是大型稀疏矩阵。$\boldsymbol{K}$ 的阶数取决于解的精度要求，即步长 h 的大小。随着步长的减少，$\boldsymbol{K}$ 的阶数迅速增加。$\boldsymbol{K}$ 矩阵每一行的元素中只有少数几个不为零。如上面给出的 5 点格式中，非零元素的个数不超过 5 个。

(3)矩阵 $\boldsymbol{K}$ 往往是对称正定的，不仅 $K_{i,j}=K_{j,i}$，而且其前主子式(即由前 i 列和前 i 行组成的子矩阵的行列式)都大于零。但 $\boldsymbol{K}$ 并不总具有此特性，例如，当边界与网格节点不重合时，$\boldsymbol{K}$ 的对称性将被破坏。

(4)$\boldsymbol{K}$ 通常是不可约的，因此方程组不能由其中的某一部分单独求解。

1.3.2　差分方程组的解法

基于对系数矩阵 $\boldsymbol{K}$ 的特性分析，综合各方面的因素，确定适当的代数解法。在线性边值问题的情况下，差分方程组可以采用直接法或者迭代法。

直接法只包含有限次四则运算，且假定每一步运算过程都不发生舍入误差(实际不可避免)，则计算结果就是原方程组的精确解(其实是近似数值解)。其特点为工作量较小，精确度较高，但计算程序复杂，无重复性，要求存储量大。在计算机上常用的直接法大多以系数矩阵的三角形化为基础，即先将方程组化为等价的三角形方程组，常用的有高斯消元法(求逆)、LU 分解等。

采用直接法时，计算机必须存储系数矩阵元素，若待求位函数值的节点个数为 N，则 N 阶系数矩阵有 N^2 个元素。对高阶矩阵采用此法时，要求计算机有较大的存储容量。由于 $\boldsymbol{K}$ 是一个大型稀疏矩阵，通常采用一维压缩存储方法来存储 $\boldsymbol{K}$ 的元素值，即按行或列的顺序将 $\boldsymbol{K}$ 中的非零元素存储在一个一维数组中，同时给出每个非零元素在此一维数组中的地址信息，以便在计算中及时、准确地调出该元素。这样就可以大大节省计算机的存储空间，但计算程序的复杂性也随之增加。

与迭代法相比，当未知数相同时，一般来说采用直接法的计算时间短，麻烦也较少，

因而只要能求解，采用直接法是有利的。对于一般采用的普通消去法，未知量数目应在500以下，超过此数目时采用迭代法为宜。

迭代法是一种基于完全自动的运算循环的方法，它把方程的解看成某种过程的极限，即通过某种简单的、重复运算的极限过程去逼近精确解。在实现这一极限的过程中，每一步的运算步骤相同，而且是利用前一步运算的结果重复计算。若将这一过程进行到底，便可得到方程组的精确解。实际上只需要迭代有限多次，便可得到工程中实际问题所需精度的近似解。与直接法相比，迭代法的特点是不需要存储系数矩阵元素；优点是所需存储量小，程序简单，具有重复性。复杂问题还可采用预条件技术来辅助收敛。

迭代法的过程为先任意赋初值，再不断逼近精确解。

在介绍具体的迭代过程之前，先引入余量的概念。同一点上相邻两次迭代的函数值(即新、旧函数值)之差 $R_{i,j}^n=\phi_{i,j}^{n+1}-\phi_{i,j}^n$ (下角标表示位置，上角标表示迭代次数)称为余量。一般规定余量都小于所要求的误差范围作为检验迭代收敛程度和控制迭代终止的标准，有时也采用迭代次数控制。

在写迭代公式时，首先将用来计算的公式中的待求量移到等号左边，根据式(1-55)中的第一式可知

$$\phi_{i,j}=\frac{1}{4}(\phi_{i+1,j}+\phi_{i,j+1}+\phi_{i-1,j}+\phi_{i,j-1}-h^2f_{i,j}) \tag{1-67}$$

最简单的办法是雅可比(Jacobi)迭代法，又称为同步迭代和直接迭代。该方法就是要使迭代值能精确地满足前一次各点的电位值所表示的差分方程：任意给出各内节点处的初始函数值 $\phi_{i,j}^0$，代入式(1-67)右端，求出各内节点的第一次函数近似值 $\phi_{i,j}^1$。然后依次循环下去，以第 n 次迭代的近似值来求出第 $n+1$ 次的近似值，即

$$\phi_{i,j}^{(n+1)}=\frac{1}{4}\left[\phi_{i+1,j}^{(n)}+\phi_{i,j+1}^{(n)}+\phi_{i-1,j}^{(n)}+\phi_{i,j-1}^{(n)}-h^2f_{i,j}\right] \tag{1-68}$$

这种直接迭代法(Jacobi 迭代法)的缺点是需要两套存储单元(从余数可以看出)，分别存储两次(n，$n+1$)相邻迭代的近似值，因而占用的内存较大。该方法的收敛速度也较慢。因此它没有什么实用价值。

一种比较好的迭代方法是高斯-赛德尔(GS)迭代法。其基本思想是在 $n+1$ 次迭代中，如果某些相关节点上的第 $n+1$ 次迭代近似值已经得到，就将这些新值代入进行计算，即每一步都尽量采用最新算出的位值，每一次都用算出的新值替换旧值。这样，既加快了迭代解的收敛速度，又节省了存储单元。应用此法时，迭代过程中的运算结果与逐点计算的顺序有关，通常采用的顺序是从左到右、由下而上。具体点说，如果沿 y 方向(或 x 方向)求得了 $y=jh$ (或 $x=jh$)层的 $n+1$ 次迭代值，则在求 $y=(j+1)h$ (或 $x=(j+1)h$)层节点的 $n+1$ 次迭代值时代入进行运算。该方法只需要一组存储数据，效率较高。用公式写为

$$\phi_{i,j}^{(n+1)}=\frac{1}{4}\left[\phi_{i+1,j}^{(n)}+\phi_{i,j+1}^{(n)}+\phi_{i-1,j}^{(n+1)}+\phi_{i,j-1}^{(n+1)}-h^2f_{i,j}\right] \tag{1-69}$$

理论上可以证明，在迭代法中，任意选取 $\phi_{i,j}^0$，只要迭代次数足够多，最后结果总可

以任意的精度收敛于真实解。

实际上，收敛于真实解是不可能实现的，我们总是事先给出精度要求，当满足要求时，其近似解即为所求。

理论上还可以证明，为得到精度满意的解，高斯-赛德尔迭代法所需的迭代次数近似与 h^2 成反比。虽然这比简单迭代法快一倍，但仍然不是很理想。当网格的节点数目很大时，此法的收敛速度仍然很慢。

为了加快收敛速度，通常引入一个大于 1 的加速收敛因子——松弛因子 ω (Frankel 和 Young 各自独立提出)，把式(1-69)的迭代值作为一个中间结果

$$\bar{\phi}_{i,j}=\frac{1}{4}\left[\phi_{i+1,j}^{(n)}+\phi_{i,j+1}^{(n)}+\phi_{i-1,j}^{(n+1)}+\phi_{i,j-1}^{(n+1)}-h^2 f_{i,j}\right] \tag{1-70}$$

取 $n+1$ 次迭代值为该中间值 $\bar{\phi}_{i,j}$ 和上次近似值 $\phi_{i,j}^{(n)}$ 的加权平均，即

$$\begin{aligned}\phi_{i,j}^{(n+1)}&=\phi_{i,j}^{(n)}+\omega\left[\bar{\phi}_{i,j}-\phi_{i,j}^{(n)}\right]\\&=\phi_{i,j}^{(n)}+\frac{\omega}{4}\left[\phi_{i+1,j}^{(n)}+\phi_{i,j+1}^{(n)}+\phi_{i-1,j}^{(n+1)}+\phi_{i,j-1}^{(n+1)}-h^2 f_{i,j}-4\phi_{i,j}^{(n)}\right]\end{aligned} \tag{1-71}$$

即电位值的新值=旧值+ $\omega\times$高斯-赛德尔迭代法。

这就是所谓的(逐次)超松弛迭代法(SOR)，核心是借助于一个收敛因子 ω 作用到高斯-赛德尔迭代。数学上已经证明，收敛的充分条件是差分方程组的系数矩阵 $\boldsymbol{K}$ 是正定的。而 ω 的取值范围一般为 $1\leqslant\omega<2$，当 $\omega=1$ 时，式(1-71)还原为高斯-赛德尔迭代法；当 $\omega\geqslant 2$ 时，迭代过程将不收敛而发散，即使 ω 稍小于 2，也会引起余量振荡。ω 是迭代的关键，它的值决定了超松弛的程度，从而影响迭代解收敛的速度。例如，一个 20 节点正方形上的第一类边界问题。采用 SOR 法 70 次精度可达到 10^{-10}，而达到同样的精度，采用高斯-赛德尔迭代法时则需要 840 次迭代。

具体确定 ω 的值没有普遍适用的理论公式，它与问题的边界条件及几何形状有关。$\boldsymbol{K\phi}=\boldsymbol{F}$ 中的 $\boldsymbol{K}$ 为某些特殊类型时才有，所以一般只能靠经验来选取最佳值。

对于正方形场域的第一类边值问题，最佳的 ω 值选为

$$\omega_0=2/[1+\sin(\pi/l)] \tag{1-72}$$

$l+1$ 为每边的节点数。若是矩形场域，用正方形网格分割，每边的节点数分别为 $l+1$ 和 $m+1$，则可选取

$$\omega_0=2-\sqrt{2\left(\frac{1}{l^2}+\frac{1}{m^2}\right)}\pi \tag{1-73}$$

对于第一类(第二类)边界条件，任意形状边界问题，可采用 Young 和 Frankel 公式进行估算。

$$\omega_0=\frac{2}{1+\sqrt{1-\lambda}},\quad \lambda<1$$

$$\lambda=\lim_{n\to\infty}\frac{\varepsilon^{n+1}}{\varepsilon^n}$$

$$\varepsilon^{n+1}=\max\left|\phi^{n+1}-\phi^n\right|,\quad \varepsilon^n=\max\left|\phi^n-\phi^{n-1}\right|$$

ϕ^{n+1}、ϕ^{n}、ϕ^{n-1}分别是$\omega_0=1$时第 $n+1$、n、$n-1$ 次迭代的ϕ值。n 迭代有限次，如 100 次。

一般来讲，只要超松弛因子选得合适，就可大大加快收敛速度。

实际使用中还可以分别选取ω：首先选用$\omega=1$，若干次迭代后选$\omega=\omega_0$，收敛前又选$\omega=1$。

另一些经验是：①迭代次数粗略地与网格点数的平方根成正比；②方形类和简单边界形状比狭长气隙的边界问题收敛性好；③同样条件下，第一类边界条件比第二类和第三类边界条件问题的收敛性好；④ω太大时容易发生振荡情况。

在迭代法中，解决了ω的取值之后，还要解决场量初始值的问题。原则上可以选取任意值为初始值，没有特殊要求。但选取适当的初值，可以加速收敛，减少迭代次数，提早结束迭代。例如，对于拉普拉斯场，其解必介于它的最大和最小边界值之间。因此，选取的初值介于此间，必然可以减少迭代次数，提早结束迭代。

理论上已经证明，前面所述的 3 种迭代法都是收敛的，即理论上不论取什么样的初值，当迭代次数$n\to\infty$时，$\phi_{i,j}$都收敛于真解。在理论上，迭代解收敛于真解时，所有内点上的余量为零。而实际上不可能实现，也没有必要这样做。因此在实际计算中，收敛的标准为给出精度要求，当满足要求时(如所有内点上两次迭代解的相对误差或余量小于所要求的误差范围)，结束迭代，其近似解即为所求。对于二、三类边值问题，其迭代收敛较慢的时候，可以控制迭代次数，即采用迭代次数达到所规定的最大迭代次数作为检验和控制迭代过程的标准。

综上所述，迭代法中需要考虑的问题有以下几个：迭代格式的选用，ω值的选取，解初值的选取，以什么条件检验迭代解收敛与否以及控制迭代终结。

1.4　工程应用举例

有限差分法求解边值问题的流程如图 1-14 所示。

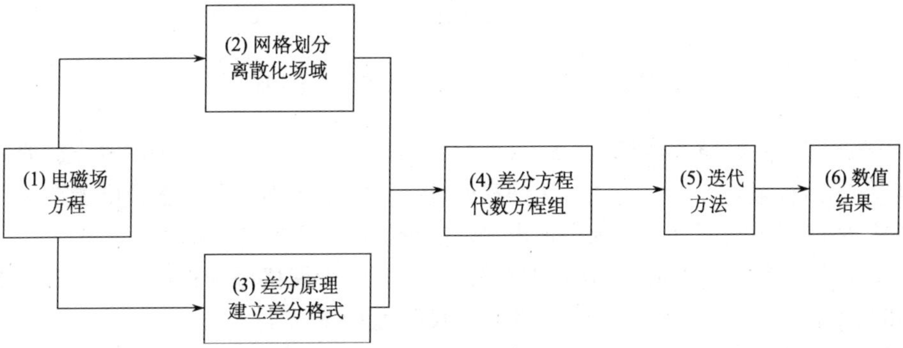

图 1-14　有限差分求解的流程

其中，每一步都有其要注意解决的问题。

(1) 建立电磁场方程，除了本身的方程之外，一定不要忘了写出边界条件，可能还有初始条件。

(2) 网格划分首先要根据求解场域的形状，选择合适的坐标系，再确定选用什么样的网格形式，网格的尺寸有多大，在边界上采用哪种形式的网格。

(3) 在各个点上选择哪种形式的差分方程，这些点包括内点、边界点、拐点和对称线上的点等，尤其注意边界点或衔接点的差分格式。

(4) 差分方程形成后怎么来求解，尤其是在计算机程序上怎么表示？在这个问题解决之前，计算机不能进行计算。这一工作虽然简单，但不能轻视，特别是对于复杂边界更要注意。

(5) 选用哪种方式求解方程组(一般可以用 SOR 迭代法。这一过程中，要注意使用条件和选用的参数，如精度选多少，初值赋多少，如何控制迭代结束，是用最大迭代次数还是用精度来控制迭代结束)。

(6) 最后，不要忘记对所得的数值解进行检验。

以上所述诸问题中，大多数无一定的规定，往往要靠经验解决，但多数必须在解题之前作出抉择。

下面用几个例题来说明用差分法解静态场问题的步骤以及上述应考虑的问题。

例 1-1　一个长直接地金属矩形槽，其侧壁与底面电位均为零，顶盖电位为 100(相对值)，如图 1-15 所示，求槽内电位分布。

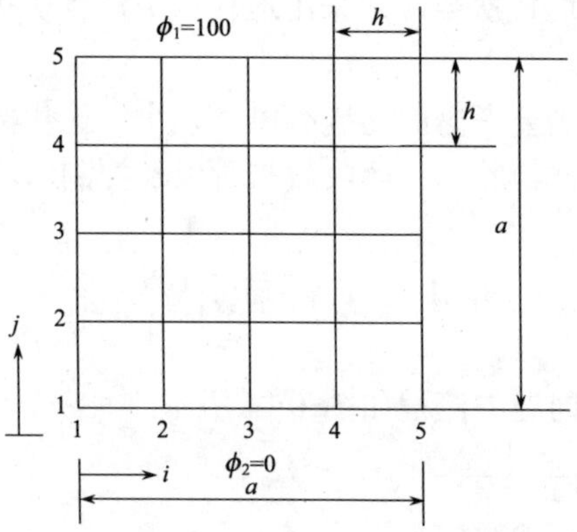

图 1-15　长直接地金属矩形槽的差分网格

对于此槽中间区域的电场分析，可理想化为二维场问题，且属于第一类边值问题。为了全面掌握有限差分法的应用，用超松弛迭代法求解各离散节点数值解的全过程与特点，现粗略地将网格划分，以求得槽内电位的近似解。求解步骤如下。

(1) 离散化场域。设该金属槽内的场域 D 用正方形网格进行粗略划分，其网格节点分布如图 1-15 所示，可得 $h = a/4$，各边节点数为 $l+1=5$。

(2) 给出采用超松弛迭代法的差分方程形式。此时可采用式(1-71)进行迭代计算，只需令 $f=0$ 即可。式中加速收敛因子 ω 按本例场域划分情况可由式(1-72)计算求得，即 $\omega = 1.17$。

(3) 给出边界条件。因本例给定为第一类边值问题，其边界条件的差分离散化可取直接赋值方式，即 $\phi_{1,1\sim5} = \phi_{1\sim5,1} = \phi_{5,1\sim5} = 0$，$\phi_{2\sim4,5} = 100$。

(4) 给定初值。取零值为初始值。

(5) 给定检查迭代收敛的指标。本例规定：当各网络内点相邻两次迭代近似值的绝对误差之和小于 $R=10^{-4}$ 时，终止迭代。

(6) 程序框图如图 1-16 所示。

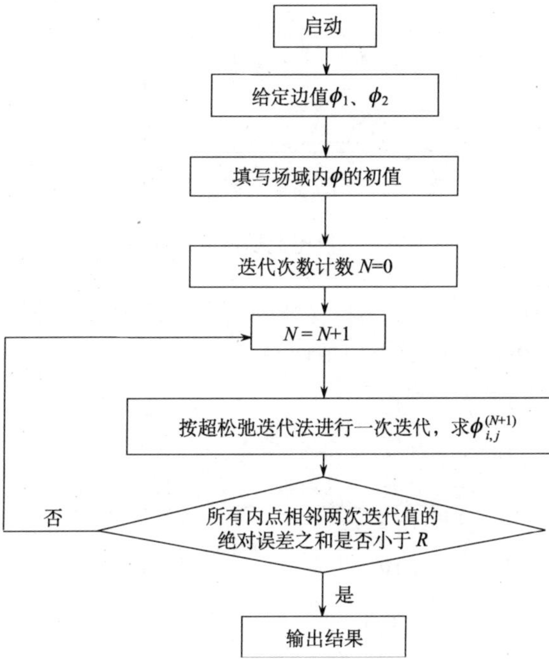

图 1-16　程序框图

(7) 编制计算程序。

(8) 求解结果。电位数值解如图 1-17 所示。由计算结果可以看出，最终迭代的收敛解表明了真解满足边界条件，电位变化有连续的趋势，且具有左右对称性。最后不要忘记检验，可以和分离变量法所得的精确解进行比较。

0	100.0000	100.0000	100.0000	0
0	42.8571	52.6786	42.8571	0
0	18.7500	25.0000	18.7500	0
0	7.1429	9.8214	7.1429	0
0	0	0	0	0

图 1-17　接地金属矩形槽的电位分布计算结果

例 1-2　在导电纸模拟实验中，制作了如图 1-18 所示的二维电流场模型，其中两导电介质的电导率分别为 σ_1 和 σ_2，且 $\sigma_1=2\sigma_2$，其分界面为 BC。电极 AB、CD 间加 10V 电压。求该场位的差分解。

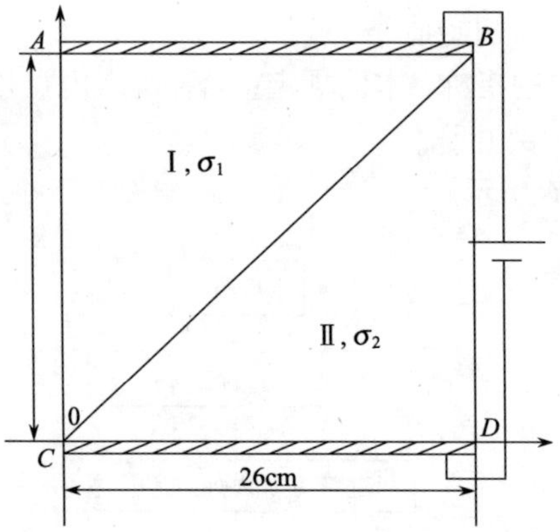

图 1-18　二维电流场模型示意图

设如图 1-18 所示的坐标系，在两种介质中，电位都满足拉普拉斯方程，设区域Ⅰ、Ⅱ中的电位分别为ϕ_1、ϕ_2，构成以下边值问题：

$$\begin{cases}\dfrac{\partial^2\phi_1}{\partial x^2}+\dfrac{\partial^2\phi_1}{\partial y^2}=0, & \text{在场域Ⅰ中}\\ \dfrac{\partial^2\phi_2}{\partial x^2}+\dfrac{\partial^2\phi_2}{\partial y^2}=0, & \text{在场域Ⅱ中}\\ \phi_1\big|_{AB}=10\text{V}, & \text{第一类边界}\\ \left.\dfrac{\partial\phi_1}{\partial n}\right|_{AC}=\dfrac{\partial\phi_1}{\partial x}=0, & \text{第二类边界}\\ \phi_2\big|_{CD}=0\text{V}, & \text{第一类边界}\\ \left.\dfrac{\partial\phi_2}{\partial n}\right|_{BD}=\dfrac{\partial\phi_2}{\partial x}=0, & \text{第二类边界}\\ \left.\begin{array}{l}\phi_1\big|_{BC}=\phi_2\big|_{BC}\\ \sigma_1\left.\dfrac{\partial\phi_1}{\partial n}\right|_{BC}=\sigma_2\left.\dfrac{\partial\phi_2}{\partial n}\right|_{BC}\end{array}\right\}, & \text{衔接条件}\end{cases} \tag{1-74}$$

可见，此问题比前一个问题复杂，不仅有两个区域，还有 3 种边界条件。

首先仍是将场域离散化，这里仍采用正方形网格，如图 1-19 所示。如取 h=1cm，采用 SOR 迭代，根据所划分网格的密度，由式(1-71)确定松弛因子ω的值。

用内点的 5 点差分格式处理两个区域内点，得到内点的差分格式及 SOR 迭代公式为

$$\phi_{i+1,j}+\phi_{i,j+1}+\phi_{i-1,j}+\phi_{i,j-1}-4\phi_{i,j}=0$$

$$\phi_{i,j}^{(n+1)}=\phi_{i,j}^{(n)}+\frac{\omega}{4}\left[\phi_{i+1,j}^{(n)}+\phi_{i,j+1}^{(n)}+\phi_{i-1,j}^{(n+1)}+\phi_{i,j-1}^{(n+1)}-4\phi_{i,j}^{(n)}\right]$$

第一类边界，采用直接赋值的方式处理：

$$\phi_{i,j}\big|_{AB}=10,\quad \phi_{i,j}\big|_{CD}=0$$

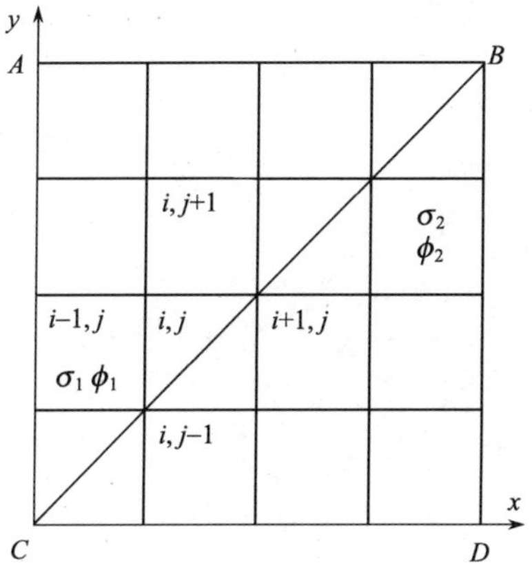

图 1-19　场域剖分示意图

第二类边界，由处理边界条件的式(1-43)得到其差分格式和 SOR 迭代格式。

AC 边：

$$2\phi_{i+1,j}+\phi_{i,j+1}+\phi_{i,j-1}-4\phi_{i,j}=0$$

$$\phi_{i,j}^{(n+1)}=\phi_{i,j}^{(n)}+\frac{\omega}{4}\left[2\phi_{i+1,j}^{(n)}+\phi_{i,j+1}^{(n)}+\phi_{i,j-1}^{(n+1)}-4\phi_{i,j}^{(n)}\right]$$

BD 边：

$$2\phi_{i-1,j}+\phi_{i,j+1}+\phi_{i,j-1}-4\phi_{i,j}=0$$

$$\phi_{i,j}^{(n+1)}=\phi_{i,j}^{(n)}+\frac{\omega}{4}\left[\phi_{i,j+1}^{(n)}+2\phi_{i-1,j}^{(n+1)}+\phi_{i,j-1}^{(n+1)}-4\phi_{i,j}^{(n)}\right]$$

分界面上，由于$R=\sigma_1/\sigma_2=2$，使用与网格成45°斜交、不同介质分界面的公式(1-49)得

$$2(\phi_{i,j+1}+\phi_{i-1,j})+(\phi_{i+1,j}+\phi_{i,j-1})-6\phi_{i,j}=0$$

$$\phi_{i,j}^{(n+1)}=\phi_{i,j}^{(n)}+\frac{\omega}{4}\left\{2\left[\phi_{i,j+1}^{(n)}+\phi_{i-1,j}^{(n)}\right]+\left[\phi_{i+1,j}^{(n+1)}+\phi_{i,j-1}^{(n+1)}\right]-6\phi_{i,j}^{(n)}\right\}$$

对于初值，按照接近原问题电位的实际分布，按 j 增加的方向递增的赋值(值介于 10 和 0 之间)；并以所有内点上相邻两次迭代值的误差的绝对值之和均小于10^{-5}作为收敛标准。在每边网格划分为 27 份时，问题的等位线分布如图 1-20 所示。

例 1-3　差分法在微带线中的应用。

微波、毫米波集成电路经过几十年的发展，现在已经得到广泛、重要的应用。在微波波段中使用的微带传输线是微波集成电路中极其重要的传输线。用它可以构成各种微波无源元件及有源元件的无源部分。在微波、毫米波波段，为了减小导体损耗和辐射损耗，又采用了悬带、倒带、槽线等。20 世纪 70 年代初，作为毫米波传输线和集成电路的介质波导再次被提出，而且出现了各种形式的介质波导，如平板介质波导、圆柱形介质波导及矩形介质波导等。对于上述某些形式的传输线，可以使用数值方法进行求解，这里我们介绍差分法计算悬带线特性。此时，在场域内的介质是不均匀的，故对不同介质分界面上的边界条件必须作差分离散化处理。

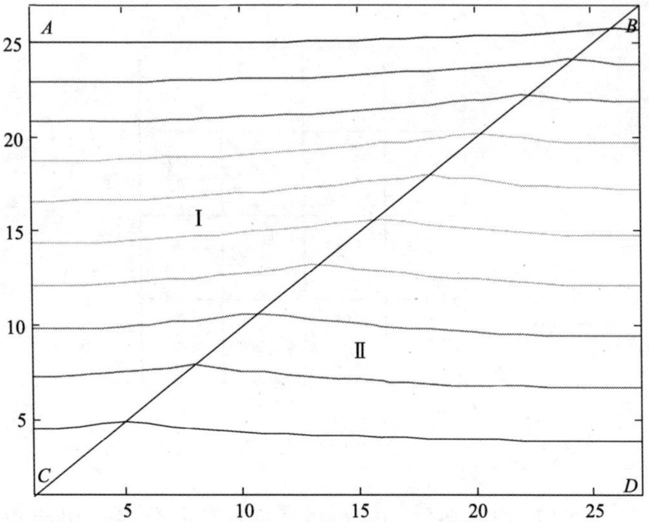

图 1-20　计算结果等位线分布

在微带线和悬带线、导带等类微带中，当频率低于 5000MHz 时，其中传播的主模近似于 TEM 模，而忽略了 TE 模和 TM 模。

若令其横向电场 $\boldsymbol{E}_t=-\nabla\phi$，则微带线中准 TEM 模电场满足二维拉普拉斯方程 $\nabla_t^2\phi=0$。可见，可用求解二维位场的方法求解微带和类微带问题，称这种方法为准静态法。

直角坐标中，二维拉普拉斯方程为 $\dfrac{\partial^2\phi}{\partial x^2}+\dfrac{\partial^2\phi}{\partial y^2}=0$。

我们求解如图 1-21 所示的悬带线。网格划分如图 1-22 所示，场具有对称性，取其一半进行计算。由于边界为直线，故仍用正方形网格划分场域。其内点的差分方程为

$$\phi_a+\phi_b+\phi_c+\phi_d-4\phi_0=0 \tag{1-75}$$

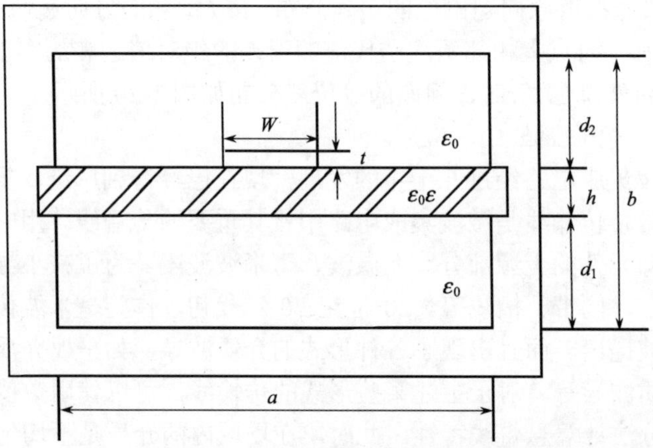

图 1-21　悬带线的横截面

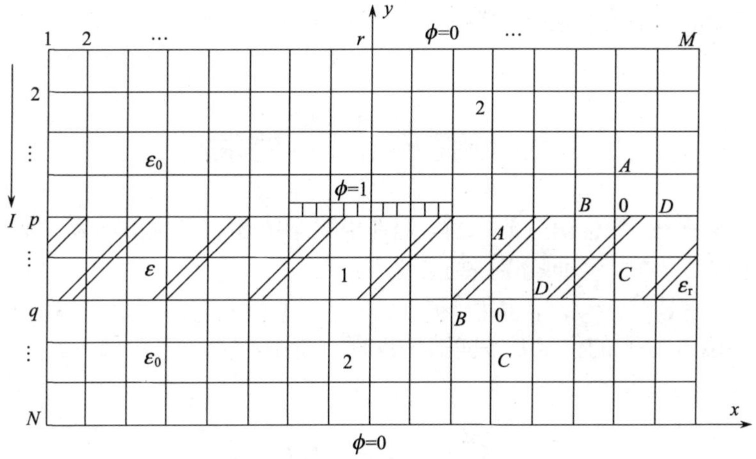

图 1-22　悬带线截面及边界网格划分情况

在空气与介质分界面上，由前面学过的内容，有

$$\frac{2\phi_{a2}}{1+R}+\phi_b+\frac{2R}{1+R}\phi_{c1}+\phi_d-4\phi_0=0$$

具体在 $I=q,J=1,\cdots,M$ 的空气与介质分界面的下边界，$R=\dfrac{R_1}{R_2}=\dfrac{\varepsilon}{\varepsilon_0}=\varepsilon_r$，故得

$$\frac{2\phi_{c2}}{1+\varepsilon_r}+\phi_b+\frac{2\varepsilon_r}{1+\varepsilon_r}\phi_{a1}+\phi_d-4\phi_0=0 \tag{1-76}$$

在空气与介质分界面的上边界，即 $I=p,J=1,\cdots,M$，有 $R=\dfrac{\varepsilon}{\varepsilon_0}=\varepsilon_r$，得

$$\frac{2\phi_{a2}}{1+\varepsilon_r}+\phi_b+\frac{2\varepsilon_r}{1+\varepsilon_r}\phi_{c1}+\phi_d-4\phi_0=0 \tag{1-77}$$

在对称线上，有

$$2\phi_a+\phi_b+\phi_d-4\phi_0=0 \tag{1-78}$$

上述差分方程依次对应的 SOR 迭代格式为

$$\phi_{i,j}^{(n+1)}=\phi_{i,j}^{(n)}+\frac{\alpha}{4}[\phi_{i,j-1}^{(n+1)}+\phi_{i-1,j}^{(n+1)}+\phi_{i+1,j}^{(n)}+\phi_{i,j+1}^{(n)}-4\phi_{i,j}^{(n)}],\quad i\neq p,q,j=2\sim M-1$$

$$\phi_{p,j}^{(n+1)}=\phi_{p,j}^{(n)}+\frac{\alpha}{4}[\phi_{p,j-1}^{(n+1)}+\phi_{p,j+1}^{(n)}+\frac{2}{1+\varepsilon_r}\phi_{p+1,j}^{(n)}+\frac{2\varepsilon_r}{1+\varepsilon_r}\phi_{p-1,j}^{(n+1)}-4\phi_{p,j}^{(n)}],\quad i=p,j=2\sim M-1$$

$$\phi_{q,j}^{(n+1)}=\phi_{q,j}^{(n)}+\frac{\alpha}{4}[\phi_{q,j-1}^{(n+1)}+\phi_{q,j+1}^{(n)}+\frac{2}{1+\varepsilon_r}\phi_{q-1,j}^{(n+1)}+\frac{2\varepsilon_r}{1+\varepsilon_r}\phi_{q+1,j}^{(n)}-4\phi_{q,j}^{(n)}],\quad i=q,j=2\sim M-1$$

$$\phi_{i,r}^{(n+1)}=\phi_{i,r}^{(n)}+\frac{\alpha}{4}[\phi_{i-1,r}^{(n+1)}+2\phi_{i,r-1}^{(n+1)}+\phi_{i+1,r}^{(n)}-4\phi_{i,r}^{(n)}],\quad j=r,i=2\sim N-1$$

其中，p 上有一段是高电位，直接赋值就可。

在算出悬带线 ϕ 的差分解后，再算出中心导带上单位长度所带的电荷 Q，再与其电位相比，求得悬带线单位长度的电容，进而求得其特性阻抗、有效介电常数及波长等特性参数。

1.5　场强及相关量的求解

前面介绍的是电、磁位函数的求解，但在电磁学中还有场强分布和其他积分特性(磁导、电导、电容等参数。下面分别来了解。

以正方形网格划分场域，由电磁场基本理论及差分原理，将电场强度 $\boldsymbol{E}$ 、磁场强度 $\boldsymbol{H}$ 或磁感应强度 $\boldsymbol{B}$ 对应的位函数 ϕ 间的关系用一阶中心差商表示如下。

0 点的相关场量：

$$\boldsymbol{E}=-M_{\phi}\nabla\phi=-M_{\phi}(\frac{\partial\phi}{\partial x}\hat{x}+\frac{\partial\phi}{\partial y}\hat{y})\approx-M_{\phi}(\frac{\phi_1-\phi_3}{2h}\hat{x}+\frac{\phi_2-\phi_4}{2h}\hat{y}) \tag{1-79}$$

$$\boldsymbol{H}=-M_{\phi_m}\nabla\phi_m=-M_{\phi_m}(\frac{\partial\phi_m}{\partial x}\hat{x}+\frac{\partial\phi_m}{\partial y}\hat{y})\approx-M_{\phi_m}(\frac{\phi_{m1}-\phi_{m3}}{2h}\hat{x}+\frac{\phi_{m2}-\phi_{m4}}{2h}\hat{y}) \tag{1-80}$$

$$\boldsymbol{B}=M_A\nabla\times\boldsymbol{A}=M_A(\frac{\partial A_z}{\partial y}\hat{x}-\frac{\partial A_z}{\partial x}\hat{y})\approx M_A(\frac{A_2-A_4}{2h}\hat{x}-\frac{A_1-A_3}{2h}\hat{y}) \tag{1-81}$$

式中，M_{ϕ}、M_{ϕ_m}、M_A 分别为电位、标量磁位和矢量磁位的标度(比例)，定义为电位函数的实际值与对应的相对值的比值。如图 1-23 所示，采用 $\phi_0=100$ 的相对电位值，实际

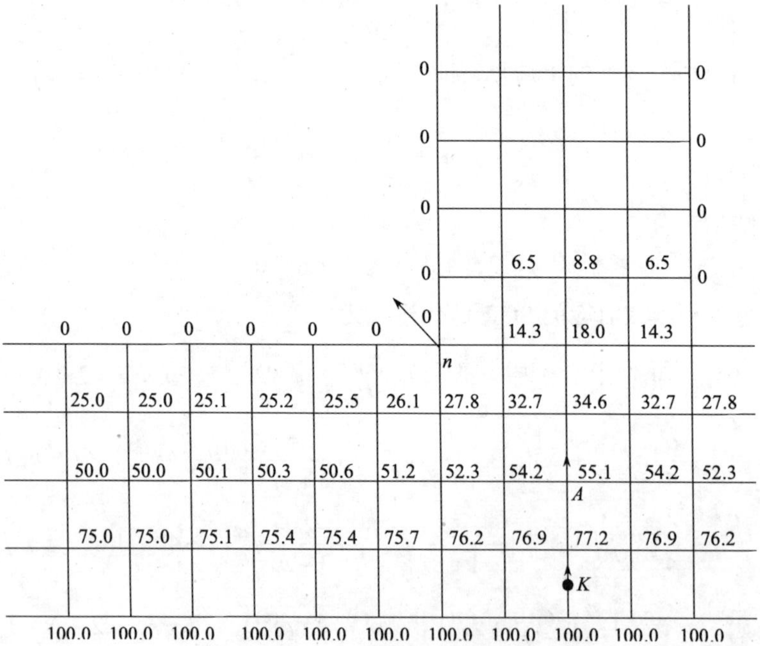

图 1-23　某场域电位分布图

电位值为 150V，则 $M_\phi = \frac{150}{100} = 1.5$ 。这只是一个标度而已，若计算中不采用位函数相对值，则对应的位函数标度取 1。

具体到某个点怎么处理呢？如边界点、拐点、内点。计算边界上的场强时，函数值相距 h 而非 $2h$，因此通过式(1-78)得到的结果并非边界处的实际场强，而是与边界相邻的网格边和边界的中间点上的场强值。但当网格取得很小时，可近似地认为它就等于边界处的场强。另外，电场是有方向的，拐点电场按相距 h 计算，内点电场按相距 $2h$ 计算，都是两个方向的叠加。

在图 1-23 中，若取 $h = 10^{-2}\,\text{m}$ ，则 K 点(边点)的场强可近似为

$$\boldsymbol{E}_K \approx E_y \hat{y} = -1.5 \frac{77.2 - 100}{10^{-2}} \hat{y} = 3.42 \times 10^3 \hat{y} (\text{V/m})$$

而在 n 点(边点)

$$\boldsymbol{E}_n \approx -1.5 \left(\frac{14.3 - 0}{10^{-2}} \hat{x} + \frac{0 - 27.8}{10^{-2}} \hat{y} \right) = (-2.15\hat{x} + 4.17\hat{y}) \times 10^3 \ (\text{V/m})$$

在 A 点(内点)

$$\boldsymbol{E}_A \approx -1.5 \left(\frac{54.2 - 54.2}{2 \times 10^{-2}} \hat{x} + \frac{34.6 - 77.2}{2 \times 10^{-2}} \hat{y} \right) = 3.195 \times 10^3 \hat{y} (\text{V/m})$$

可见在拐角上的 n 点的场强最大。

当遇到积分时，在数值计算中总是化为有限求和。

例如，为了求得电、磁路的参数，首先要求出有关场量穿过指定面积上的通量。无论静电场、恒定电流场或恒定磁场，其通量 ψ 都可以表示为

$$\psi = \int_S K\boldsymbol{a} \cdot \mathrm{d}\boldsymbol{S} \tag{1-82}$$

式中，K 表示介质相应的特性参数(ε, σ, μ)；$\boldsymbol{a}$ 表示上述各类电、磁场的相应场量($\boldsymbol{E}, \boldsymbol{H}$)。在已求得场中各点的场强以后，通量积分可近似表示成

$$\psi = \sum_{i=1}^{n} K a_{\text{av}(i)} S_i \tag{1-83}$$

式中，n 表示所积分的面积上划分成小块网格面积的总数；S_i 表示诸小面积中第 i 块小面积；$a_{\text{av}(i)}$ 表示在 S_i 上所求得的场强 $\boldsymbol{a}_i$ 的平均值，并且 $\boldsymbol{a}_i$ 的方向应与小面积 S_i 的法线方向一致。

静电场中的电容、恒定电流场中的电导或恒定磁场中的磁导 G_m 等电路或磁路参数用 P 表示为

$$P = \frac{\psi}{U} = \frac{\sum_{i=1}^{n} K a_{\text{av}(i)} S_i}{U} \tag{1-84}$$

式中，U 表示所给定场域边界面间的电位差或磁位差。

例如，计算两导体间的电容，先求出通量 $q = \int_S \boldsymbol{D} \cdot \mathrm{d}\boldsymbol{S} = \varepsilon_0 \int_S \boldsymbol{E} \cdot \mathrm{d}\boldsymbol{S}$ ，近似为

$q=\varepsilon_0\sum_{i=1}^{n}E_{\mathrm{av}(i)}S_i$，于是电容 $C=\dfrac{q}{U}=\dfrac{\varepsilon_0\sum_{i=1}^{n}E_{\mathrm{av}(i)}S_i}{U}$，其中 U 表示所计算导体的边界面间的电位差。

1.6 时谐场的差分解法

有限差分法可以用于时域的离散。对于正弦稳态情形，由于采用复数形式表示场量，将时间变化隐去，使问题得到简化，其解法类似于静态场。我们以波导为例来说明。

例如，用有限差分法求解矩形金属波导中的截止波长和场分布。

此问题属于有限差分法在正弦时变电磁场即稳态时变电磁场中的应用。关于波导中的场分析，为研究简单起见，通常假设：

(1)波导壁由理想导体($\sigma\to\infty$)构成。

(2)波导内的介质是均匀、线性且各向同性的理想介质。

(3)波导中无自由电荷和传导电流($\rho=0, J=0$)，也就是说，波导是远离激励源的。

(4)波导工作在匹配状态，具有均匀截面，所以在分析时只考虑入射波，无反射波。

基于上述假设，波导中传播的电磁波可分为横电波(TE 波)或横磁波(TM 波)两种类型。无论对于哪种情况，问题的求解可归结为求解相应的场纵向分量 H_z 或 E_z 所描述的定解问题(纵向场可用来表达横向场，TM：$\boldsymbol{E}_t=\dfrac{-\gamma}{K_c^2}\nabla_t E_z$，$\boldsymbol{H}_t=\dfrac{-\mathrm{j}\omega\varepsilon}{K_c^2}\nabla_t E_z\times\hat{\boldsymbol{e}}_z$；TE：$\boldsymbol{E}_t=\dfrac{-\mathrm{j}\omega\mu}{K_c^2}\nabla_t H_z\times\hat{\boldsymbol{e}}_z$，$\boldsymbol{H}_t=\dfrac{-\gamma}{K_c^2}\nabla_t H_z$，$K_c^2=K^2+\gamma^2$，$\hat{\boldsymbol{e}}_z$ 为传播方向，$K^2=\omega^2\mu\varepsilon$，$\gamma$ 为传播常数)。若以 φ 标记相应的纵向分量，则波导场的分析将是定义在波导横截面 (x,y) 平面内的二维标量波动方程的定解问题，即(在波导内，即场域 D)

$$\nabla_t^2\varphi+K_c^2\varphi^2=\frac{\partial^2\varphi}{\partial x^2}+\frac{\partial^2\varphi}{\partial y^2}+K_c^2\varphi=0 \tag{1-85}$$

对于 TE 波(在波导壁处)

$$\left.\frac{\partial\varphi}{\partial n}\right|_C=0 \tag{1-86}$$

对于 TM 波(在波导壁处)

$$\left.\varphi\right|_C=0 \tag{1-87}$$

现在应用有限差分法来解由上述波动方程所描述的定解问题。将波导横截面(场域 D)用正方形网格予以划分，则对图 1-24 内任一网格内点 0 而言，上述波动方程的差分格式为

$$\varphi_1+\varphi_2+\varphi_3+\varphi_4-4\varphi_0+(K_c h)^2\varphi_0=0 \tag{1-88}$$

在波导壁及边界 C 处，若网格线恰与边界相重，则对任一边界节点 b 而言，当分析 TE 波($\varphi=H_z$)时，其差分离散化处理可在边界外侧设置一排虚设的网格节点，从而依

据 $\left.\frac{\partial\varphi}{\partial n}\right|_C=0$ 的条件有 $\varphi_1=\varphi_3$，于是得到相应离散化的差分格式为

$$\varphi_2+2\varphi_3+\varphi_4-4\varphi_0+(K_c h)^2\varphi_0=0 \tag{1-89}$$

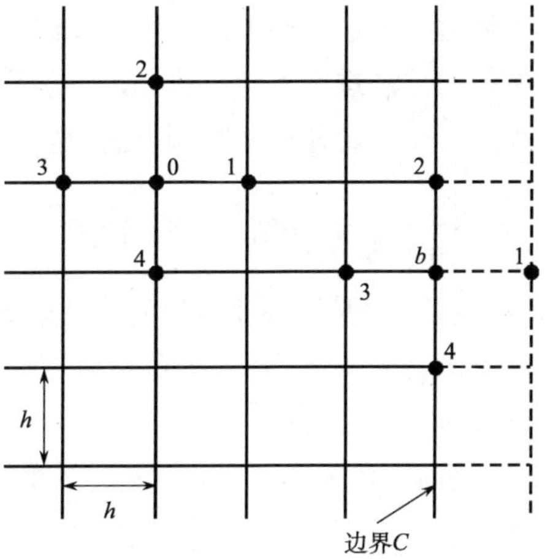

图 1-24 矩形金属波导的差分网格

当然，也可以用 1.2.2 节所述的边界条件处理方法得到具体各边界点的差分方程。但是，对于任意横截面的波导，这个方法实际上是不可行的。因此，对于 TE 波的求解要比 TM 波的求解更为麻烦。

而当分析 TM 波（$\varphi=E_z$）时，相应的离散化差分格式为 $\varphi_b=0$。

将上述各个差分格式分别应用于相应的网格节点，便可得到以网格节点上待求场量 φ_i（$i=1,2,\cdots,n$）为未知量的 n 个差分方程，由此构成的差分方程组可用矩阵形式表示为

$$\boldsymbol{K\varphi}=\beta\boldsymbol{\varphi} \tag{1-90}$$

这样，将上述问题归结为一个矩阵的特征值问题。式中，$\boldsymbol{K}$ 为矩阵系数；$\boldsymbol{\varphi}$ 是以网格节点上的待求场量 φ_i 为分量的列向量，而数值 $\beta=(K_c h)^2=(2\pi h/\lambda_c)^2$ 称为特征值，$\lambda_c=2\pi/K_c$ 称为截止波长。以上分析表明，连续场中的偏微分方程的特征值问题，通过有限差分法的应用，近似地变换成相应的离散系统中的代数特征值问题。

求解矩阵特征值的方法大体可以分为两类。

第一类是直接法。从原始矩阵出发，应用有限个相似变换将其化成易于求出特征方程的形式，然后由特征方程求根即得矩阵的特征值。由于实际问题中特征方程往往是高阶的，故不易求得其解(如计算量大，重根计算精度往往较低等)，此法很少采用。

另一类是迭代法。这种间接求法将特征值和特征向量作为一个无限序列的极限来求取，对舍入误差的影响有较强的稳定性，计算量较大。迭代法中有引入试解向量逐步改进未知数的幂法、反幂法等，是求解高阶稀疏矩阵特征值问题的最大、最小特征值的简单法；还有使用正交变换矩阵将所求矩阵变为对角矩阵的雅可比法，多用于求解中小规模(几十至几百阶)的稠密矩阵的特征值问题的全部特征值；也有将所求矩阵化为三对角

阵的 QR 法，不适用于大型稀疏矩阵的全部特征值。

若用直接法求解，本节问题可利用现有程序得到全部特征值，包括主模及高阶模的特征值。但高阶模的精度随模数的增加而迅速降低。采用迭代法求解，可以充分利用矩阵稀疏的特点，矩阵元素不是储存而是“生成”，即要用哪个就算出哪个。只能求出主模，高阶模要另行处理。求解赫姆霍兹方程与拉普拉斯方程不同，由于场值 φ 和特征值 K_c 均未知，需要采用双重迭代的方法进行求解。首先，除了给各网格点赋予初值 $\varphi_{i,j}$ 外，也给 $(K_c h)^2$ 一个初值。然后，按下式对 $\varphi_{i,j}$ 进行超松弛迭代

$$\varphi_{i,j}^{(n+1)} = \varphi_{i,j}^{(n)} + \omega\left\{\frac{1}{4-(K_c h)^2}[\varphi_{i+1,j}^{(n)} + \varphi_{i,j+1}^{(n)} + \varphi_{i-1,j}^{(n+1)} + \varphi_{i,j-1}^{(n+1)}] - \varphi_{i,j}^{(n)}\right\} \tag{1-91}$$

在经过几次对 $\varphi_{i,j}$ 的迭代后，可按下面将给出的迭代公式对 $(K_c h)^2$ 进行迭代。接着，利用求得的 $(K_c h)^2$ 值去迭代求得新的 $\varphi_{i,j}$ 值，如此重复这种双重迭代过程直到场值 φ 和特征值 $(K_c h)^2$ 均收敛到应有的精度为止。

$(K_c h)^2$ 的迭代公式导出如下。用 φ 乘式(1-85)两边并将等式在波导横截面 S 上积分，得到

$$\iint_S \varphi\nabla_t^2\varphi \mathrm{d}S + \iint_S K_c^2\varphi^2 \mathrm{d}S = 0 \tag{1-92}$$

式中，∇_t 为横向拉普拉斯算子。由上式解出

$$K_c^2 = -\frac{\iint_S \varphi\nabla_t^2\varphi \mathrm{d}S}{\iint_S \varphi^2 \mathrm{d}S} \tag{1-93}$$

式中，$\nabla_t^2\varphi \approx \dfrac{\sum\varphi - 4\varphi_0}{h^2}$。利用这个公式求 K_c，直观上比直接用式(1-88)更合理，因为它意味着在整个场域内作平均(不是一个点的场值)，可能使计算形成的误差部分地被抵消。式(1-92)离散化后变成

$$(K_c h)^2 = -\frac{\sum\limits_{i,j}\varphi_{i,j}(\varphi_{i+1,j} + \varphi_{i,j+1} + \varphi_{i-1,j} + \varphi_{i,j-1} - 4\varphi_{i,j})\Delta S_{i,j}}{\sum\limits_{i,j}\varphi_{i,j}^2\Delta S_{i,j}} \tag{1-94}$$

式中，分子前一个求和是对整个场域上的点进行的(对于 TM 是内点，因为边界上的场值为 0，积分为 0，分子分母中的 $\Delta S_{i,j}$ 可以消掉)，后一个求和仅代表所求的点(i, j)的相邻四点的场值之和。$\Delta S_{i,j}$ 代表第(i, j)个节点所占的面积。对于内点，$\Delta S_{i,j} = h^2$；对于不是拐点的边界点，$\Delta S_{i,j} = \dfrac{1}{2}h^2$；对于拐点，$\Delta S_{i,j} = \dfrac{1}{4}h^2$ 或 $\dfrac{3}{4}h^2$。

确定迭代方法后，要选取场的初值。对于 TM 模，由于在壁上满足 $E_z = 0$，若将各内点上的场量初值假设为零，则各节点上 E_z 的零解满足亥姆霍兹方程，因而不可能得到所希望的非零解。为了避免这种情况发生，必须至少选择一个内点上的初值不为零；对于 TE 模，φ 为常数，将满足亥姆霍兹方程及所给的梯度边界条件，其对应的特征值

$K_c^2h^2=0$，即零特征值情形。这样一来便产生了下面的问题：如果假设各节点具有相同的初值，则一旦开始求解，就会收敛于该值，或者算得的解稳定在由初值和超松弛因子所支配的、完全无法预料的某些数值上。显然这都不是所求问题的真实解，因此，不能将各点初值选为相同的值。而对于 $K_c^2h^2$ 的初值，不能任意选取，只能在一定的范围内。若选得不当，问题的计算便不收敛。也就是说，本征值初值的选择存在一个估计、试探的过程。实际上本征值的收敛比场值的收敛快得多，因此在双重迭代时，对其修正次数不必太多，也不能太少，一般在修正 3～5 次场值后修正 1 次本征值。程序调试中，确定算法、程序无误，但又不收敛或输出结果莫明其妙，可以考虑是否是本征值初值选择不当。一般情况下，若不能预先估计，可设为相对小的值。例如，正方形波导 TM_{11} 模，从其分离变量法的理论结果算得 $K_c^2h^2=\left[2\left(\dfrac{\pi}{a}\right)^2\right]\times\left(\dfrac{a}{p}\right)^2=\dfrac{2\pi^2}{p^2}$，若将边长分 10 份（$p=10$），则 $K_c^2h^2=0.197392$，那么程序中就选小于 0.19 的值。

根据得到的场值和特征值，我们可以进一步求得波导的截止频率 f_c、特征阻抗 Z_c。

波导截止时，$K_c^2=K^2=\omega^2\mu\varepsilon=\dfrac{\omega^2}{c^2}=\dfrac{2\pi f^2}{c^2}$（$K$ 是自由空间波数，c 是真空中光速），则 $f_c=\dfrac{cK_c}{2\pi}$ (Hz)，$f_c=\dfrac{c\sqrt{(K_ch)^2}}{2\pi h}$ (Hz)。直接反映波导 f_c 和其尺寸的关系式为 $f_c=\dfrac{c\sqrt{(K_ch)^2}(N-1)}{2\pi}\left(\dfrac{\text{Hz}}{a}\right)$，是成反比的，$N$ 为 a 边上的节点数。

等效为传输线时，由电路理论可知，特征阻抗 Z_c 有 3 种定义方式：$Z_c=\dfrac{V}{I}=\dfrac{V^2}{P}=\dfrac{P}{I^2}$，$V$、$I$ 为轴向等效电压、等效电流的有效值，P 为传输功率。

考虑空心波导无衰减：$\gamma=\mathrm{j}\beta$，$K_c^2=K^2+\gamma^2=K^2-\beta^2$。

TM 波：$V_{\max}=-\int_A^B \boldsymbol{E}\cdot\mathrm{d}\boldsymbol{l}=\dfrac{-\mathrm{j}\beta}{K_c^2}\int_B^A\nabla_t\varphi\cdot\mathrm{d}\boldsymbol{l}=\dfrac{-\mathrm{j}\beta}{K_c^2}(\varphi_{\max}-\varphi_{\min})$，积分路径一般选最大电位差的路径(对称线、最大电场线等)。φ 的数值在程序求场值时已经求出。

$$I=\oint_l \boldsymbol{H}\cdot\mathrm{d}\boldsymbol{l}=\oint_l \boldsymbol{H}_t\cdot\mathrm{d}\boldsymbol{l}=\frac{-\mathrm{j}\sqrt{K_c^2+\beta^2}}{K_c^2Z_0}\oint_l \hat{e}_z\times\nabla_t\varphi\cdot\mathrm{d}\boldsymbol{l}$$

$$\begin{aligned}P&=\frac{1}{2}\int_S(\boldsymbol{E}\times\boldsymbol{H}^*)\cdot\mathrm{d}\boldsymbol{S}=\frac{\beta\sqrt{K_c^2+\beta^2}}{2K_c^4Z_0}\int_S[(\nabla_t\varphi)\times(\hat{e}_z\times\nabla_t\varphi)]\cdot\mathrm{d}\boldsymbol{S}\\&=\frac{\beta\sqrt{K_c^2+\beta^2}}{2K_c^4Z_0}\int_S(\nabla_t\varphi)^2\mathrm{d}S\\&=\frac{\beta\sqrt{K_c^2+\beta^2}}{2K_c^2Z_0}\int_S\varphi^2\mathrm{d}S\end{aligned}$$

其中利用了 $\nabla_t^2\varphi+K_c^2\varphi=0$、格林定理、矢量恒等式 $\nabla\cdot(\varphi\nabla\varphi)=\varphi\nabla^2+|\nabla\varphi|^2$ 和边界条件。

求 V 比求 I 简单，由 V 和 P 得到

$$Z_c=\frac{V^2}{P}=\frac{Z_0\beta}{\sqrt{K_c^2+\beta^2}}\frac{(\varphi_{\max}-\varphi_{\min})^2}{K_c^2\int_S\varphi^2\mathrm{d}S}$$

令

$$Z_c'=\frac{Z_0\beta}{\sqrt{K_c^2+\beta^2}}=\frac{Z_0\beta}{K}=\frac{Z_0\dfrac{2\pi}{\lambda_g}}{\dfrac{2\pi}{\lambda}}=Z_0\frac{\lambda}{\lambda_g}=\frac{Z_0\lambda}{\lambda\Big/\sqrt{1-\left(\dfrac{\lambda}{\lambda_c}\right)^2}}=Z_0\sqrt{1-\left(\frac{\lambda}{\lambda_c}\right)^2}=Z_0\sqrt{1-\left(\frac{f_c}{f}\right)^2}$$

在给定波导尺寸和工作频率下，Z_c' 是一个常数，只需要计算 $Z_c''=\dfrac{(\varphi_{\max}-\varphi_{\min})^2}{K_c^2\int_S\varphi^2\mathrm{d}S}$，根据式(1-92)和式(1-93)可得，$Z_c''=\dfrac{(\varphi_{\max}-\varphi_{\min})^2}{-\sum\limits_{i,j}\varphi_{i,j}(\varphi_{i+1,j}+\varphi_{i,j+1}+\varphi_{i-1,j}+\varphi_{i,j-1}-4\varphi_{i,j})}$。

对于 TE 波：$P=\dfrac{Z_0\beta\sqrt{K_c^2+\beta^2}}{2K_c^2}\int_S\varphi^2\mathrm{d}S$ 。

轴向电流有效值 $I=\dfrac{1}{\sqrt{2}}\int_A^B\boldsymbol{J}_z\cdot\mathrm{d}\boldsymbol{l}=\dfrac{1}{\sqrt{2}}\int_A^B\boldsymbol{H}\cdot\mathrm{d}\boldsymbol{S}=\dfrac{-\mathrm{j}\beta}{\sqrt{2}K_c^2}\int_A^B(\nabla_t\varphi)\cdot\mathrm{d}\boldsymbol{l}=\dfrac{-\mathrm{j}\beta}{\sqrt{2}K_c^2}(\varphi_B-\varphi_A)$。

选择最大可能的轴向电流积分路径，唯一确定

$$I_{\max}=\frac{-\mathrm{j}\beta}{K_c^2}(\varphi_{\max}-\varphi_{\min})$$

$$\begin{aligned}Z_c&=\frac{P}{I^2}=\frac{Z_0\sqrt{K_c^2+\beta^2}}{\beta}\cdot\frac{K_c^2\int_S\varphi^2\mathrm{d}S}{(\varphi_{\max}-\varphi_{\min})^2}\\&=Z_0\sqrt{1-\left(\frac{f_c}{f}\right)^2}\cdot\frac{-\sum\limits_{i,j}\varphi_{i,j}(\varphi_{i+1,j}+\varphi_{i,j+1}+\varphi_{i-1,j}+\varphi_{i,j-1}-4\varphi_{i,j})\Delta S_{i,j}}{(\varphi_{\max}-\varphi_{\min})^2}\end{aligned}$$

有限差分法虽然是一个古老的方法，但实践表明，用这种方法对许多问题进行处理依然十分有效，它几乎能解决任意形状的 TEM 模或准 TEM 模传输线问题。因为这类传输线的单位长度电容是一个特征常数，与频率无关，故可以根据拉普拉斯方程用静态场的理论求得，而其结果的精度一般能控制在 2%～4%。

对于线性方程组，采用高斯-赛德尔迭代方法的有效收敛准则是：置于方程组左边变量系数的绝对值要不小于右边变量系数的绝对值之和。用这个准则来考察离散化拉普拉斯方程，显然它是符合这一收敛准则的。一般来说，在$1<\omega<2$的情况下，拉普拉斯方程的数值解稳定且收敛较快，比较省力而稳妥的方法是选取加速因子 $\omega=1.5$ 。

电磁场的有限差分法，一般是在频域上求解。随着其广泛应用和计算机技术的发展，时域有限差分法日趋完善，目前被广泛应用，但其基本的数值处理方法与有限差

分法同源。

从有限差分法的格式可以看到，要单独处理边界，尤其是第二、三类边界条件，而我们后面要学习的有限元法在边界的处理上就显示出它的优势。

习　　题

1. 推导图 1-25 所示的等边三角形网格节点上泊松方程的七点差分格式，并求其截断误差。

2．推导前向差商和后向差商的二阶导数公式，说明它们都是一阶精度。

3．试推导 $\partial^2/(\partial x\partial y)$ 的差分格式。

4．求边界为导体无限长矩形场域，边界条件如图 1-26 所示，a=10cm，b=15cm，$\varphi = 200\text{V}$ 。写出：

(1) 电磁场边值问题；

(2) 边值问题对应的差分格式；

(3) 差分格式对应的超松弛迭代格式；

(4) 编程计算其电位分布。

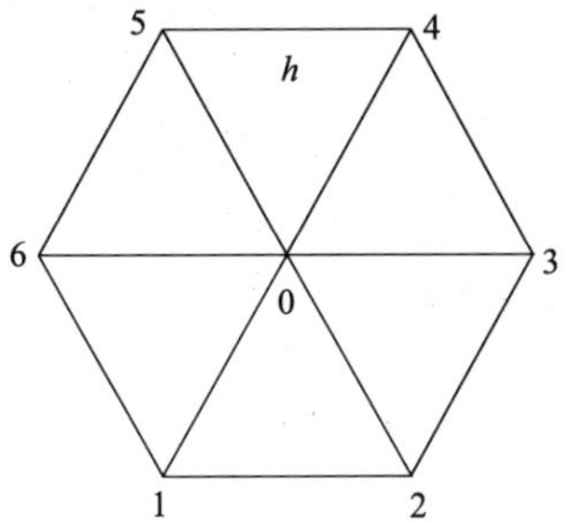

图 1-25　习题 1 示意图

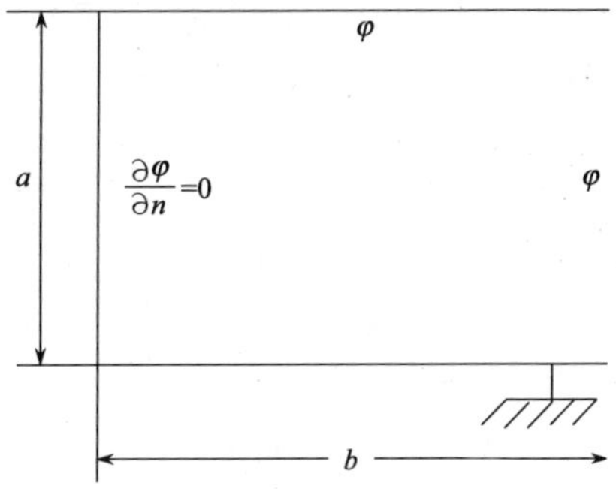

图 1-26　习题 4 示意图

5．用差分法求两个矩形导体间的电容，边界条件如图 1-27 所示，单位为 cm。

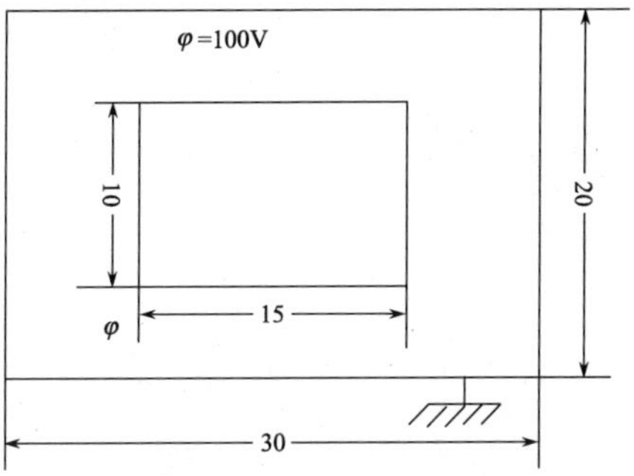

图 1-27　习题 5 示意图

求电位分布时取 1/4 区域计算。改变剖分密度，比较不同剖分密度下的电容值，并得出相应结论。

6. 用差分法计算矩形波导$\left(h=\dfrac{\pi}{7}, a=\dfrac{11\pi}{7}\right)$中的$TM_{11}$模和$TE_{10}$模的场分布、截止频率和特性阻抗。

7. 推导屏蔽微带线(图 1-28)电位的有限差分公式(设线上电压 1V，地电压 0V)，并推导出其单位长度上的电容电感公式和传输线的特性阻抗公式。

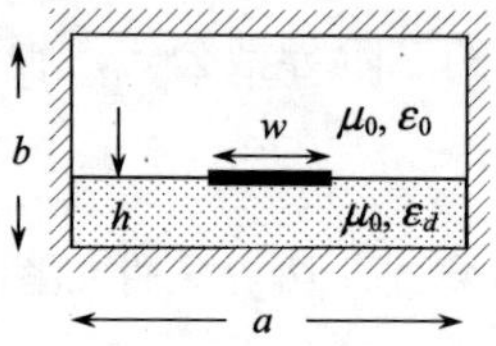

图 1-28　习题 7 示意图

第 2 章　时域场中的有限差分法

第 1 章详细探讨了有限差分法，其主要用于静电场和时谐场问题的求解，也能用于时域电磁问题的研究分析。随着学者对时域脉冲源的研究和非正弦电磁理论与技术的迅猛发展，时域有限差分（Finite Difference Time Domain，FDTD）法越来越受到重视和发展。1966 年，Yee 首次提出了这种方法。这种方法简单直观、容易掌握，以差分原理为基础，直接从概括电磁场普遍规律的麦克斯韦旋度方程出发，将其转换为差分方程组，不需要任何导出方程，避免了使用更多的数学工具，因此成为所有电磁场计算方法中最简单的一种。同时，这种方法易于并行，已被广泛应用于电磁散射、电磁兼容、波导与谐振腔系统、天线辐射特性、微波毫米波集成电路、遥感等方面的分析。

本章首先介绍波动方程的差分解法，然后重点讲述时域有限差分法。在 FDTD 基本原理的基础上，从稳定性出发讨论单元尺寸和离散时间步的选择准则。另外，介绍 FDTD 对于开域问题的处理方法，包括在 FDTD 区域中引入入射波，FDTD 截断边界处加上吸收边界条件，从近场数据外推远场。

2.1　波动方程的差分法

本节以一个瞬态场标量波动方程为例介绍有限差分法在时域问题中的应用。

一维齐次波动方程的混合问题假设为

$$\begin{cases} \dfrac{\partial^2 u}{\partial t^2} - a^2 \dfrac{\partial^2 u}{\partial x^2} = 0, & 0 < x < l, 0 < t < T \\ t = 0, u = \varphi(x), \dfrac{\partial u}{\partial t} = \psi(x), & 0 \leqslant x \leqslant l \\ x = 0, u = u_1(t); x = l, u = u_2(t), & 0 \leqslant t < T \\ \varphi(0) = u_1(0), \varphi(l) = u_2(0) \end{cases} \tag{2-1}$$

同样，如前所述，用差商近似代替偏微分，用两条平行于 x 轴和时间轴的直线划分网格，如图 2-1 所示。

$$X = x_j = jh, \quad j = 0,1,\cdots,J, h = \frac{l}{J}$$

$$t = t_n = n\tau, \quad n = 0,1,\cdots,N, \tau = \frac{T}{N}$$

网格交点 $(x_j, t_n) = (jh, n\tau)$。

u 及其在第 n 层上的偏微商 $\dfrac{\partial u}{\partial t}$、$\dfrac{\partial^2 u}{\partial t^2}$、$\dfrac{\partial^2 u}{\partial x^2}$ 值记为 u_j^n、$\left(\dfrac{\partial u}{\partial t}\right)_j^n$、$\left(\dfrac{\partial^2 u}{\partial t^2}\right)_j^n$、$\left(\dfrac{\partial^2 u}{\partial x^2}\right)_j^n$。

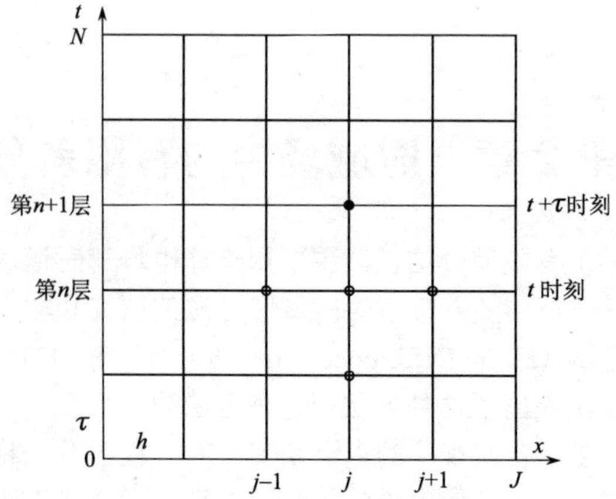

图 2-1　波动方程差分网格示意图

由泰勒级数展开得

$$u_j^{n+1}-u_j^n=u[jh,(n+1)\tau]-u(jh,n\tau)$$
$$=\left(\frac{\partial u}{\partial t}\right)_j^n\tau+\frac{1}{2!}\left(\frac{\partial^2 u}{\partial t^2}\right)_j^n\tau^2+\frac{1}{3!}\left(\frac{\partial^3 u}{\partial t^3}\right)_j^n\tau^3+\frac{1}{4!}\frac{\partial^4 u(x_j,\tilde{t})}{\partial t^4}\tau^4,\quad t_n\leqslant\tilde{t}\leqslant t_{n+1}\tag{2-2}$$

$$u_j^{n-1}-u_j^n=u[jh,(n-1)\tau]-u(jh,n\tau)$$
$$=-\left(\frac{\partial u}{\partial t}\right)_j^n\tau+\frac{1}{2!}\left(\frac{\partial^2 u}{\partial t^2}\right)_j^n\tau^2-\frac{1}{3!}\left(\frac{\partial^3 u}{\partial t^3}\right)_j^n\tau^3+\frac{1}{4!}\frac{\partial^4 u(x_j,\tilde{\tilde{t}})}{\partial t^4}\tau^4,\quad t_{n-1}\leqslant\tilde{\tilde{t}}\leqslant t_n\tag{2-3}$$

式(2-2)加上式(2-3)得

$$u_j^{n+1}-2u_j^n+u_j^{n-1}=\left(\frac{\partial^2 u}{\partial t^2}\right)_j^n\tau^2+\frac{1}{4!}\left[\frac{\partial^4 u(x_j,\tilde{t})}{\partial t^4}+\frac{\partial^4 u(x_j,\tilde{\tilde{t}})}{\partial t^4}\right]\tau^4$$

$$=>\frac{u_j^{n+1}-2u_j^n+u_j^{n-1}}{\tau^2}=\left(\frac{\partial^2 u}{\partial t^2}\right)_j^n+O(\tau^2)\tag{2-4}$$

即用二阶中心差商近似代替二阶偏微商的截断误差为 $O(\tau^2)$ 。同理，$\frac{u_{j+1}^n-2u_j^n+u_{j-1}^n}{h^2}=\left(\frac{\partial^2 u}{\partial x^2}\right)_j^n+O(h^2)$，截断误差为 $O(h^2)$。

同样由泰勒级数展开，有 $\frac{u_j^{n+1}-u_j^n}{\tau}=\left(\frac{\partial u}{\partial t}\right)_j^n+O(\tau)$，则波动方程某点的差分方程为

$$\begin{cases}\dfrac{U_j^{n+1}-2U_j^n+U_j^{n-1}}{\tau^2}-a^2\dfrac{U_{j+1}^n-2U_j^n+U_{j-1}^n}{h^2}=0, & j=1,\cdots,J-1,n=1,\cdots,N-1\\ U_j^0=\varphi(jh),\dfrac{U_j^1-U_j^0}{\tau}=\psi(jh), & j=1,\cdots,J-1\\ U_0^n=u_1(n\tau),U_J^n=u_2(n\tau), & n=0,1,\cdots,N\end{cases}\tag{2-5}$$

令 $\lambda = a\dfrac{\tau}{h}$，得

$$\begin{cases} U_j^{n+1} = \lambda^2 U_{j+1}^n + 2(1-\lambda^2)U_j^n + \lambda^2 U_{j-1}^n - U_j^{n-1}, & j=1,\cdots,J-1, n=1,\cdots,N-1 \\ U_j^0 = \varphi(jh), \dfrac{U_j^1 - U_j^0}{\tau} = \psi(jh), & j=1,\cdots,J-1 \\ U_0^n = u_1(n\tau), U_J^n = u_2(n\tau), & n=0,1,\cdots,N \end{cases} \tag{2-6}$$

从式(2-6)我们可以清楚地看到，第 n+1 层上任意一点的值函数 U_j^{n+1}，可由第 n 层上 3 个相邻节点的值 U_{j-1}^n、U_j^n、U_{j+1}^n 和第 n–1 层上一点的值 U_j^{n-1} 来确定，这 5 点的位置关系如图 2-1 所示。第 n+1 层上两边点上的值 U_0^{n+1} 及 U_J^{n+1} 可由边界条件直接得到。这样，就求得了第 n+1 层上所有的值。因此，由式(2-6)便可由第 0、第 1 层上的值决定第 2 层上的值；再由第 1、第 2 层上的值决定第 3 层上的值了。以此类推，便可按 t 增加的方向、逐层求得所有的值。这种由 t 和 $t-\tau$ 时刻的值求得 $t+\tau$ 时刻值的方法又称为前进型法。

式(2-6)第一式的格式可以直接从下面两层的值解出上面一层的值，通常称这种差分格式为显式差分。这种差分格式不一定稳定。而相对稳定的是隐式差分格式，这种格式不能直接明显地解出上一层的值，但它最大的优点是无条件稳定。

τ 怎么选？在实际问题中，可根据场随时间变化的快慢程度，在保证稳定性条件的前提下恰当地选取。一般来说，场量随时间变化越剧烈，τ 应选取得越小，以求得更好的逼近度。

1. 收敛性

差分法的目的是用差分方程的近似解代替微分方程的解，即在步长 h、τ 足够小时(或 h、τ 按一定方式趋近于 0)，在所考虑范围内的差分解 U_j^n 与原波动方程的解 u_j^n，也就是在一切节点 (x_j, t_n) 上，有 $\left|U_j^n - u_j^n\right| \to 0$ 成立。

上述就是差分方程的收敛性要求。只有满足收敛性要求的解才是有用的。

经过证明，只有步长比满足条件 $\lambda = a\dfrac{\tau}{h} \leqslant 1$，差分方程(2-6)的解 U_j^n 才收敛于波动方程(2-1)的解。也就说，在缩小步长时，τ 和 h 要按同一比率缩小。否则，即使 τ 和 h 都足够小，也不一定保证得到收敛解。

2. 稳定性

因为计算过程中每一步都有舍入误差，因此考虑这个舍入误差的影响，我们称为稳定性分析。

初看起来，似乎只要步长 h 和 τ 取得越小，网格分得越细，差分方程的解越接近原问题的解，但情况并非如此简单。例如，在按 t 增加方向逐层求解时，由于对固定的 $T = n\tau$，当步长 $\tau \to 0$ 时，其所在的层数 $n \to \infty$。因此在区域 $0 \leqslant t \leqslant T$ 中求解问题，计算的层数

要无限增大。这样，尽管每一步的舍入误差甚微，但得到的差分问题的近似解 $\tilde{U}_j^n$ 的偏差并不能保证一定可以控制，相反，这种误差的累积却可能对解发生极大的影响，甚至使计算无法进行下去。如果出现这种情况，就称所考察的差分方程不稳定，而当差分方程的解由于舍入误差的影响所产生的偏差可以得到控制时，就称所考察的差分方程为稳定的，对我们才是有用的。

经过证明，步长比 $\lambda = a\dfrac{\tau}{h} > 1$ 时，差分方程(2-6)是不稳定的，同时也是不收敛的，不能用于实际计算；只有在步长比 $\lambda = a\dfrac{\tau}{h} \leqslant 1$ 时，差分方程(2-6)才是稳定、收敛的，才能用于实际计算。

如果是二维波动问题，只需要把空间格式换成前面介绍的5点差分格式即可。

例如，考虑一个二维电介质中电磁波的传播问题。设电场只有一个分量 $E_y = E_y(x,z,t)$，满足二维波动方程 $\dfrac{\partial^2 E_y}{\partial x^2} + \dfrac{\partial^2 E_y}{\partial z^2} = \mu\varepsilon \dfrac{\partial^2 E_y}{\partial t^2}$。

场在 y 方向是均匀不变的。用正方形网格划分场域，步长为 h，其5点差分格式为

$$\frac{E_{i-1,k}^n + E_{i+1,k}^n + E_{i,k-1}^n + E_{i,k+1}^n - 4E_{i,k}^n}{h^2} = \mu\varepsilon \frac{E_{i,k}^{n+1} - 2E_{i,k}^n + E_{i,k}^{n-1}}{\tau^2} \tag{2-7}$$

等步长情况二维问题的稳定条件为 $\tau \leqslant \dfrac{h}{\sqrt{2}v}$，若取 $\tau = \dfrac{h}{\sqrt{2}v} = \dfrac{\sqrt{\mu\varepsilon}h}{\sqrt{2}}$，式(2-7)化为

$$E_{i,k}^{n+1} = \frac{1}{2}\left(E_{i-1,k}^n + E_{i+1,k}^n + E_{i,k-1}^n + E_{i,k+1}^n\right) - E_{i,k}^{n-1}$$

若取更小的步长，$\tau = \dfrac{h}{2v} = \dfrac{\sqrt{\mu\varepsilon}h}{2}$，则相应的计算公式变为

$$E_{i,k}^{n+1} = \frac{1}{4}\left(E_{i-1,k}^n + E_{i+1,k}^n + E_{i,k-1}^n + E_{i,k+1}^n\right) + \left(E_{i,k}^n - E_{i,k}^{n-1}\right) \tag{2-8}$$

总之，根据实际问题中场量随时间变化量的大小来选定 τ 的大小。一般来说，当场量随时间变化剧烈(如给定的电磁波为矩形或锯齿形等脉冲)时，所选的 τ 越小，逼近度越好。

2.2　FDTD 基本原理

FDTD 利用二阶精度的中心差分近似将依赖时间的麦克斯韦旋度方程转换成差分方程，在一定体积内和一段时间上对连续电磁场的数据取样。

只有当离散后的差分方程组的解是收敛和稳定时，差分方程组的解替代原微分方程组的解才是有意义的，所以确定单元尺寸和时间步长是很关键的步骤。

2.2.1　Yee 网格和差分格式

假定介质为线性、各向同性、有耗介质，于是无源区内 Maxwell 方程组中的两个旋度方程为

$$\nabla \times \boldsymbol{H} = \varepsilon \frac{\partial \boldsymbol{E}}{\partial t} + \sigma \boldsymbol{E} \tag{2-9}$$

$$\nabla \times \boldsymbol{E} = -\mu \frac{\partial \boldsymbol{H}}{\partial t} - \sigma_m \boldsymbol{H} \tag{2-10}$$

式中，ε 为介电常数(F/m)；μ 为磁导率(H/m)；σ 为电导率(S/m)；σ_m 为等效磁导率(Ω/m)。σ_m 的引入是为了使式(2-9) 和式(2-10)具有对称性。

在直角坐标系中，将式(2-9)和式(2-10)展开为

$$\begin{cases} \dfrac{\partial E_x}{\partial t} = \dfrac{1}{\varepsilon}(\dfrac{\partial H_z}{\partial y} - \dfrac{\partial H_y}{\partial z} - \sigma E_x) \\ \dfrac{\partial E_y}{\partial t} = \dfrac{1}{\varepsilon}(\dfrac{\partial H_x}{\partial z} - \dfrac{\partial H_z}{\partial x} - \sigma E_y) \\ \dfrac{\partial E_z}{\partial t} = \dfrac{1}{\varepsilon}(\dfrac{\partial H_y}{\partial x} - \dfrac{\partial H_x}{\partial y} - \sigma E_z) \end{cases} \tag{2-11}$$

$$\begin{cases} \dfrac{\partial H_x}{\partial t} = \dfrac{1}{\mu}(\dfrac{\partial E_y}{\partial z} - \dfrac{\partial E_z}{\partial y} - \sigma_m H_x) \\ \dfrac{\partial H_y}{\partial t} = \dfrac{1}{\mu}(\dfrac{\partial E_z}{\partial x} - \dfrac{\partial E_x}{\partial z} - \sigma_m H_y) \\ \dfrac{\partial H_z}{\partial t} = \dfrac{1}{\mu}(\dfrac{\partial E_x}{\partial y} - \dfrac{\partial E_y}{\partial x} - \sigma_m H_z) \end{cases} \tag{2-12}$$

在推导 FDTD 差分格式时，采用六面体网格剖分，令 $f(x,y,z,t)$ 代表 $\boldsymbol{E}$ 或 $\boldsymbol{H}$ 在直角坐标系中的某一分量，在时间和空间域中的离散取以下符号表示

$$f(x,y,z,t) = f(i\Delta x, j\Delta y, k\Delta z, n\Delta t) = f^n(i,j,k) \tag{2-13}$$

Δx、Δy、Δz 为六面体网格分别沿 x、y、z 方向的空间步长；Δt 是时间步长。采用中心差分代替一阶偏导数，具有二阶精度，得

$$\begin{cases} \left.\dfrac{\partial f(x,y,z,t)}{\partial x}\right|_{x=i\Delta x} = \dfrac{f^n(i+\frac{1}{2},j,k) - f^n(i-\frac{1}{2},j,k)}{\Delta x} + O\left[(\Delta x)^2\right] \\ \left.\dfrac{\partial f(x,y,z,t)}{\partial y}\right|_{y=j\Delta y} = \dfrac{f^n(i,j+\frac{1}{2},k) - f^n(i,j-\frac{1}{2},k)}{\Delta y} + O\left[(\Delta y)^2\right] \\ \left.\dfrac{\partial f(x,y,z,t)}{\partial z}\right|_{z=k\Delta z} = \dfrac{f^n(i,j,k+\frac{1}{2}) - f^n(i,j,k-\frac{1}{2})}{\Delta z} + O\left[(\Delta z)^2\right] \\ \left.\dfrac{\partial f(x,y,z,t)}{\partial t}\right|_{t=n\Delta t} = \dfrac{f^{n+\frac{1}{2}}(i,j,k) - f^{n-\frac{1}{2}}(i,j,k)}{\Delta t} + O\left[(\Delta t)^2\right] \end{cases} \tag{2-14}$$

离散后的电场和磁场各节点空间排布如图 2-2 所示，这就是著名的 Yee 网格。

由图 2-2 可见，电场和磁场分量在空间交叉放置，相互垂直；每个坐标平面上，电场分量由 4 个磁场分量环绕，磁场分量由 4 个电场分量环绕；每个场分量，自身相距一个空间步长，电场和磁场相距半个空间步长。

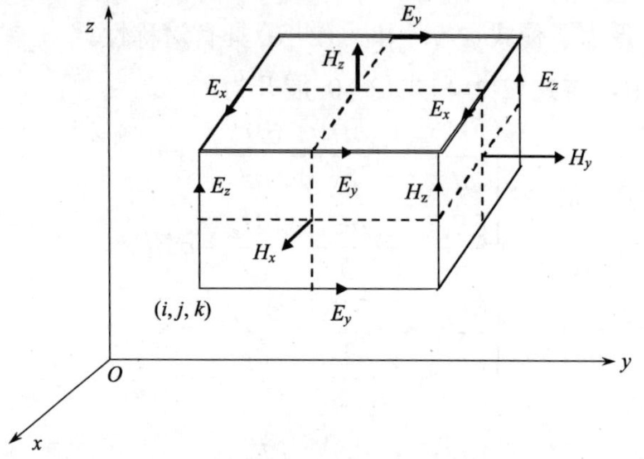

图 2-2　Yee 网格单元及电磁场空间离散点的关系

Yee 网格中，电场、磁场各分量空间节点与时间步取值的整数和半整数约定如表 2-1 所示。

表 2-1　Yee 网格中 *E*、*H* 各分量节点位置

电磁场分量		空间分量取样			时间轴 t 取样
		x 坐标	y 坐标	z 坐标	
E 节点	E_x	i+1/2	j	k	n
	E_y	i	j+1/2	k	
	E_z	i	j	k+1/2	
H 节点	H_x	i	j+1/2	k+1/2	$n+1/2$
	H_y	i+1/2	j	k+1/2	
	H_z	i+1/2	j+1/2	k	

按照上述原则，式(2-11)的第一式离散为

$$E_x^{n+1}(i+\frac{1}{2},j,k)=A(m)\cdot E_x^n(i+\frac{1}{2},j,k)+B(m)$$

$$\times\left[\frac{H_z^{n+\frac{1}{2}}(i+\frac{1}{2},j+\frac{1}{2},k)-H_z^{n+\frac{1}{2}}(i+\frac{1}{2},j-\frac{1}{2},k)}{\Delta y}-\frac{H_y^{n+\frac{1}{2}}(i+\frac{1}{2},j,k+\frac{1}{2})-H_y^{n+\frac{1}{2}}(i+\frac{1}{2},j,k-\frac{1}{2})}{\Delta z}\right] \tag{2-15}$$

式中，$A(m)=\dfrac{1-\dfrac{\sigma(m)\Delta t}{2\varepsilon(m)}}{1+\dfrac{\sigma(m)\Delta t}{2\varepsilon(m)}}$；$B(m)=\dfrac{\Delta t}{\varepsilon(m)}\cdot\dfrac{1}{1+\dfrac{\sigma(m)\Delta t}{2\varepsilon(m)}}$；$m=(i+\dfrac{1}{2},j,k)$。其中采用了平均近似，即

$$E_x^{n+1/2}(i,j,k)=\frac{E^{n+1}{}_x(i,j,k)+E^{n}{}_x(i,j,k)}{2} \tag{2-16}$$

同理，式(2-11)和式(2-12)的其余各式离散为

$$E_y^{n+1}\left(i,j+\frac{1}{2},k\right)=A(m)\cdot E_y^{n}\left(i,j+\frac{1}{2},k\right)+B(m)$$
$$\times\left[\frac{H_x^{n+\frac{1}{2}}\left(i,j+\frac{1}{2},k+\frac{1}{2}\right)-H_x^{n+\frac{1}{2}}\left(i,j+\frac{1}{2},k-\frac{1}{2}\right)}{\Delta z}-\frac{H_z^{n+\frac{1}{2}}\left(i+\frac{1}{2},j+\frac{1}{2},k\right)-H_z^{n+\frac{1}{2}}\left(i-\frac{1}{2},j+\frac{1}{2},k\right)}{\Delta x}\right] \tag{2-17}$$

式中，$m=\left(i,j+\dfrac{1}{2},k\right)$。

$$E_z^{n+1}\left(i,j,k+\frac{1}{2}\right)=A(m)\cdot E_z^{n}\left(i,j,k+\frac{1}{2}\right)+B(m)$$
$$\times\left[\frac{H_y^{n+\frac{1}{2}}\left(i+\frac{1}{2},j,k+\frac{1}{2}\right)-H_y^{n+\frac{1}{2}}\left(i-\frac{1}{2},j,k+\frac{1}{2}\right)}{\Delta x}-\frac{H_x^{n+\frac{1}{2}}\left(i,j+\frac{1}{2},k+\frac{1}{2}\right)-H_x^{n+\frac{1}{2}}\left(i,j-\frac{1}{2},k+\frac{1}{2}\right)}{\Delta y}\right] \tag{2-18}$$

式中，$m=\left(i,j,k+\dfrac{1}{2}\right)$。

$$H_x^{n+\frac{1}{2}}\left(i,j+\frac{1}{2},k+\frac{1}{2}\right)=C(m)\cdot H_x^{n-\frac{1}{2}}\left(i,j+\frac{1}{2},k+\frac{1}{2}\right)+D(m)$$
$$\times\left[\frac{E_y^{n}\left(i,j+\frac{1}{2},k+1\right)-E_y^{n}\left(i,j+\frac{1}{2},k\right)}{\Delta z}-\frac{E_z^{n}\left(i,j+1,k+\frac{1}{2}\right)-E_z^{n}\left(i,j,k+\frac{1}{2}\right)}{\Delta y}\right] \tag{2-19}$$

$$H_y^{n+\frac{1}{2}}\left(i+\frac{1}{2},j,k+\frac{1}{2}\right)=C(m)\cdot H_y^{n-\frac{1}{2}}\left(i+\frac{1}{2},j,k+\frac{1}{2}\right)+D(m)$$
$$\times\left[\frac{E_z^n\left(i+1,j,k+\frac{1}{2}\right)-E_z^n\left(i,j,k+\frac{1}{2}\right)}{\Delta x}-\frac{E_x^n\left(i+\frac{1}{2},j,k+1\right)-E_x^n\left(i+\frac{1}{2},j,k\right)}{\Delta z}\right] \tag{2-20}$$

$$H_z^{n+\frac{1}{2}}\left(i+\frac{1}{2},j+\frac{1}{2},k\right)=C(m)\cdot H_z^{n-\frac{1}{2}}\left(i+\frac{1}{2},j+\frac{1}{2},k\right)+D(m)$$
$$\times\left[\frac{E_x^n\left(i+\frac{1}{2},j+1,k\right)-E_x^n\left(i+\frac{1}{2},j,k\right)}{\Delta y}-\frac{E_y^n\left(i+1,j+\frac{1}{2},k\right)-E_y^n\left(i,j+\frac{1}{2},k\right)}{\Delta x}\right] \tag{2-21}$$

式中，$C(m)=\dfrac{1-\dfrac{\sigma_m(m)\Delta t}{2\mu(m)}}{1+\dfrac{\sigma_m(m)\Delta t}{2\mu(m)}}$；$D(m)=\dfrac{\Delta t}{\mu(m)}\cdot\dfrac{1}{1+\dfrac{\sigma_m(m)\Delta t}{2\mu(m)}}$；$m$ 分别为 $(i,j+1/2,k+1/2)$，$(i+1/2,j,k+1/2)$，$(i+1/2,j+1/2,k)$。

实际计算中常取 $\Delta x=\Delta y=\Delta z$ 来简化计算。若计算网格空间包括的网格单元为 N，则场量方程中每一分量和介质空间特征均必须在存储单元存储，它们各为 N 个，故存储空间与 N 成正比。同时，由于每一时间步总的计算时间为每个网格点计算时间乘以网格数 N，所以时域有限差分法所需的 CPU 时间也与 N 成正比。

当计算空间中的介质是分区均匀时，介质参数的表示方法还可进一步简化。如大多数实际电磁工程问题，尤其是电磁散射问题中，计算空间不包括磁性介质时，其 $\mu=\mu_0$，$\sigma_m=0$，使式(2-15)和式(2-17)～式(2-21)可进一步简化，从而使所需要的存储空间进一步减小。

由式(2-15)和式(2-17)～式(2-21)可见，任一网格点上的场分量只与其上一个时间步的值及周围围绕它的另一场分量早半个时间步的值有关，且不违背电场旋度产生磁场，磁场旋度产生电场的因果关系，即电场 n 时刻的旋度产生 $n+1/2$ 时刻的磁场。因此，在某一给定时刻，场分量的计算可一次算出一个点或并行一次计算多个点。这些基本算式，从 n 时刻推进到 n+1 时刻，称为显式格式，可以在时间上迭代求解，避免了进行矩阵求逆运算。电场和磁场在时间顺序上交替抽样，抽样时间间隔彼此相差半个时间步长，在计算数步之后，即可获得需要的数值结果。这种差分格式也称为蛙跳格式。此外，方程中的 ε、μ、σ 和 σ_m 均表示为空间坐标的函数。它们可以设置为非均匀的或各向异性的，因此有限差分在处理各向异性方面是有效和方便的。

对于二维问题，设所有物理量均与 z 无关，则电磁场的直角分量可划分为独立的两组，即 E_x、E_y、H_z 对 z 的 TE 波，H_x、H_y、E_z 对 z 的 TM 波。在一维情况下，设 TEM 波沿 z 方向传播，介质参数和场量均与 x、y 无关。

2.2.2 边界条件

在边界格点上，求解区域内部的模板化的公式不再适用，因为此时使用这些公式要用到求解域外的格点值。于是，依靠边界条件修改计算公式。将边界条件分为 3 种类型：有界区域的边界条件、不同介质分界面上的边界条件和无界区域的边界条件。无界区域的边界条件在 2.4 节介绍。

1. 有界区域的边界条件

最简单的为第一类边界条件，$u\big|_{bd}=f$，一般为切向电场为零或法向磁场为零；也可以是第二类边界条件，$\left.\dfrac{\partial u}{\partial n}\right|_{bd}=f$；还可以是混合边界条件。例如，1.6 节矩形波导中的 TE 波和 TM 波的传输问题。使波导壁的边界为网格边界，切向电场或法向磁场所在的网格节点正好落在边界上。对于 TM 波，令边界节点上的 $E_t=0$；对于 TE 波，磁场的法向导数为零，可虚拟与边界面相距半个步长的网格，并令节点上的值对于边界面呈偶对称分布，其分析方法与 2.6 节中的类似。

2. 不同介质分界面上的边界条件

设两种介质分界面为 x 等于常数的平面，如图 2-3 所示。式(2-11)和式(2-12)的离散是以 $\boldsymbol{E}$、$\boldsymbol{H}$ 各分量节点所在位置为中心进行的。当采用如图 2-2 所示的 Yee 网格进行空间离散时，介质面需要采用台阶近似，这时位于介质面上的电场分量总是切向的，而磁场分量总是法向的。对于图 2-3 所示的界面，H_x、E_y、E_z 节点正好位于界面上，离散时将涉及介质两侧参数，而 H_y、H_z、E_x 节点不在界面上，其离散按正常方式进行。在两种介质区域，式(2-11)的第二式应分别为

$$\begin{cases}\dfrac{\partial E_{y1}}{\partial t}=\dfrac{1}{\varepsilon_1}\left(\dfrac{\partial H_{x1}}{\partial z}-\dfrac{\partial H_{z1}}{\partial x}-\sigma_1 E_{y1}\right)\\[2ex]\dfrac{\partial E_{y2}}{\partial t}=\dfrac{1}{\varepsilon_2}\left(\dfrac{\partial H_{x2}}{\partial z}-\dfrac{\partial H_{z2}}{\partial x}-\sigma_2 E_{y2}\right)\end{cases}\tag{2-22}$$

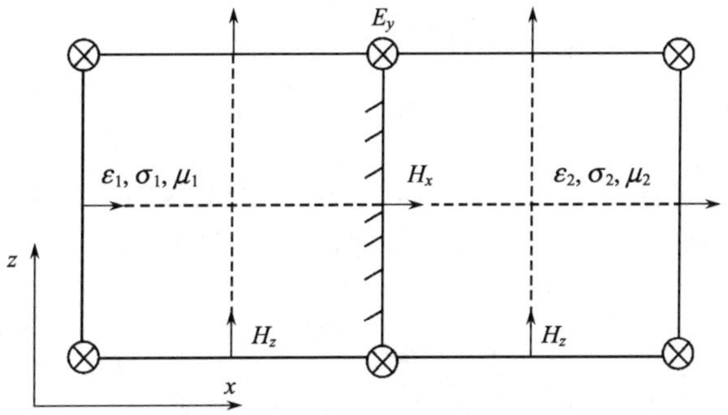

图 2-3　两种介质的分界面

根据边界条件，在 x 为常数的界面上，电场的切向分量连续，$E_{y1} \approx E_{y2} \approx E_y$；磁场的切向分量 H_z 连续，$H_{z1} \approx H_{z2} \approx H_z$，磁感应强度的法向分量连续，$B_{x1} \approx B_{x2} \approx B_x$，即分界面上 H_x 没有意义。为了使 H_x 有意义，我们在介质突变面上设置等效参数，以线性变化代替突变

$$\begin{cases} \mu_{\text{eff}} = \dfrac{\mu_1 + \mu_2}{2} \\ \sigma_{\text{meff}} = \dfrac{\sigma_{m1} + \sigma_{m2}}{2} \end{cases} \tag{2-23}$$

于是有 $\dfrac{\partial H_{x1}}{\partial z} \approx \dfrac{\partial H_{x2}}{\partial z} \approx \dfrac{\partial H_x}{\partial z}$。

将式(2-22)的两式相加，并代入以上分析，得到与式(2-11)的第二式相同形式的结果

$$\frac{\partial E_y}{\partial t} = \frac{1}{\varepsilon_{\text{eff}}}\left(\frac{\partial H_x}{\partial z} - \frac{\partial H_z}{\partial x} - \sigma_{\text{eff}} E_y\right) \tag{2-24}$$

式中，ε_{eff}、σ_{eff} 为等效参数

$$\begin{cases} \varepsilon_{\text{eff}} = \dfrac{\varepsilon_1 + \varepsilon_2}{2} \\ \sigma_{\text{eff}} = \dfrac{\sigma_1 + \sigma_2}{2} \end{cases} \tag{2-25}$$

也就是说，只要在介质分界面上引入等效电磁参数，便可直接应用麦克斯韦旋度方程的 FDTD 方程组。对于辐射和散射问题亦然。在实际计算中，不管某个场分量是否位于介质边界面上，我们总是取与这个场分量所有相邻网格的电磁参量的等效值(平均值)。观察式(2-15)和式(2-17)～式(2-21)，介质参数关联场点位于不同的节点处，意味着介质参数在每个 Yee 网格中需要多个样本值。实际编程中，我们只取每个 Yee 网格中心点 $(i+1/2, j+1/2, k+1/2)$ 处的电磁参数 y 样本值，该点并不是 $\boldsymbol{E}$、$\boldsymbol{H}$ 的节点位置。

2.2.3 解的稳定性和数值色散

1. 稳定性条件

在 FDTD 显格式中，时间步长 Δt 与空间步长 Δx、Δy、Δz 之间不是相互独立的，必须满足一定条件，否则将出现数值不稳定的问题。这种不稳定性表现在随着时间步数的继续增加，计算结果也将无限制增加。

麦克斯韦旋度方程是场量对时间一阶导数的方程。考虑时谐场的情形，$f(x,y,z,t) = f_0 \mathrm{e}^{\mathrm{j}\omega t}$。这一稳态解是下面一阶微分方程的解

$$\frac{\partial f}{\partial t} = \mathrm{j}\omega f \tag{2-26}$$

用差分代替式(2-26)左端的一阶导数，式(2-26)变成

$$\frac{f^{n+1/2} - f^{n-1/2}}{\Delta t} = \mathrm{j}\omega f^n \tag{2-27}$$

式中，$f^n = f(x,y,z,n\Delta t)$；Δt 为时间间隔。当 Δt 足够小时，定义数值增长因子

$$q = \frac{f^{n+1/2}}{f^n} = \frac{f^n}{f^{n-1/2}}$$

代入式(2-27)得

$$q^2 - \mathrm{j}\omega\Delta t q - 1 = 0 \tag{2-28}$$

解为

$$q = \frac{\mathrm{j}\omega\Delta t}{2} \pm \sqrt{1-\left(\frac{\omega\Delta t}{2}\right)^2}$$

在时间步 $n\to\infty$，Δt 足够小时，$|q|\leqslant 1$ 的数值解才稳定。于是得到

$$\Delta t \leqslant \frac{2}{|\omega_{\max}|} \tag{2-29}$$

从麦克斯韦方程导出的电磁场任意直角分量均满足齐次波动方程

$$\frac{\partial^2 f}{\partial x^2} + \frac{\partial^2 f}{\partial y^2} + \frac{\partial^2 f}{\partial z^2} + \frac{\omega^2}{c^2} f = 0 \tag{2-30}$$

式中，c 为介质中的光速。其平面波解为 $f(x,y,z,t) = f_0 \mathrm{e}^{-\mathrm{j}(k_x x + k_y y + k_z z - \omega t)}$，采用二阶导数的差分近似

$$\frac{\partial^2 f}{\partial x^2} \approx \frac{f(x+\Delta x) - 2f(x) + f(x-\Delta x)}{(\Delta x)^2} \approx \frac{\mathrm{e}^{\mathrm{j}k_x\Delta x} - 2 + \mathrm{e}^{-\mathrm{j}k_x\Delta x}}{(\Delta x)^2} f = -\frac{\sin^2\left(\frac{k_x\Delta x}{2}\right)}{\left(\frac{\Delta x}{2}\right)^2} f \tag{2-31}$$

于是波动方程(2-30)离散为

$$\frac{\sin^2\left(\frac{k_x\Delta x}{2}\right)}{\left(\frac{\Delta x}{2}\right)^2} + \frac{\sin^2\left(\frac{k_y\Delta y}{2}\right)}{\left(\frac{\Delta y}{2}\right)^2} + \frac{\sin^2\left(\frac{k_z\Delta z}{2}\right)}{\left(\frac{\Delta z}{2}\right)^2} - \frac{\omega^2}{c^2} = 0$$

于是有

$$\left[\frac{\sin^2\left(\frac{k_x\Delta x}{2}\right)}{\left(\frac{\Delta x}{2}\right)^2} + \frac{\sin^2\left(\frac{k_y\Delta y}{2}\right)}{\left(\frac{\Delta y}{2}\right)^2} + \frac{\sin^2\left(\frac{k_z\Delta z}{2}\right)}{\left(\frac{\Delta z}{2}\right)^2}\right]\left(\frac{c\Delta t}{2}\right)^2 = \left(\frac{\omega\Delta t}{2}\right)^2 \leqslant 1$$

上式对任何 k_x、k_y、k_z 均成立的充分条件是

$$\Delta t \leqslant \frac{1}{c\sqrt{\left(\frac{1}{\Delta x}\right)^2 + \left(\frac{1}{\Delta y}\right)^2 + \left(\frac{1}{\Delta z}\right)^2}} \tag{2-32}$$

式(2-32)给出了时间和空间离散间隔之间应当满足的关系，又称为 Courant 稳定性条件。当其退化到一维空间时，其物理意义更明显，即要求时间步长不能大于电磁波传播一个空间步长所需的时间，否则，就破坏了电磁波传播的因果关系。

2. 数值色散

当介质特性与频率相关时，电磁波传播速度必然是频率的函数，这种现象叫色散。该介质则称为色散介质。显然，在非色散介质中，电磁波波速应与频率无关。因此，如果时域有限差分法计算是精确的，那么用该方法在计算机中所模拟的平面波相速应与频率无关。然而时域有限差分方程只是一种近似方程，其在存储信息空间对电磁波传播进行模拟时，即使是在非色散介质内，也会出现色散现象，且此时相速 v_p 随传播方向及变量离散化的不同而变化。这种非物理的色散现象称为数值色散。

数值色散会使脉冲波形变异及出现人为的各向异性和虚伪折射，因此，数值色散是时域有限差分的重要问题，必须予以高度重视。

简单地分析一维平面波情况，有

$$\frac{\sin^2\left(\frac{k\Delta x}{2}\right)}{\left(\frac{\Delta x}{2}\right)^2}-\frac{\omega^2}{c^2}=0 \tag{2-33}$$

这种色散与离散间隔 Δx 有关，若 $k\Delta x/2 \to 0$，根据近似式，即当 $\xi \to 0$ 时，$\sin\xi \approx \xi$，式(2-33)回到 $k=\frac{\omega}{c}$ 的无耗介质中无色散的理想状态。此时，$v_p=\frac{\omega}{k}$，将其与式(2-33)合并，有

$$v_p=c\left|\frac{\sin\left(\frac{k\Delta x}{2}\right)}{\left(\frac{k\Delta x}{2}\right)}\right| \tag{2-34}$$

根据三角函数，当 $\xi \leqslant \pi/12$ 时，$\sin\xi \approx \xi$，于是要求式(2-34)中的 $\frac{k\Delta x}{2} \leqslant \frac{\pi}{12}$，此时差分近似带来的色散将非常小。由 $k=2\pi/\lambda$（λ 为无色散介质中的波长），得

$$\Delta x \leqslant \frac{\lambda}{12} \tag{2-35}$$

这是从减少差分近似带来的数值色散出发，对 Δx 的选择带来的限制。对于二维与三维情况，Δy 与 Δz 的选择可与式(2-35)相同。对于非单色波的时域脉冲信号，应以信号宽带中所对应的上限频率波长 $\lambda_{\min}$ 来代替式中的 λ。

2.3 激 励 源

实际的电磁场问题总是包含激励源，因此，正确地模拟电磁场问题需要恰当地将激

励源引入 FDTD 网格中。根据源随时间变化的规则可将激励源分为两类：一类是随时间周期变化的时谐场源，另一类是对时间呈脉冲函数形式的波源。从空间分布来看，有面源、线源和点源等。本节介绍几种常用强迫激励源。

在 FDTD 网格中，通过直接对特定的电场或磁场分量强行赋予所需的时间变化形式，我们可以简单地建立起强迫激励源。

1. 时谐场源

假设入射场是一个自 $t=0$ 开始的半无限正弦波，其为

$$E_i(t)=\begin{cases}0, & t<0\\ E_0\sin(\omega t), & t\geqslant 0\end{cases} \tag{2-36}$$

2. 高斯脉冲

$$E_i(t)=E_0 \mathrm{e}^{-4\pi\left(\frac{t-t_0}{T}\right)^2} \tag{2-37}$$

式中，T 为常数，决定了高斯脉冲的宽带。脉冲峰值出现在 $t=t_0$ 时刻，如图 2-4(a) 所示。如果要求高斯脉冲在 $t=0$ 时近似为零，则应选取 $t_0\geqslant 3T$。式 (2-37) 的傅里叶变换也是高斯形的，为 $E_i(f)=\dfrac{T}{2}\mathrm{e}^{-\mathrm{j}2\pi f t_0-\frac{\pi}{4}f^2T^2}$，大于 0 的频率范围如图 2-4(b) 所示。

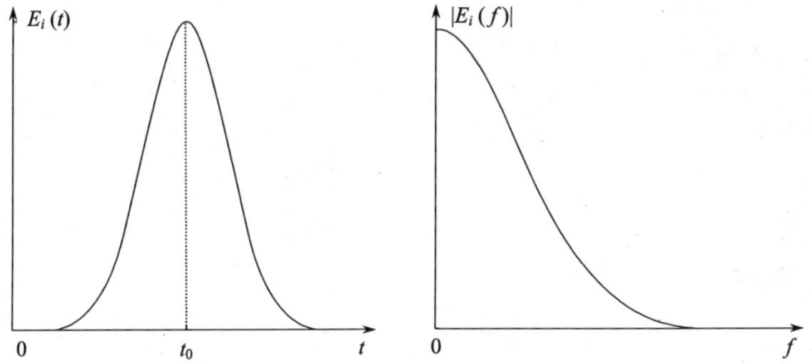

(a) 高斯脉冲　(b) 高斯脉冲频谱

图 2-4

一般把频谱强度低到一定程度的频率定义为高斯脉冲的最高频率 $f_{\max}$，即高斯脉冲的有效频谱范围从直流到 $f_{\max}$。例如，可选 $f_{\max}=2/T$，$f_{\max}$ 频率分量的振幅下降为直流分量振幅的 4.3%。

3. 调制高斯脉冲

如果要使直流分量为零，有效频谱中心位于 f_0，则可以采用下列调制高斯脉冲函数

$$E_i(t)=-E_0\cos(\omega t)\mathrm{e}^{-4\pi\left(\frac{t-t_0}{T}\right)^2} \tag{2-38}$$

式(2-38)右边第二项为基波表达式，中心频率为 $f_0 = \omega/2\pi$；第三项为高斯函数形式，t_0 通常取基波的 $2\frac{1}{4}$ 个周期，即 $t_0 = 9\pi/(2\omega)$。调制高斯脉冲的时域波形如图 2-5(a)所示。调制高斯脉冲的频谱为

$$E_i(f) = \frac{T}{4}\mathrm{e}^{-\frac{\pi}{4}(f-f_0)^2T^2}\mathrm{e}^{-\mathrm{j}2\pi(f-f_0)t_0} + \frac{T}{4}\mathrm{e}^{-\frac{\pi}{4}(f+f_0)^2T^2}\mathrm{e}^{-\mathrm{j}2\pi(f+f_0)t_0} \tag{2-39}$$

由式(2-39)可见，与高斯脉冲的频谱相比，调制高斯脉冲的频谱向零频率点两侧移动了 f_0，其大于 0 的频率范围如图 2-5(b)所示。

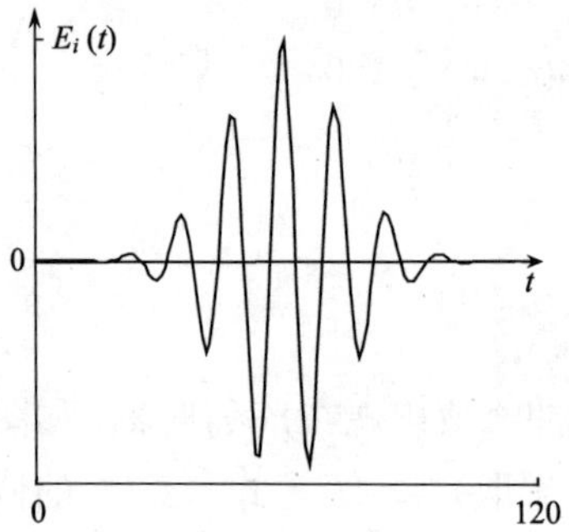

(a) 调制高斯脉冲

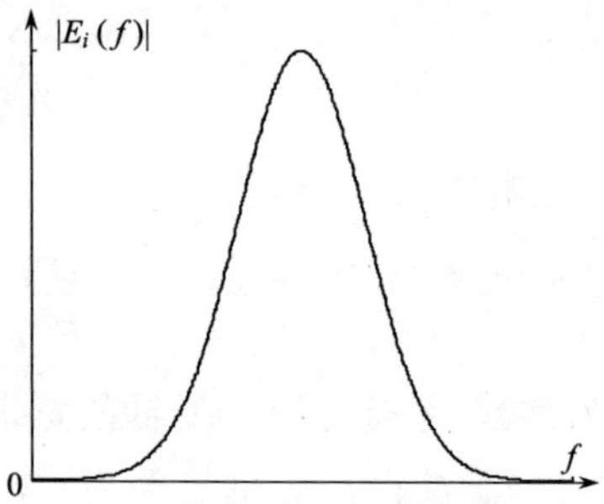

(b) 调制高斯脉冲频谱

图 2-5

4. 抽样函数

抽样函数

$$g(t) = \frac{\sin(\Omega t/2)}{\Omega t/2} \tag{2-40}$$

如图 2-6(a)所示，其傅里叶变换为

$$G(f) = \frac{2\pi}{\Omega}\left[U\left(f + \frac{\Omega}{4\pi}\right) - U\left(f - \frac{\Omega}{4\pi}\right)\right] \tag{2-41}$$

它提供在 $-\frac{\Omega}{4\pi} < f < \frac{\Omega}{4\pi}$ 通带内的均匀分布频谱信号，如图 2-6(b)所示。理论上，为了获得理想的方波频谱，时域波形应从 $t = -\infty$ 到 $t = \infty$。实际上，由于远离主峰的部分波形对频谱贡献极弱，可忽略不计，可只取主峰前后 $2t$ 范围内的波形。例如，可取 $2t = 40\frac{2\pi}{\Omega}$。其次，考虑到 FDTD 执行时间从 0 开始，可将时域波形平移为 $g(t) = \frac{\sin[\Omega(t-T)/2]}{\Omega(t-T)/2}$。当研究具有一定工作频带的电磁结构(如单模工作波导)时，这种频谱限带信号最合适。

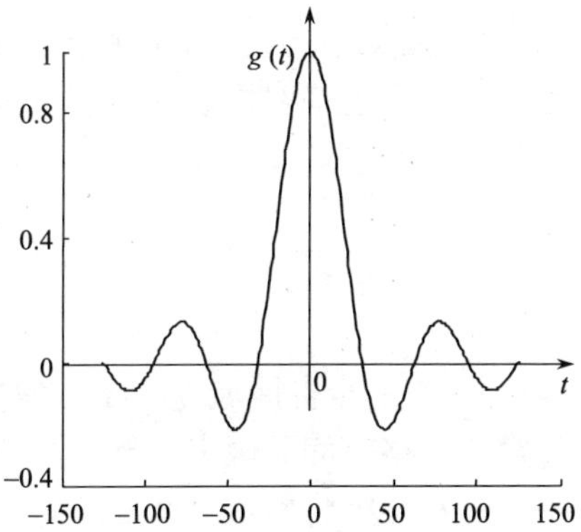

(a) 抽样函数

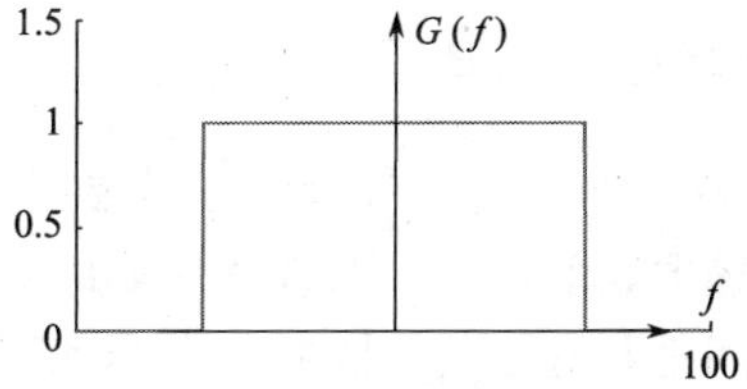

(b) 抽样函数频谱

图 2-6

2.4　处理开放域问题的关键技术

由于计算机容量有限，FDTD 只能在有限区域内进行。当处理开域问题时，如辐射和散射问题，没有边界条件可以直接作为 FDTD 的边界，需要进行特殊处理。本节简单介绍处理开域问题的关键技术。

2.4.1　总场散射场分离

电磁波散射问题是一个开放空间中的电磁波问题，一般散射场将充满整个研究空间。通常将计算区域划分为如图 2-7 所示的两个区域。区域 1 为总场区。在该区域中，FDTD 方程直接作用于总场(入射场＋散射场)，对总场进行取样计算，散射体位于该区域中。区域 2 为散射场区，没有入射场，在该区域中，FDTD 方程直接作用于散射场。区域 2 的外边界为截断边界，通常在此用吸收边界条件吸收外向的散射波。

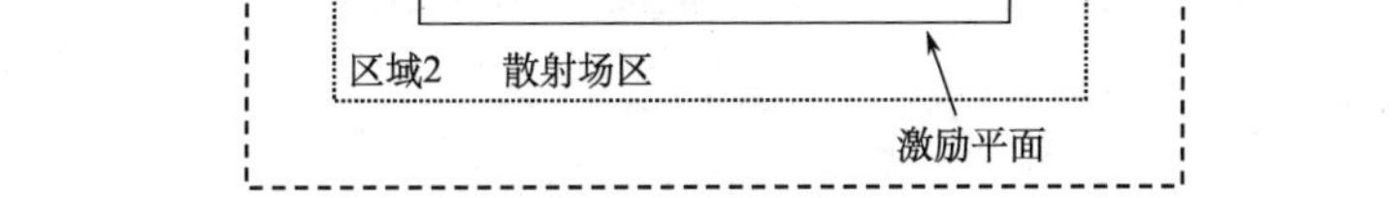

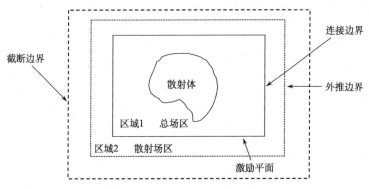

图 2-7　FDTD 区域及各种边界

在两区域的连接边界上，为保证场的正确性，引入入射波。设连接边界上的场为总场。当用总场 FDTD 公式计算连接表面上的场分量时，需要连接边界外(散射场区)相邻网格点处的总场信息。该信息可由这些网格点处的散射场信息加上入射场信息得到。类似地，当用散射场 FDTD 公式计算连接边界外、紧邻连接边界的网格点上的场分量时，需要连接边界上网格点处的散射场信息。该信息可由这些网格点处的总场信息减去入射场信息得到。为了计算 FDTD 区域以外的散射场，在总场边界和吸收边界之间的散射场区设置数据外推边界。

2.4.2 吸收边界条件

FDTD 的一个重要特点是，需要在计算电磁场量的全部区域建立 Yee 网格计算空间。对于像辐射、散射等开放性的研究问题，所需的网格空间无限大，然而，任何计算机的存储空间都是有限的。因此，在实际计算中总是在某处将网格空间截断为有限空间，这必然会在截断处产生非物理的电磁波反射，导致计算精度下降，必须设法消除之。这就要求一种截断边界网格点处的场的特殊计算方法，不仅要保证边界场计算的精度，还要消除非物理因素引起的截断边界处的波的反射，这样，用有限网格空间就能模拟电磁波在无界空间中的传播。加于边界场的这种算法称为辐射边界条件或吸收边界条件。

吸收边界条件。从 20 世纪七八十年代发展以来，有基于 Sommerfield 辐射条件的 Bayliss- Turkel 吸收边界条件；基于单向波动方程的 Engquist-Majda 吸收边界条件、Mur 边界条件；利用插值技术的廖氏吸收边界条件；梅-方超吸收边界条件以及 Berenger 完全匹配层等。本节仅介绍最常用的 Berenger 完全匹配层(Perfectly Matched Layer，PML)吸收边界条件。

完全匹配层是由 Berenger 于 1994 年首先提出的。该介质层是在截断边界处设置的一种非物理吸收介质，具有不依赖于外向波入射角及频率的波阻抗，使进入 PML 的透射波在法向迅速衰减。PML 层的外侧通常采用理想导体截断。如果透入 PML 的波在吸收层中衰减足够大，则传播到理想导体边界的反射足够小。当然，PML 越厚，反射越小。

设 PML 介质中的电导率为 σ 和磁导率为 σ_m，则其麦克斯韦旋度方程写为

$$
\begin{aligned}
\varepsilon_0\frac{\partial \boldsymbol{E}}{\partial t}+\sigma\boldsymbol{E}=\nabla\times\boldsymbol{H}\\
\mu_0\frac{\partial \boldsymbol{H}}{\partial t}+\sigma_m\boldsymbol{H}=-\nabla\times\boldsymbol{E}
\end{aligned}
\tag{2-42}
$$

可以看出，当 $\sigma=\sigma_m=0$ 时，式(2-42)退化为自由空间的麦克斯韦方程；当 $\sigma_m=0$ 时，式(2-42)退化为导电介质中的麦克斯韦方程。

我们定义该非物理介质的波阻抗为横向电场与磁场的比值，有

$$
Z_{\mathrm{PML}}=\left[\frac{\mu_0+\sigma_m/(\mathrm{j}\omega)}{\varepsilon_0+\sigma/(\mathrm{j}\omega)}\right]^{1/2}
\tag{2-43}
$$

于是垂直入射时的反射系数为

$$
\varGamma_0=\frac{Z_0-Z_{\mathrm{PML}}}{Z_0+Z_{\mathrm{PML}}}
\tag{2-44}
$$

式中，$Z_0\equiv\sqrt{\mu_0/\varepsilon_0}$ 为自由空间波阻抗。显然，要使任何频率下无反射，必有 $Z_0=Z_{\mathrm{PML}}$，

于是得到 PML 介质的重要基本条件——阻抗匹配条件为

$$\frac{\sigma_m}{\mu_0}=\frac{\sigma}{\varepsilon_0} \tag{2-45}$$

斜入射时的情况更复杂，很难避免反射，但是 Berenger 找到了使反射系数为零的方法。Berenger 将电场分量和磁场分量分裂为两个子分量，如根据旋度算子在 x 方向对 $\partial \boldsymbol{E}/\partial t$ 的贡献，将 E_x 分为 $E_x=E_{xy}+E_{xz}$。此时，只要使用 σ 和 σ_m 在 PML 法向的非零偏导数即可。

现在举例说明。假设 z 向是 PML 的法向，则关于 E_x 和 E_y 的两个方程分裂为 4 个：

$$\begin{aligned}
&\varepsilon\frac{\partial E_{xy}}{\partial t}=\frac{\partial(H_{zx}+H_{zy})}{\partial y}\\
&\varepsilon\frac{\partial E_{xz}}{\partial t}=-\frac{\partial(H_{yz}+H_{yx})}{\partial z}-\sigma_z E_{xz}\\
&\varepsilon\frac{\partial E_{yz}}{\partial t}=\frac{\partial(H_{xy}+H_{xz})}{\partial z}-\sigma_z E_{yz}\\
&\varepsilon\frac{\partial E_{yx}}{\partial t}=-\frac{\partial(H_{zx}+H_{zy})}{\partial x}
\end{aligned} \tag{2-46}$$

E_z 的方程不变。磁场方程同理可得。正是由于介质层只在 z 向(介质层法向)而非 x 和 y 的切向，上述方法才成立。因此，即使改变波传播方向，斜入射到 PML 仍无反射。

若分界面垂直于 x 轴，要求二者具有相同的横向导电率和磁导率 (σ_y,σ_{my})，且横向和纵向电导率、磁导率均满足阻抗匹配条件式(2-45)：对于一种介质是真空，真空的电导率和磁导参数为 $(0,0,0,0)$，界面另一侧的匹配介质参数为 $(\sigma_x,\sigma_{mx},0,0)$，且 σ_x、σ_{mx} 满足式(2-45)；若一侧的 PML 介质参数为 $(0,0,\sigma_y,\sigma_{my})$，则界面另一侧的匹配介质参数为 $(\sigma_x,\sigma_{mx},\sigma_y,\sigma_{my})$，且横向和纵向电导率、磁导率满足式(2-45)。

同理，若分界面垂直于 y 轴，要求二者具有相同的 (σ_x,σ_{mx})，且横向和纵向导电率、磁导率均满足阻抗匹配条件式(2-45)：若一种介质是真空，则界面另一侧的匹配介质参数为 $(0,0,\sigma_y,\sigma_{my})$，且 σ_y、σ_{my} 满足式(2-45)；若一侧的 PML 介质参数为 $(\sigma_x,\sigma_{mx},0,0)$，则界面另一侧匹配介质参数为 $(\sigma_x,\sigma_{mx},\sigma_y,\sigma_{my})$，且横向和纵向电导率、磁导率满足式(2-45)，如图 2-8 所示。

实际计算中 σ 应该怎样取呢？如果取 σ 为常数会导致在自由空间和 PML 的边界处产生阻抗不匹配，引起较大的反射。因此，在实际应用中，σ 是自由空间到最外层边界逐渐增加的，往往取几个网格的厚度，使电导率从交界面处的零值逐渐增大到最外层的 σ_m 值。例如，取 $\sigma_m=-(n+1)\ln R/(2\eta d)$，其中 R 是我们设定的反射系数，d 是 PML 厚度，$3\leqslant n\leqslant 4$ 就能得到较好的效果。于是网格中 $\sigma_z(i)=\dfrac{1}{\Delta z}\displaystyle\int_{z(i)-\Delta z/2}^{z(i)+\Delta z/2}\sigma_m\left(\frac{z'}{d}\right)^n \mathrm{d}z'$，$z'$ 为进入 PML 的深度。我们也可以选择 σ 满足抛物线方程，如 $\sigma(z)=\sigma_0[(z-z_0)/L_z]^2$，$L_z$ 为介质层厚度，从 z_0 向外延伸。这样的介质层有相当好的吸收效果，6～8 个网格就可以使反射吸收达到–60～–80dB。

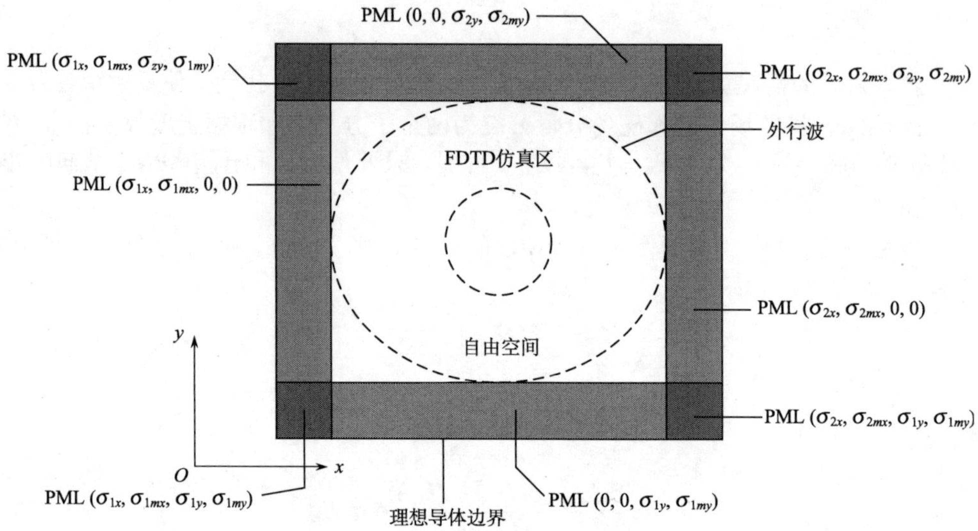

图 2-8　PML 边界参数设置

即使将 PML 放置在很靠近散射体或辐射体的位置，PML 仍能起到很好的效果。也就是说，PML 能有效减少计算单元，进而有效减少计算时间和计算内存。

2.4.3　近远场变换

FDTD 方法只能计算空间有限区域的电磁场，要获得计算区域以外的散射或辐射场就必须在计算区域内作一个封闭面，由这个面上的等效电磁外推来得到。

首先我们在散射场区取一个形状简单的虚设表面(外推边界或输出边界)，获得并存储此面上的切向电磁场。根据等效原理，该切向电磁场为等效电流和等效磁流，可以作为源，再利用熟知的矢量位求解出远区散射场。表面的设置可以完全不依赖于实际散射体的形状，从而可以使算法具有通用性。

根据经验，设置于散射场区的虚构封闭面 S_a 为矩形盒或矩形，如图 2-9 所示。

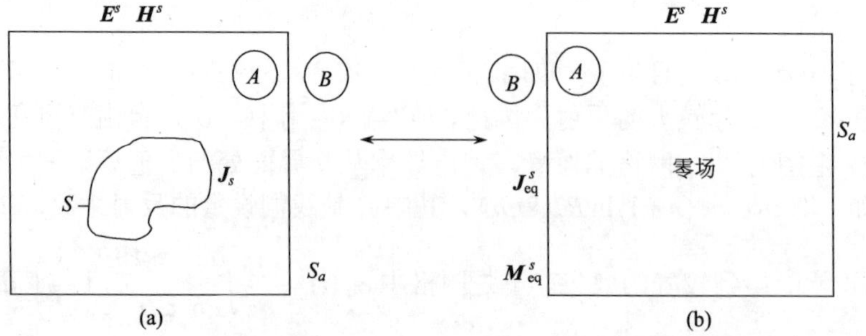

图 2-9　虚构面设置及等效电磁流示意图

设 S_a 上的切向电场和切向磁场分别为 $\boldsymbol{E}^s$ 和 $\boldsymbol{H}^s$，于是 S_a 上相应的等效切向电流和切向磁流分别为

$$\begin{aligned}\boldsymbol{J}_{\text{eq}}^s &= \hat{n}\times\boldsymbol{H}^s(\boldsymbol{r})\\ \boldsymbol{M}_{\text{eq}}^s &= -\hat{n}\times\boldsymbol{E}^s(\boldsymbol{r})\end{aligned} \tag{2-47}$$

式中，$\hat{n}$ 为 S_a 的外法线单位方向矢量。

因此，远区场可根据 S_a 上的等效 $\boldsymbol{J}_{\text{eq}}^s$ 和 $\boldsymbol{M}_{\text{eq}}^s$ 出发进行计算。

自由空间中，时谐场情况下：

$$\begin{aligned}\boldsymbol{E} &= -\frac{\mathrm{j}\omega}{k^2}(\nabla\times\nabla\times\boldsymbol{A})-\frac{1}{\varepsilon_0}\nabla\times\boldsymbol{F}\\ \boldsymbol{H} &= -\frac{\mathrm{j}\omega}{k^2}(\nabla\times\nabla\times\boldsymbol{F})+\frac{1}{\mu_0}\nabla\times\boldsymbol{A}\end{aligned} \tag{2-48}$$

利用自由空间格林函数概念，在图 2-10 的标示关系下，矢量位 $\boldsymbol{A}$ 和 $\boldsymbol{F}$ 为

$$\begin{aligned}\boldsymbol{A} &= \frac{\mu_0}{4\pi}\iint_{S_a}\boldsymbol{J}_{\text{eq}}^s(\boldsymbol{r}')\frac{\mathrm{e}^{-\mathrm{j}kR}}{R}\mathrm{d}S_a'\\ \boldsymbol{F} &= \frac{\varepsilon_0}{4\pi}\iint_{S_a}\boldsymbol{M}_{\text{eq}}^s(\boldsymbol{r}')\frac{\mathrm{e}^{-\mathrm{j}kR}}{R}\mathrm{d}S_a'\end{aligned} \tag{2-49}$$

式中，$R=|\boldsymbol{r}-\boldsymbol{r}'|$。对于远区场，式(2-49)中 R 可以近似为 $R\approx r-r'\cos\xi$。远区场就可近似为

$$\begin{aligned}\boldsymbol{E} &\approx \mathrm{j}\omega(\hat{r}\times\hat{r}\times\boldsymbol{A}+Z_0\hat{r}\times\boldsymbol{F})\\ \boldsymbol{H} &\approx \mathrm{j}\omega\left(\hat{r}\times\hat{r}\times\boldsymbol{F}-\frac{1}{Z_0}\hat{r}\times\boldsymbol{A}\right)\end{aligned} \tag{2-50}$$

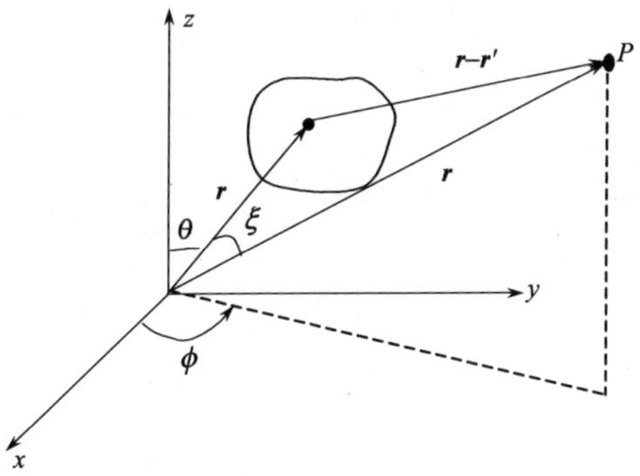

图 2-10　坐标关系

2.5　应 用 举 例

例 2-1　看一个在一维情况下，高斯脉冲随时间传播，碰到 PEC 边界的情况。选择高斯

脉冲为 $E_i(t)=\mathrm{e}^{-\left(\frac{t-20}{6}\right)^2}$。此时，只有 E_x 和 H_y，沿 z 方向传播。波传播情况如图 2-11 所示。

例 2-2　看一个在二维情况下，强加高斯脉冲随时间向四周传播的情况。同样选择高斯脉冲为 $E_i(t)=\mathrm{e}^{-\left(\frac{t-20}{6}\right)^2}$，并出现在平面中心；选择 TM 波为自由空间的 FDTD 迭代格式；取 $\Delta t=\dfrac{\Delta x}{2c_0}$。图 2-12 给出了前 50 个时间步的波传播情况。

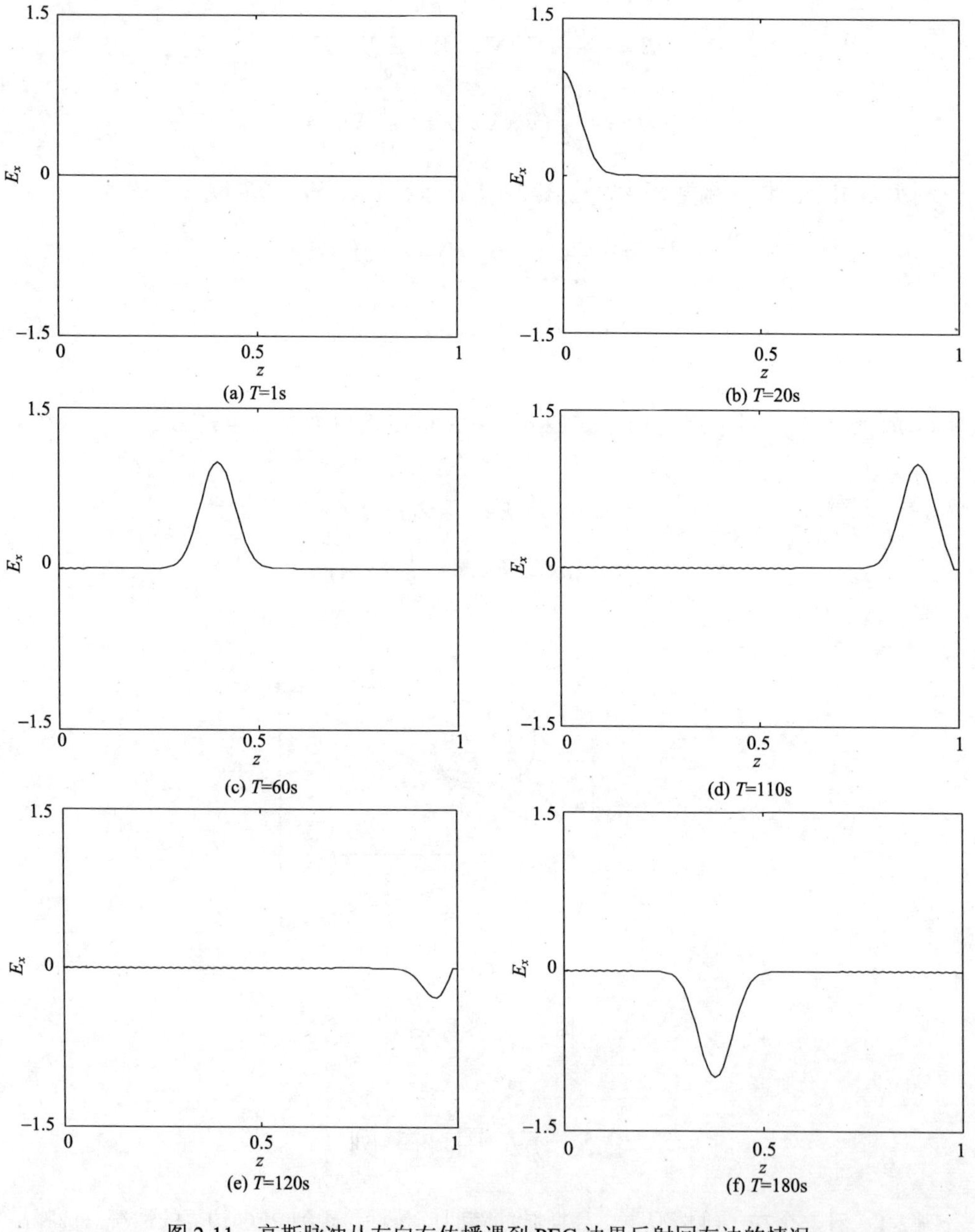

(a) T=1s　(b) T=20s　(c) T=60s　(d) T=110s　(e) T=120s　(f) T=180s

图 2-11　高斯脉冲从左向右传播遇到 PEC 边界反射回左边的情况

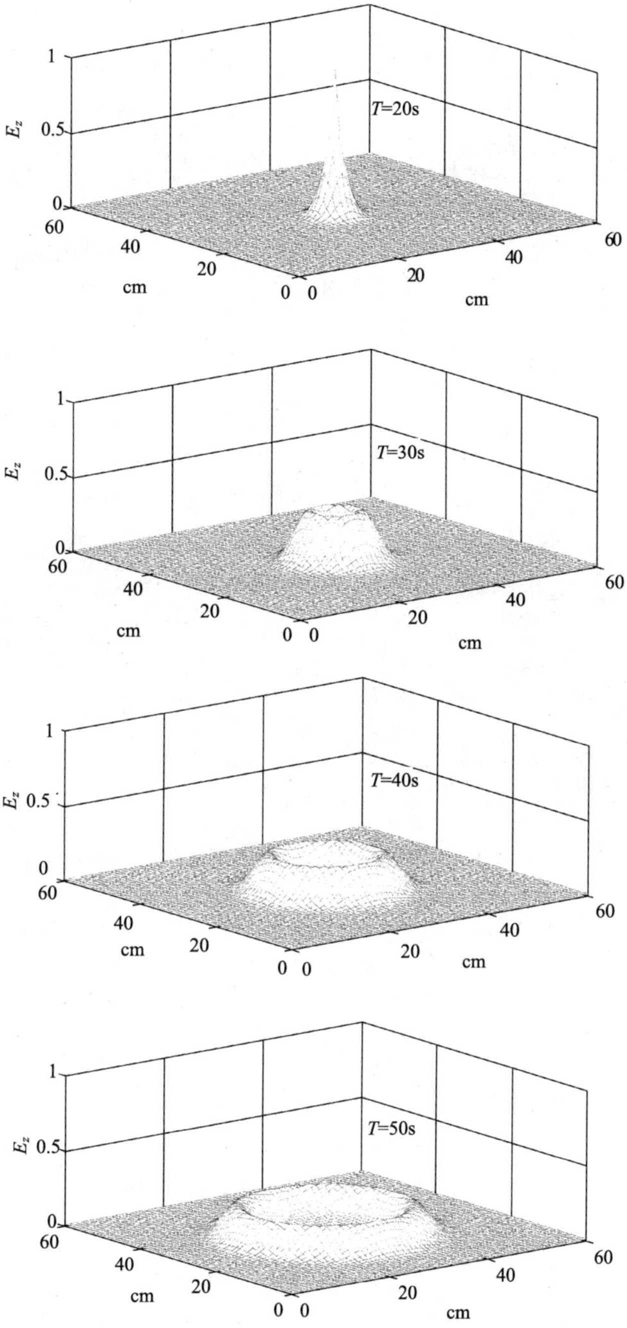

图 2-12　平面中心激励高斯脉冲向外传播示意图

例 2-3　将例 2-2 中的入射源改为正弦波入射 $E_i(t)=\sin(\omega t)$， $f=1.5\text{GHz}$，来比较没有 PML 和有 PML 时波的传播情况，如图 2-13 所示。其中，PML 选为 8 层，取 $\sigma_x(x)=(x/d)^3$。

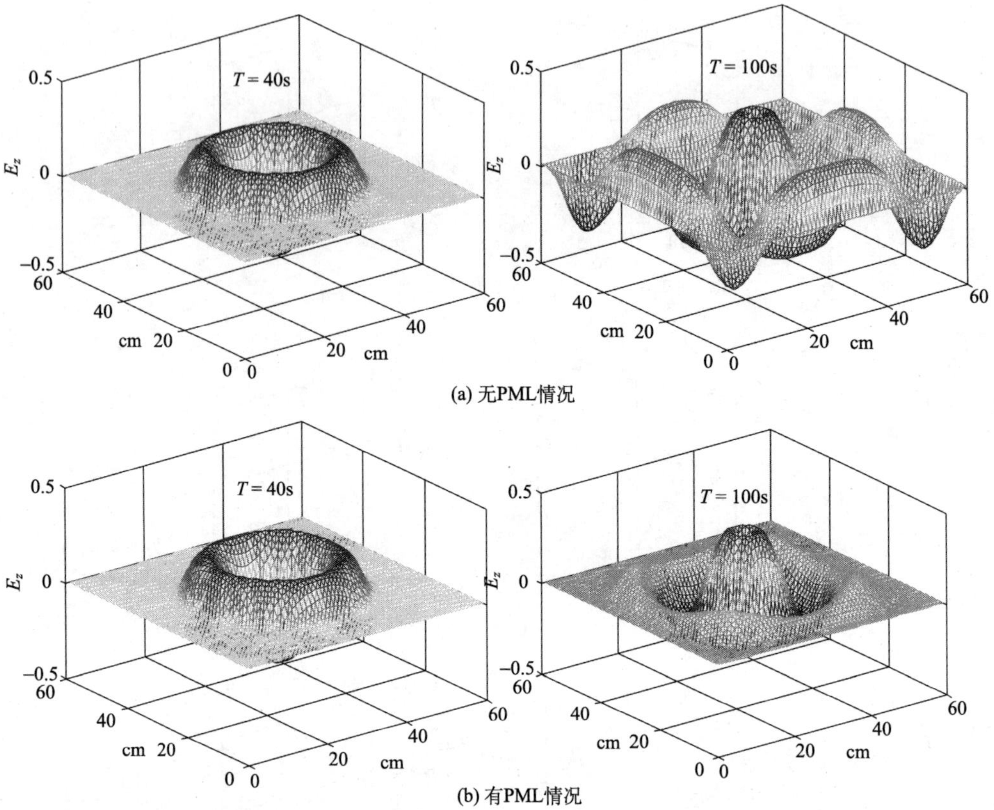

(a) 无PML情况

(b) 有PML情况

图 2-13　平面中心激励正弦波向外传播情况

例 2-4　计算空气填充的矩形金属腔的谐振频率。图 2-14 为网格划分后各场值的位置。由此可见各场值要计算的个数。若矩形腔分为 $N_x \times N_y \times N_z$ 个单元，则要计算的未知量个数为

$$N_{Ex} = N_x \times (N_y + 1) \times (N_z + 1)$$

$$N_{Ey} = (N_x + 1) \times N_y \times (N_z + 1)$$

$$N_{Ez} = (N_x + 1) \times (N_y + 1) \times N_z$$

$$N_{Hx} = (N_x + 1) \times N_y \times N_z$$

$$N_{Hy} = N_x \times (N_y + 1) \times N_z$$

$$N_{Hz} = N_x \times N_y \times (N_z + 1)$$

计算的矩形腔为 5mm×4mm×3mm，选取 $\Delta x = \Delta y = \Delta z = 0.2\,\text{mm}$，$\Delta t = \dfrac{\Delta x}{\sqrt{3}c_0}$。要在频谱上看到谐振频率首先要保证其本征模式被激励，因此选取电场初值为任意值。而腔壁上的电场为切向，保持为零不更新。最后选取某点电场随时间变化的场值，通过傅里叶变换得到腔的谐振频率。为保证所采样点不为零模式，可以多采样几个位置的场值。空气填充矩形腔谐振频率谱如图 2-15 所示。

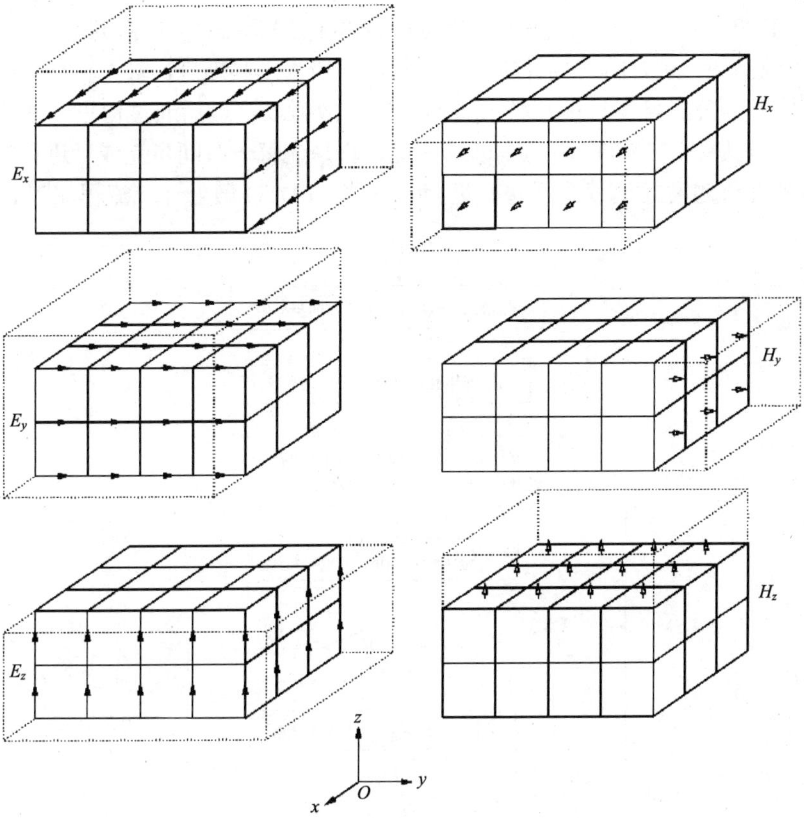

图 2-14　4×3×2 划分的 FDTD 网格及场位置示意图

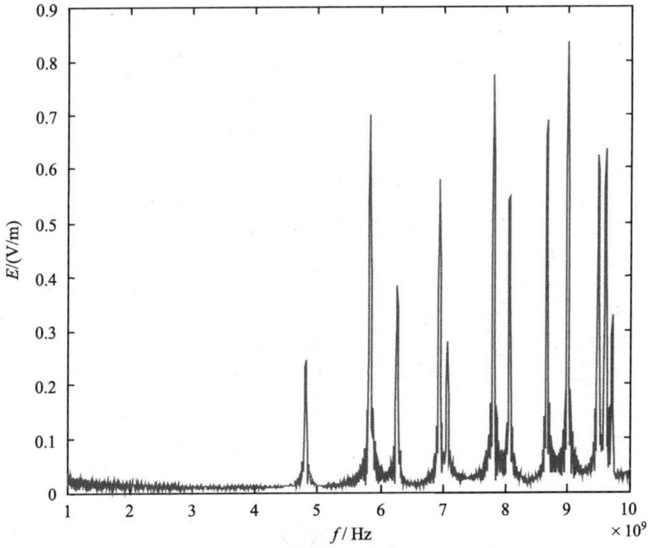

图 2-15　空气填充矩形腔谐振频率谱

在应用 FDTD 程序计算散射场时，分为时谐场计算和瞬态场计算。进行时谐场计算时，入射波为正弦函数；进行瞬态场计算时，入射波一般采用高斯脉冲波。在计算得到近场后利用近-远场外推公式可得目标在某一方向的远区散射场，最后通过傅里叶变换得到其对应的频域场。在瞬态 FDTD 中，近-远场外推计算是在每一时间步完成后进行的；在时谐场计算中，则是在过程达到稳态后进行近-远场外推。FDTD 散射计算流程如图 2-16 所示。

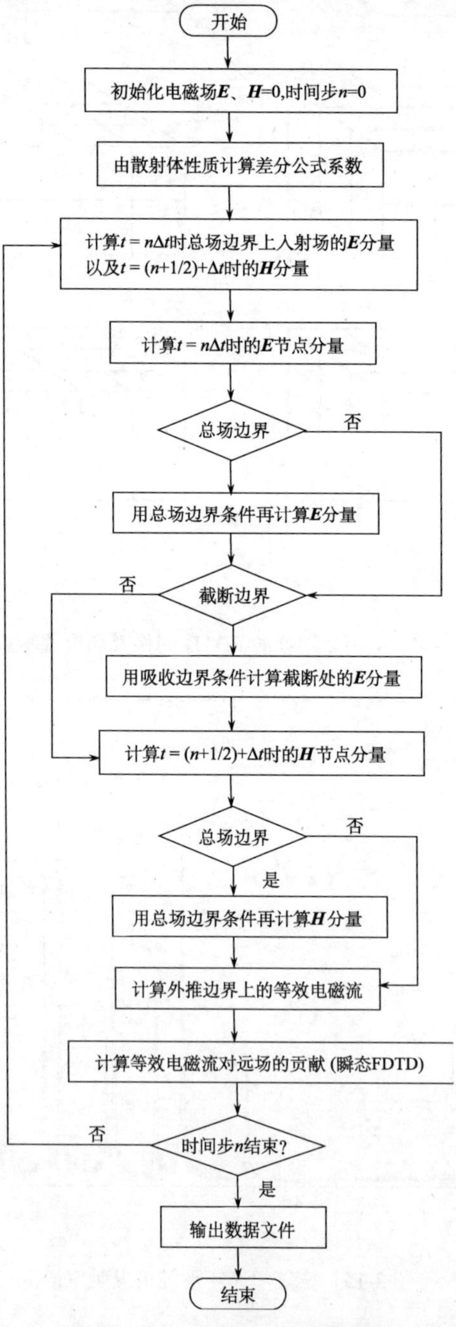

图 2-16　FDTD 方法程序流程图

习　题

1. 写出二维(分为 TE 波和 TM 波)和一维 FDTD 公式。

2. 若计算目标为一个频率为 50Hz 的发动机，空间步长取 $h=5\text{mm}$，则计算 5 个波周期的场变化至少需要多少个时间步？

3. 将例 2-2 中的二维高斯脉冲传播情况退化到一维，写出代码，画出 $T=100\text{s}$ 时的电场和磁场的波形。

4. 例 2-1 中的边界条件变为 PMC，情况会怎样？修改代码得出图像。

5. 例 2-1 中，高斯脉冲在两种介质中传播：$z<0.5$ 处，$\varepsilon_r=1$；$z>0.5$ 处，$\varepsilon_r=2$，情况会怎样？修改代码得出图像。

第3章 有限元法

对于微分方程的求解，在实际中常常应用比较灵活、通用的有限差分法。但是，有限差分法毕竟有着其不可逾越的局限性，同时在理论上没有以变分原理为基础，因而其收敛性和数值稳定性往往得不到保证。而有限元法(Finite Element Method)正是里茨(Ritz)法与有限差分法相结合的成果，它取长补短地在理论上以变分为基础，在具体方法构造上又利用了有限差分法网格离散化处理的思想。

有限元法最早在 1943 年 Courant 的论文中明确提出，但他本人并未发展这一方法。有限元的最重要工作来源于结构工程师。20 世纪 50 年代开始用于飞机设计。有限元这个名字则由 Clough 于 1960 年首先提出。在有限元法取得成功时，有限元法的数学基础尚未完全建立起来。我国数学家冯康早在 1965 年就独立地提出并参与了有限元法的创始和奠基工作。1968 年左右，数值分析科学家认识了有限元法的基本原理并建立了相应的数学基础。后来，该方法得到了发展并被非常广泛地用于结构分析问题中。目前，在热传导、渗流、流体力学、空气动力学、土壤力学、机械零件强度分析、电磁工程领域的应用也非常广泛。在电磁工程领域的应用是 Silvester 从 1969 年开始的，其应用范围也从静态场扩展到时变场问题，从闭域扩展到开域问题，从线性扩展到非线性问题，如散射问题、波导场问题、腔体、传输线等。其方法本身已从标量有限元发展到矢量有限元(20 世纪 80 年代初开始)，从单一方法发展到混合方法，从频域求解发展到时域求解(21 世纪初)，也产生了以此方法为基础的商用软件，如 HFSS。

有限元法是以变分原理为基础的。变分问题就是求泛函极值的问题，分为直接解法和间接解法。直接解法的共同思想是把变分问题化为普通多元函数求极值的问题，即用有限维(自由度)空间的函数去逼近无限维空间中的极值函数，近似求解泛函的极值，其主要解法有里茨法、坎托罗维奇法、最小二乘法、尤拉的有限差分法等。实际常用的是 Ritz 法，但其最大的困难是要寻找一组在全域上解析而又要在边界上满足强加边界条件的基函数，因此限制了里茨法的应用。另一种间接解法的依据就是变分原理。变分原理指出，变分问题与对应的边值问题等价，从而变分问题的间接解法就是将变分问题化为与之等价的边值问题来求解。而有限元法采取了与变分问题间接解法相反的途径，将要求解的微分方程型数学模型——边值问题，首先转化为相应的变分问题，即泛函求极值问题；然后，利用剖分插值将变分问题离散化为普通多元函数的极值问题，也就是寻找一组在各子域(单元)而非全域上解析并满足全域边界条件的基函数(形状函数)，从而克服了 Ritz 法的困难，最终归结为一组多元的代数方程组，求解该方程组，从而获得边值问题的数值解。除了瑞利-里茨(Rayleigh-Ritz)法外，从参数加权法中的伽辽金法也可导出有限元方程。

有限元法的核心是剖分插值，即将连续场分割为有限个单元，然后用较简单的插值函数来表示每个单元的解。

有限元法的优点是数学基础牢固、应用范围广。其特点如下。

(1) 离散化过程保持了明显的物理意义。因为变分原理描述了支配物理现象的物理学中的最小作用原理(如力学中的最小势能原理、静电学中的汤姆孙定理等)。因此，基于问题固有的物理特性而予以离散化处理，列出计算公式，可保证方法的正确性、数值解的存在与稳定性等前提要素。

(2) 优异的解题能力。与其他数值方法相比，有限元法在适应场域边界几何形状以及介质物理性质变异情况的复杂问题求解上，有突出的优点：不受几何形状和介质分布的复杂程度限制；不同介质分界面上的边界条件是自动满足的；不必单独处理第二、三类边界条件；离散点配置比较随意，通过控制有限单元剖分密度和单元插值函数的选取，可以充分保证所需的数值计算精度。

(3) 可方便地编写通用计算程序，使之构成模块化的子程序集合。

(4) 从数学理论意义上讲，有限元作为应用数学的一个分支，它使微分方程的解法与理论面目一新，推动了泛函分析与计算方法的发展。

3.1 变 分 原 理

在微积分学形成初期，以数学物理问题为背景，与多元函数的极值问题相对应，已在几何、力学上提出了若干个求解泛函极值的问题。

下面的例子是伯努利在 1696 年提出的最速降线问题，该问题导致了变分方法的建立。如图 3-1 所示的质点最速降线问题，质点 A 从定点 (x_1, y_1) 自由下滑到定点 $B(x_2, y_2)$ 时，为使滑行时间最短，试求质点下滑轨道 $y = y(x)$ 。

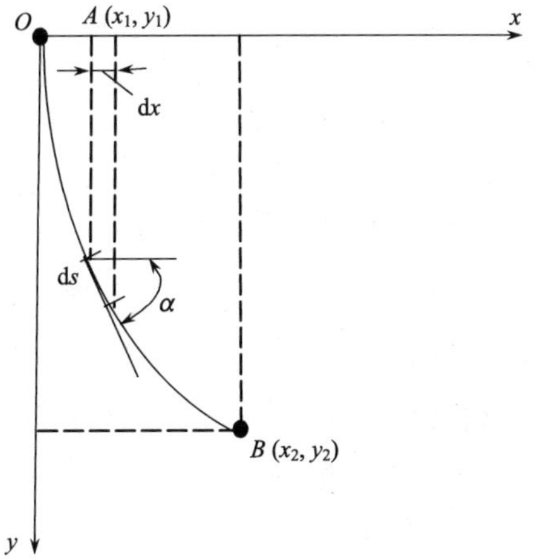

图 3-1 最速降线问题

假设曲线方程为 $Y = y(x)$ ，弧长为 $\mathrm{d}s$ ，$\mathrm{d}s = \sqrt{\mathrm{d}x^2 + \mathrm{d}y^2} = \sqrt{1+(y')^2}\,\mathrm{d}x = \sqrt{1+[y'(x)]^2}\,\mathrm{d}x$ 。

假设质点运动速度为 v ，图示滑行弧段 $\mathrm{d}s$ 所需时间为

$$dt=\frac{ds}{v}=\frac{\sec\alpha dx}{\sqrt{2gy}}=\frac{\sqrt{1+y'^2}dx}{\sqrt{2gy(x)}}$$

下滑的过程中势能转化为动能，由能量守恒公式 $\frac{1}{2}mv^2=mgy$，可得 $v=\sqrt{2gy}=\sqrt{2gy(x)}$。

滑行总时间为

$$J[y(x)]=T[y(x)]=\int_0^T dt=\int_{x_1}^{x_2}\frac{\sqrt{1+y'^2}}{\sqrt{2gy(x)}}dx \tag{3-1}$$

通过 A、B 的光滑曲线可以有无数多条，对于每一条曲线 $y(x)$ 都有一个确定的 T 与之对应，即 T 值依赖于曲线 $y(x)$ 的形状。也就是说式(3-1)不仅取决于积分端点 x_1 和 x_2，而且取决于 $y=y(x)$ 的选取。J 取决于 $y(x)$，所以 J 是函数 $y(x)$ 的函数，称为 $y(x)$ 的泛函，记作 $J[y(x)]$。于是所述的最速降线问题，在数学上就归结为研究泛函 $J[y(x)]$ 的极值问题，即

$$\begin{cases}J[y(x)]=\int_{x_1}^{x_2}\frac{\sqrt{1+y'^2}}{\sqrt{2gy}}dx\\ y(x_1)=0\\ y(x_2)=y_2\end{cases} \tag{3-2}$$

泛函的极值(max 或 min)问题就称为变分问题。可以证明，这条最速降线（$J[y(x)]=\int_{x_1}^{x_2}\frac{\sqrt{1+y'^2}}{\sqrt{2gy}}dx=\min$）是旋轮线（摆线），其方程为 $x=R(\alpha-\sin\alpha)+C$，$y=R(1-\cos\alpha)$，常数 R 和 C 可由边界条件确定。

对于一般问题而言，可导出下列对应于一个自变量 x、单个函数 $y(x)$ 及其导数 $y'(x)$ 的已知函数

$$J[y]=\int_{x_1}^{x_2}F(x,y,y')dx \tag{3-3}$$

式中，F 为 x、y 和 y' 的已知函数。泛函 $J[y]$ 的自变量不是一般的自变量，而是一个或几个函数所属的函数族 $y(x)$。在端点 x_1 和 x_2 上分别等于给定值的无数个函数 $y(x)$ 中，仅有一个 $\overline{y}(x)$ 能使定积分 $J[y]$ 达到极小值，此函数 $\overline{y}(x)$ 称为极值函数。因此，变分问题就在于寻求使泛函达到极值的极值函数 $\overline{y}(x)$，即分析、研究泛函的极值问题。

以式(3-3)这种最简的形式来推导尤拉方程。

设函数 $y(x)$ 稍有变化，记作 $y+\delta y$，δy 称为 $y(x)$ 的变分，它反映了整个函数的变化量。这样，泛函 $J[y]$ 的值也应随之变动，相应于变分 δy 的泛函增量为

$$\Delta J=J[y+\delta y]-J[y]=\int_{x_1}^{x_2}[F(x,y+\delta y,y'+\delta y')-F(x,y,y')]dx \tag{3-4}$$

将式(3-4)由多元函数的泰勒公式展开

$$\Delta J=\int\left\{\left(\frac{\partial F}{\partial y}\delta y+\frac{\partial F}{\partial y'}\delta y'\right)+\frac{1}{2}\left[\frac{\partial^2 F}{\partial y^2}(\delta y)^2+2\frac{\partial^2 F}{\partial y\partial y'}\delta y\delta y'+\frac{\partial^2 F}{\partial y'^2}(\delta y')^2\right]+\cdots\right\}\mathrm{d}x$$

$$\Delta J=\delta J+\delta^2 J+\delta^3 J+\cdots\approx\delta J \tag{3-5}$$

式中，作为泛函增量ΔJ的线性主部为

$$\delta J=\int_{x_1}^{x_2}\left(\frac{\partial F}{\partial y}\delta y+\frac{\partial F}{\partial y'}\delta y'\right)\mathrm{d}x \tag{3-6}$$

δJ称为泛函$J[y]$的一次变分(简称变分)。而$\delta^2 J$，$\delta^3 J$，…分别是函数变分δy及其导数$\delta y'$的二次、三次齐次式等的积分，依次称为二次变分，三次变分，……令变分问题的解为$y=y(x)$，且设极值解$y=y(x)$稍有变动，变为$y+\delta y$，且令

$$\delta y=\varepsilon\eta(x) \tag{3-7}$$

式中，ε为任意给定的微量实参数，ε值就确定于$y=y(x,\varepsilon)$函数族中的某一曲线，进而确定泛函$J[y(x,\varepsilon)]$的值；而$\eta(x)$是定义于区间$[x_1,x_2]$且满足$\eta(x_1)=\eta(x_2)=0$齐次边界条件的可微函数。于是泛函$J[y+\varepsilon\eta]=J[y(x,\varepsilon)]=\Phi(\varepsilon)$就成为函数$\varepsilon$的函数，且当$\varepsilon=0$时即获得极值函数的解。因此，我们将寻求$\Phi(\varepsilon)$在$\varepsilon=0$时取得极值的必要条件

$$\Phi'(\varepsilon)\big|_{\varepsilon=0}=\Phi'(0)=0 \tag{3-8}$$

由于

$$\Phi(\varepsilon)=\int_{x_1}^{x_2}F[x,y(x,\varepsilon),y'(x,\varepsilon)]\mathrm{d}x$$

所以有

$$\Phi'(\varepsilon)=\int_{x_1}^{x_2}\left\{\frac{\partial}{\partial y}F[x,y(x,\varepsilon),y'(x,\varepsilon)]\cdot\frac{\partial}{\partial\varepsilon}y(x,\varepsilon)+\frac{\partial}{\partial y'}F[x,y(x,\varepsilon),y'(x,\varepsilon)]\cdot\frac{\partial}{\partial\varepsilon}y'(x,\varepsilon)\right\}\mathrm{d}x \tag{3-9}$$

又由于

$$\frac{\partial}{\partial\varepsilon}y(x,\varepsilon)=\frac{\partial}{\partial\varepsilon}[y(x)+\varepsilon\eta(x)]=\eta(x)$$

$$\frac{\partial}{\partial\varepsilon}y'(x,\varepsilon)=\frac{\partial}{\partial\varepsilon}[y'(x)+\varepsilon\eta'(x)]=\eta'(x)$$

故

$$\begin{aligned}\Phi'(\varepsilon)&=\int_{x_1}^{x_2}\{F_y[x,y(x,\varepsilon),y'(x,\varepsilon)]\eta(x)+F_{y'}[x,y(x,\varepsilon),y'(x,\varepsilon)]\eta'(x)\}\big|_{\varepsilon=0}\,\mathrm{d}x\\&=\int_{x_1}^{x_2}\{F_y[x,y(x),y'(x)]\eta(x)+F_{y'}[x,y(x),y'(x)]\eta'(x)\}\mathrm{d}x\end{aligned} \tag{3-10}$$

简写为

$$\Phi'(0)=\int_{x_2}^{x_1}\left(\frac{\partial F}{\partial y}\eta+\frac{\partial F}{\partial y'}\eta'\right)\mathrm{d}x \tag{3-11}$$

式(3-11)与式(3-6)比较，只差一个数值因子ε，故极值函数解$y = y(x)$必须满足的必要条件即式(3-8)等同于

$$\delta J = \Phi'(0) = 0 \tag{3-12}$$

还可写成

$$\int_{x_1}^{x_2}\left(\frac{\partial F}{\partial y}\delta y + \frac{\partial F}{\partial y'}\delta y'\right)\mathrm{d}x = 0 \tag{3-13}$$

利用分部积分，并根据变分与微分顺序可互换原理，式(3-13)可写为

$$\begin{aligned}\delta J &= \int_{x_1}^{x_2}\frac{\partial F}{\partial y}\delta y\mathrm{d}x + \int_{x_1}^{x_2}\frac{\partial F}{\partial y'}\frac{\mathrm{d}}{\mathrm{d}x}(\delta y)\mathrm{d}x \\ &= \int_{x_1}^{x_2}\frac{\partial F}{\partial y}\delta y\mathrm{d}x + \left(\frac{\partial F}{\partial y'}\cdot\delta y\right)\bigg|_{x_1}^{x_2} - \int_{x_1}^{x_2}\frac{\mathrm{d}}{\mathrm{d}x}\left(\frac{\partial F}{\partial y'}\right)\delta y\mathrm{d}x \\ &= \int_{x_1}^{x_2}\left[\frac{\partial F}{\partial y} - \frac{\mathrm{d}}{\mathrm{d}x}\left(\frac{\partial F}{\partial y'}\right)\right]\delta y\mathrm{d}x + \left(\frac{\partial F}{\partial y'}\cdot\delta y\right)\bigg|_{x_1}^{x_2} \\ &= 0\end{aligned} \tag{3-14}$$

在变分问题中，变分通常在端点保持为零，即$\delta y\big|_{x=x_1} = 0$，$\delta y\big|_{x=x_2} = 0$。

于是式(3-14)可写为

$$\int_{x_1}^{x_2}\left[\frac{\partial F}{\partial y} - \frac{\mathrm{d}}{\mathrm{d}x}\left(\frac{\partial F}{\partial y'}\right)\right]\delta y\mathrm{d}x = 0 \tag{3-15}$$

由于式(3-15)对任意δy均成立，故只有

$$\frac{\partial F}{\partial y} - \frac{\mathrm{d}}{\mathrm{d}x}\left(\frac{\partial F}{\partial y'}\right) = 0 \tag{3-16}$$

式(3-16)就称为泛函式(3-3)的极值问题的尤拉方程(有的微分方程并不是尤拉方程，因此没有相对应的经典意义的泛函数)。

与上述过程类似，可继续推导出各种复杂情况下的泛函极值存在的必要条件。例如，在二维电磁场问题中，对应的泛函取决于一个二元函数$u(x,y)$，相应的泛函为

$$J[u(x,y)] = \iint_D F\left[x, y, u(x,y), \frac{\partial u}{\partial x}, \frac{\partial u}{\partial y}\right]\mathrm{d}x\mathrm{d}y \tag{3-17}$$

其极值存在的必要条件为偏微分方程

$$F_u - \frac{\partial}{\partial x}\{F_p\} - \frac{\partial}{\partial y}\{F_q\} = 0 \tag{3-18}$$

式中

$$F_u = \frac{\partial F}{\partial u},\quad F_p = \frac{\partial F}{\partial p},\quad F_q = \frac{\partial F}{\partial q} \text{ 且 } p = \frac{\partial u}{\partial x},\quad q = \frac{\partial u}{\partial y} \tag{3-19}$$

同理

$$\frac{\partial}{\partial y}\{F_q\}=F_{qy}+F_{qu}\frac{\partial u}{\partial y}+F_{qp}\frac{\partial p}{\partial y}+F_{qq}\frac{\partial q}{\partial y} \tag{3-20}$$

简单函数与简单泛函对比如表 3-1 所示。

表 3-1 简单函数与简单泛函对比表

简单函数 $U(x)$	简单泛函 $J[v(x)]=\int_{x_1}^{x_2}F[x,v(x)]\mathrm{d}x$
自变量的微分 dx ——表示自变量值的微小变化	函数变分 $\delta v=\varepsilon\eta(x)$ ——表示函数形式的微小变化，其中 $\varepsilon<<1$ 是正的任意给定的常数，$\eta(x)\subset \underset{[x_1,x_2]}{M}$ 为可取函数
dx 引起的函数值变化可利用泰勒级数展开 $U(x+\mathrm{d}x)-U(x)=U'(x)\mathrm{d}x+\frac{1}{2!}U''(x)\mathrm{d}x^2+\cdots$ $=\mathrm{d}U+\frac{1}{2!}\mathrm{d}^2U+\cdots$ 函数增量的线性部分 $\mathrm{d}U(x)=U'(x)\mathrm{d}x$ 函数的一阶微分简称微分 函数的 n 阶微分表示为 $\mathrm{d}^nU(x)=U^n(x)\mathrm{d}x^n$	δv 引起的泛函值的变化可展开为 $J\{v+\delta v\}-J\{v\}=\int_{x_1}^{x_2}F[x,v+\mathrm{d}v]\mathrm{d}x-\int_{x_1}^{x_2}F[x,v]\mathrm{d}x$ $=\delta J\{v(x)\}+\frac{1}{2!}\delta^2J\{v(x)\}+\cdots$ 定义：泛函的一阶变分简称变分，是泛函增量的线性主部 $\delta J\{v(x)\}=\int_{x_1}^{x_2}\left(\frac{\partial F}{\partial v}\delta v\right)\mathrm{d}x$ 同样有二阶直到 n 阶变分 $\delta^nJ\{v(x)\}=\int_{x_1}^{x_2}\left(\frac{\partial^nF}{\partial v}\delta v^n\right)\mathrm{d}x$
自变量在 $[x_1,x_2]$ 上变化时，函数有极大点和极小点。极大点 $x_{\max}:U(x_{\max})$ 取极大值(在 $x_{\max}$ 领域)；极小点 $x_{\min}:U(x_{\min})$ 取极小值(在 $x_{\min}$ 领域)。取极值的条件：一阶微分为零，即 $U'(x)=0$ 的解。用二阶微分可以判断该点是极大点（$\mathrm{d}^2U(x_{\max})<0$）、极小点（$\mathrm{d}^2U(x_{\min})>0$），还是拐点 ($\mathrm{d}^2U(x)=0$)	函数定义空间变化时(曲线族)使值域数值为极大和极小 极大曲线 $v_{\max}$ 是泛函 $J[v_{\max}^{(x)}]$ 极大 极小曲线 $v_{\min}$ 是泛函 $J[v_{\min}^{(x)}]$ 极小 泛函极值条件为一阶变分为零，即 $\delta J\{v(x)\}=0$ 的解；用泛函二阶变分判断极值点的特性 $\delta^2J\{v_{\max}(x)\}<0,\delta^2J\{v_{\min}(x)\}>0$

总之，泛函的极值问题就称为变分问题。古典的变分法是通过泛函的变分问题 $\delta J=0$，将变分问题转化为微分方程来求解的。变分原理指出，在一定条件下，变分问题与边值问题等价。有限元正是利用了这一过程的逆过程。已证明：泛函取极值的过程中，极值解已自动满足第二、三类边界条件，不需要再专门进行处理，故称第二、三类边界条件为自然边界条件，相应的变分问题称为无条件变分问题。但第一类边界条件却不能得到自动满足，必须对它进行专门处理，故称第一类边界条件为强加边界条件，相应的变分问题称为条件变分，即

$$\begin{cases}J(y)=\int_{x_1}^{x_2}F(y,y',y'',\cdots,y^{(n)})\mathrm{d}x=\min\\ y|_S=f_0\end{cases}$$

3.2 与线性边值问题等价的变分问题

1. 与齐次边值问题等价的变分问题

在电磁场课程中，大家已熟知所求解的电磁问题可以归结为边值问题，即在一定的边界条件下求解场的微分方程，对于静态场、恒定电场描述它们的微分方程为泊松方程或拉普拉斯方程$\begin{cases}\nabla^2\varphi=-\rho/\varepsilon \\ \nabla^2\varphi=0\end{cases}$。

齐次边界条件为

$$\begin{cases}\varphi|_S=0, & \text{第一类边界条件} \\ \dfrac{\partial\varphi}{\partial n}|_S=0, & \text{第二类边界条件} \\ f_1(p)\varphi|_S+\dfrac{\partial\varphi}{\partial n}|_S=0, & \text{第三类边界条件}\end{cases}$$

式中，p 表示边界 G 上任一点的坐标，且齐次第二类边界条件是齐次第三类边界条件中 $f_1=0$ 的特例。

(1) 与泊松方程齐次第三类边值问题等价的变分问题。

$$F(\varphi)=\frac{1}{2}\int_V(\varepsilon|\nabla\varphi|^2-2\rho\varphi)\mathrm{d}V+\frac{1}{2}\oint_S\varepsilon f_1(p)\varphi^2\mathrm{d}S=\min \tag{3-21}$$

这是个无条件变分，含体、面积分项，其中面积分项由 f_1 引起。

(2) 与泊松方程齐次第二类边值问题等价的变分问题（$f_1=0$）。

$$F(\varphi)=\frac{1}{2}\int_V(\varepsilon|\nabla\varphi|^2-2\rho\varphi)\mathrm{d}V=\min \tag{3-22}$$

(3) 与泊松方程齐次第一类边值问题等价的变分问题。泛函取极值的过程中，极值函数不能自动满足第一类边界条件(自动满足的是第二、三类边界条件)，故对应的等价变分问题为条件变分问题

$$\begin{cases}F(\varphi)=\dfrac{1}{2}\displaystyle\int_V(\varepsilon|\nabla\varphi|^2-2\rho\varphi)\mathrm{d}V=\min \\ \varphi|_S=0\end{cases} \tag{3-23}$$

(4) 混合型边界条件(部分给出第二或第三类边界条件，其余部分给出第一类边界条件)，此时等价变分问题也是条件变分。形式如式(3-23)，泛函内容由自然边界条件的具体内容决定。

而拉普拉斯方程的等价变分问题只是上述方程中的 ρ 项为 0 而已。

2. 与非齐次边值问题等价的变分问题

非齐次边界条件为

$$
\begin{cases}
\varphi|_S = f_0(p), & \text{第一类边界条件(强加边界条件)} \\
\dfrac{\partial\varphi}{\partial n}|_S = f_1(p), & \text{第二类边界条件} \\
f_1(p)\varphi|_S + \dfrac{\partial\varphi}{\partial n}|_S = f_2(p), & \text{第三类边界条件}
\end{cases}
$$

(1) 与泊松方程非齐次第三类边值问题等价的变分问题(无条件变分)。

$$
F(\varphi)=\frac{1}{2}\int_V(\varepsilon|\nabla\varphi|^2-2\rho\varphi)\mathrm{d}V+\oint_S\varepsilon(\frac{1}{2}f_1(p)\varphi^2-f_2\varphi)\mathrm{d}S=\min \tag{3-24}
$$

(2) 与泊松方程非齐次第二类边值问题等价的变分问题($f_1=0$)。

$$
F(\varphi)=\frac{1}{2}\int_V(\varepsilon|\nabla\varphi|^2-2\rho\varphi)\mathrm{d}V-\oint_S\varepsilon f_1\varphi\mathrm{d}S=\min \tag{3-25}
$$

(3) 泊松方程非齐次混合型边值问题，如给出第一类、第三类边界条件，其等价变分问题为

$$
\begin{cases}
F(\varphi)=\dfrac{1}{2}\displaystyle\int_V(\varepsilon|\nabla\varphi|^2-2\rho\varphi)\mathrm{d}V+\oint_{S_2}\varepsilon\left(\dfrac{1}{2}f_1\varphi^2-f_2\varphi\right)\mathrm{d}S=\min \\
\varphi|_{S_1}=f_0
\end{cases} \tag{3-26}
$$

同理，拉普拉斯方程是等价变分问题，只是上述方程中的 ρ 项为 0 而已。

若是二维问题(如直角坐标系中沿 z 坐标无变化的二维场)，只要在上述三维问题中考虑其特殊情况即可

$$
|\nabla\varphi|^2=\left(\frac{\partial\varphi}{\partial x}\right)^2+\left(\frac{\partial\varphi}{\partial y}\right)^2,\qquad \mathrm{d}S=\mathrm{d}x\mathrm{d}y
$$

体积分变成面积分，面积分变成线积分。

对于轴对称场 $\phi(r,\varphi,z)$ ，有 $\mathrm{d}V=r\mathrm{d}r\mathrm{d}\varphi\mathrm{d}z$ ， $\mathrm{d}S=r\mathrm{d}r\mathrm{d}\varphi$ ，因 $\dfrac{\partial\phi}{\partial\varphi}=0$ ，故 $\nabla\varphi=\dfrac{\partial\varphi}{\partial r}\hat{r}+\dfrac{\partial\varphi}{\partial z}\hat{z}$ ， $|\nabla\varphi|^2=\left(\dfrac{\partial\varphi}{\partial r}\right)^2+\left(\dfrac{\partial\varphi}{\partial z}\right)^2$ 。

3. 分层介质中的变分问题

在这种情况下，如果看成边值问题，就要在各个介质均匀的区域内部仍用微分方程描述，在不同介质分界面上，通过边界条件相联系。而变分问题中，由于介质分界面上的边界条件为齐次自然边界条件，所以泛函取极值时自动满足，不必另行处理。这正是有限元处理分层介质问题时特别方便的地方，是它显著的优点之一。

3.3 基于变分原理的差分方程

差分方程是由偏微分方程导出的。一般来说，对于一个实际物理问题，除了可用微

分方程描述外，还可用积分方程来描述，而微积分方程都可看成算子方程。因此，解微、积分方程可以通过变分来求解，差分方程也可以从变分原理导出。这种从变分原理导出的差分方程的系数矩阵是正定的，而从微分方程导出的差分方程不能保证其系数矩阵是正定的。例如，用差分法求解波导的高阶模式时，所得的系数矩阵就是非正定的，从而导致许多麻烦。

如图 3-2 所示的第一、二类边值问题

$$\begin{cases}\dfrac{\partial^2\varphi}{\partial x^2}+\dfrac{\partial^2\varphi}{\partial y^2}=\dfrac{-\rho}{\varepsilon}\\ \varphi|_{L_1}=\overline{\varphi}\\ \dfrac{\partial\varphi}{\partial n}|_{L_2}=2q\end{cases}\tag{3-27}$$

其等价变分问题(也称为能量极值)描述为

$$\begin{cases}J(\varphi)=\dfrac{1}{2}\displaystyle\int_S\left\{\varepsilon\left[\left(\dfrac{\partial\varphi}{\partial x}\right)^2+\left(\dfrac{\partial\varphi}{\partial y}\right)^2\right]-2\rho\varphi\right\}\mathrm{d}x\mathrm{d}y-\int_{L_2}\varepsilon q\varphi\mathrm{d}l=\min\\ \varphi|_{L_1}=\overline{\varphi}\end{cases}\tag{3-28}$$

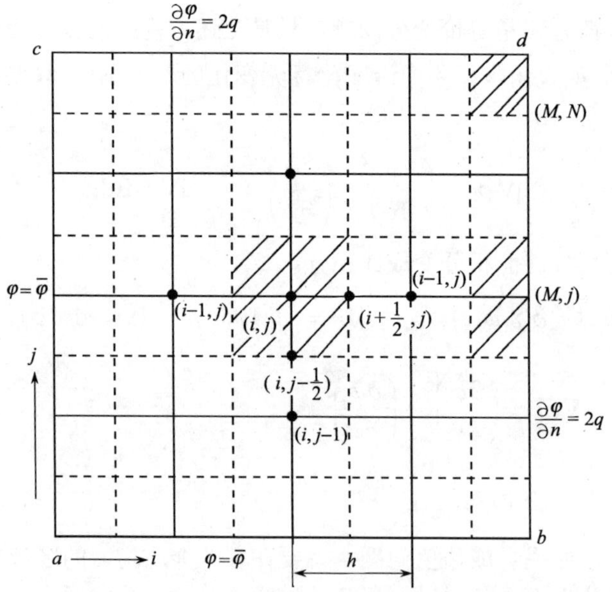

图 3-2　差分问题示意图

将上述变分问题离散化，还得用差商代替偏导数，导出其差分方程。这里，L_1 为边界 $ab+ac$，L_2 为 $bd+cd$。采用正方形网格将场域划分，$x=x_i=ih$，$y=y_j=jh$，如图 3-2 所示的实线，取 a 为坐标原点。其中节点分为两类：内点 $(i=1,2,\cdots,M-1, j=1,2,\cdots,N-1)$，其余为边点，边点中有 4 个角点 (a, b, c, d)。

然后在图中的网格上引入“半线”，即图中的虚线所示，表示为

$$x = x_{i+\frac{1}{2}} = \left(i+\frac{1}{2}\right)h, \quad i = 0,1,\cdots,M-1$$

$$y = y_{j+\frac{1}{2}} = \left(j+\frac{1}{2}\right)h, \quad j = 0,1,\cdots,N-1$$

这些半线形成另一套网格，与原网格相辅相成。对于每个节点(i, j)的周围有一个虚正方形面积$S_{i,j}$，如图3-2所示的阴影块(注意，它们在边点上只有半块大，在角点上只有1/4)，最终形成S上无遗漏、无多余的覆盖。

$$S_{i,j}, \quad i = 0,1,\cdots,M, j = 0,1,\cdots,N$$

$$S_{i+\frac{1}{2},j+\frac{1}{2}} = \{x_i \leqslant x \leqslant x_{i+1}, y_j \leqslant y \leqslant y_{j+1}\}$$

$$S = \sum_{i=0}^{M-1}\sum_{j=0}^{N-1} S_{i+\frac{1}{2},j+\frac{1}{2}}$$

同时将第二类边界L_2分为线段即线单元：

$$L_{M,j+\frac{1}{2}} = \{x = x_M, y_j \leqslant y \leqslant y_{j+1}\}$$

$$L_{i+\frac{1}{2},N} = \{x_i \leqslant x \leqslant x_{i+1}, y = y_N\}$$

$$L_2 = \sum_{j=0}^{N-1} L_{M,j+\frac{1}{2}} \sum_{i=0}^{M-1} L_{i+\frac{1}{2},N}$$

于是，能量积分$J(\varphi)$等于场域S上的各面、线元与纵向单位长度所构成的体、面积上的能量之和，即

$$\begin{aligned} J(\varphi) &= \sum_{i=0}^{M-1}\sum_{j=0}^{N-1} J_{i+\frac{1}{2},j+\frac{1}{2}} + \sum_{j=0}^{N-1} J_{M,j+\frac{1}{2}} + \sum_{i=0}^{M-1} J_{i+\frac{1}{2},N} \\ J_{i+\frac{1}{2},j+\frac{1}{2}} &= \int_{S_{i+\frac{1}{2},j+\frac{1}{2}}} \left\{\frac{1}{2}\varepsilon\left[\left(\frac{\partial\varphi}{\partial x}\right)^2 + \left(\frac{\partial\varphi}{\partial y}\right)^2\right] - \rho\varphi\right\}\mathrm{d}x\mathrm{d}y \end{aligned} \tag{3-29}$$

式中

$$J_{M,j+\frac{1}{2}} = -\int_{L_{M,j+\frac{1}{2}}} \varepsilon q\varphi \mathrm{d}l, \quad \text{右边界}$$

$$J_{i+\frac{1}{2},N} = -\int_{L_{i+\frac{1}{2},N}} \varepsilon q\varphi \mathrm{d}l, \quad \text{上边界}$$

下一步要对各单元的能量积分进行离散化。有许多途径，这里将积分号下函数的导数用面元一阶向前差商的平均值代替，积分用求和代替，从而有

$$\begin{aligned} \int_{S_{i+\frac{1}{2},j+\frac{1}{2}}} \frac{\varepsilon}{2}\left(\frac{\partial\varphi}{\partial x}\right)^2 \mathrm{d}x\mathrm{d}y &\approx \frac{\varepsilon}{2}\left[\frac{1}{2}\left(\frac{\varphi_{i+1,j}-\varphi_{i,j}}{h}\right)^2 + \frac{1}{2}\left(\frac{\varphi_{i+1,j+1}-\varphi_{i,j+1}}{h}\right)^2\right]h^2 \\ &= \frac{\varepsilon}{4}(\varphi_{i+1,j}-\varphi_{i,j})^2 + \frac{\varepsilon}{4}(\varphi_{i+1,j+1}-\varphi_{i,j+1})^2 \end{aligned}$$

类似地处理关于 $\frac{1}{2}\left(\frac{\partial\varphi}{\partial y}\right)^2$ 的面积分。

对于 $\rho\varphi$ 的积分可以采用数值积分中的梯形公式，则 $\rho\varphi$ 在面单元 $S_{i+\frac{1}{2},j+\frac{1}{2}}$ 与单位长度所构成的面积分中的积分为

$$\int_{S_{i+\frac{1}{2},j+\frac{1}{2}}}\rho\varphi \mathrm{d}x\mathrm{d}y=\frac{h^2}{4}(\rho_{i,j}\varphi_{i,j}+\rho_{i+1,j}\varphi_{i+1,j}+\rho_{i,j+1}\varphi_{i,j+1}+\rho_{i+1,j+1}\varphi_{i+1,j+1})$$

因此，面单元 $S_{i+\frac{1}{2},j+\frac{1}{2}}$ 与纵向单位长度所构成的体积中的能量积分离散化为

$$\begin{aligned}J_{i+\frac{1}{2},j+\frac{1}{2}}=&\frac{\varepsilon}{4}[(\varphi_{i+1,j}-\varphi_{i,j})^2+(\varphi_{i+1,j+1}-\varphi_{i,j+1})^2+(\varphi_{i,j+1}-\varphi_{i,j})^2+(\varphi_{i+1,j+1}-\varphi_{i+1,j})^2]\\&-\frac{h^2}{4}(\rho_{i,j}\varphi_{i,j}+\rho_{i+1,j}\varphi_{i+1,j}+\rho_{i,j+1}\varphi_{i,j+1}+\rho_{i+1,j+1}\varphi_{i+1,j+1})\end{aligned}\tag{3-30}$$

同样对 $q\varphi$ 的线积分也采用梯形公式，得到

$$\begin{cases}J_{M,j+\frac{1}{2}}=-\frac{h}{2}(q_{M,j}\varphi_{M,j}+q_{M,j+1}\varphi_{M,j+1})\varepsilon\\J_{i+\frac{1}{2},N}=-\frac{h}{2}(q_{i,N}\varphi_{i,N}+q_{i+1,N}\varphi_{i+1,N})\varepsilon\end{cases}\tag{3-31}$$

式(3-29)～式(3-31)就是一个变分问题化为多元函数极值的过程，其中要用到的 $\varphi_{0,j}$ 和 $\varphi_{i,0}$，则根据边界条件 $\varphi=\bar{\varphi}$ 取已知值，即为

$$ab:\varphi_{i,0}=\bar{\varphi}_{i,0},\quad i=0,1,\cdots,M$$
$$ac:\varphi_{0,j}=\bar{\varphi}_{0,j},\quad j=0,1,\cdots,N$$

这样，能量积分最终就能离散化为场域上各点位的函数，MN 个未知数 $\varphi_{i,j}(i=1,\cdots,M;j=1,\cdots,N)$ 的二次函数 $J(\varphi_{11},\varphi_{12},\cdots,\varphi_{MN})$。因此，变分问题就化为普通多元函数的极小问题：$J(\varphi_{11},\varphi_{12},\cdots,\varphi_{MN})=\min$。

其极值方程为

$$\frac{\partial J}{\partial\varphi_{i,j}}=0,\quad i=1,\cdots,M,j=1,\cdots,N$$

二次函数微分后成为一次，故这是 MN 个线性代数方程，即将变分问题化为求解代数方程组的问题。

由于求导是对各离散点的位 $\varphi_{i,j}$ 进行的，而在总能量和 J 中，只有几个单元上的能量积分与 $\varphi_{i,j}$ 有关，故只需要考虑有关的几个单元上的能量积分即可。

当 $(i,\ j)$ 为内点，即 $i=1,\cdots,M-1,j=1,\cdots,N-1$ 时，J 中只有与点 $(i,\ j)$ 相邻的 4 个面元上的能量积分才含有未知量 $\varphi_{i,j}$，故求导时只需要考虑它们即可，有

$$\frac{\partial J}{\partial\varphi_{i,j}}=\frac{\partial}{\partial\varphi_{i,j}}\left(J_{i-\frac{1}{2},j-\frac{1}{2}}+J_{i-\frac{1}{2},j+\frac{1}{2}}+J_{i+\frac{1}{2},j-\frac{1}{2}}+J_{i+\frac{1}{2},j+\frac{1}{2}}\right)$$

$$
\begin{aligned}
&=\frac{\varepsilon}{2}(\varphi_{i,j}-\varphi_{i-1,j})+\frac{\varepsilon}{2}(\varphi_{i,j}-\varphi_{i,j-1})-\frac{h^2}{4}\rho_{i,j}\\
&+\frac{\varepsilon}{2}(\varphi_{i,j}-\varphi_{i-1,j})+\frac{\varepsilon}{2}(\varphi_{i,j}-\varphi_{i,j+1})-\frac{h^2}{4}\rho_{i,j}\\
&+\frac{\varepsilon}{2}(\varphi_{i,j}-\varphi_{i+1,j})+\frac{\varepsilon}{2}(\varphi_{i,j}-\varphi_{i,j-1})-\frac{h^2}{4}\rho_{i,j}\\
&+\frac{\varepsilon}{2}(\varphi_{i,j}-\varphi_{i+1,j})+\frac{\varepsilon}{2}(\varphi_{i,j}-\varphi_{i,j+1})-\frac{h^2}{4}\rho_{i,j}=0
\end{aligned}
$$

即

$$
\varepsilon(4\varphi_{i,j}-\varphi_{i-1,j}-\varphi_{i+1,j}-\varphi_{i,j-1}-\varphi_{i,j+1})=h^2\rho_{i,j} \tag{3-32}
$$

对于右边点而非角点，即$i=M, j=1,\cdots,N-1$时，J中只有与点$(M,\ j)$邻接的两个面元项和两个线元项才含有$\varphi_{M,j}$，即

$$
\begin{aligned}
\frac{\partial J}{\partial\varphi_{M,j}}&=\frac{\partial}{\partial\varphi_{M,j}}\left(J_{M-\frac{1}{2},j-\frac{1}{2}}+J_{M-\frac{1}{2},j+\frac{1}{2}}+J_{M,j-\frac{1}{2}}+J_{M,j+\frac{1}{2}}\right)\\
&=\frac{\varepsilon}{2}(\varphi_{M,j}-\varphi_{M-1,j})+\frac{\varepsilon}{2}(\varphi_{M,j}-\varphi_{M,j-1})-\frac{h^2}{4}\rho_{M,j}\\
&+\frac{\varepsilon}{2}(\varphi_{M,j}-\varphi_{M-1,j})+\frac{\varepsilon}{2}(\varphi_{M,j}-\varphi_{M,j+1})-\frac{h^2}{4}\rho_{M,j}\\
&-\left(\frac{h}{2}q_{M,j}+\frac{h}{2}q_{M,j}\right)\varepsilon=0
\end{aligned}
$$

即

$$
\varepsilon(2\varphi_{M,j}-\varphi_{M-1,j}-\frac{1}{2}\varphi_{M,j-1}-\frac{1}{2}\varphi_{M,j+1})=\frac{1}{2}h^2\rho_{M,j}+\varepsilon hq_{M,j},\quad j=1,2,\cdots,N-1 \tag{3-33}
$$

类似地，对于上边点而非角点$(i,\ N)$，得到如下方程

$$
\varepsilon(2\varphi_{i,N}-\frac{1}{2}\varphi_{i-1,N}-\frac{1}{2}\varphi_{i+1,N}-\varphi_{i,N-1})=\frac{1}{2}h^2\rho_{i,N}+\varepsilon hq_{i,N},\quad i=1,2,\cdots,M-1
$$

对于角点$(M,\ N)$，J中只有与$(M,\ N)$邻接的一个面元项和两个线元项才含$\varphi_{M,N}$，即

$$
\begin{aligned}
\frac{\partial J}{\partial\varphi_{M,N}}&=\frac{\partial}{\partial\varphi_{M,N}}\left(J_{M-\frac{1}{2},N-\frac{1}{2}}+J_{M,N-\frac{1}{2}}+J_{M-\frac{1}{2},N}\right)\\
&=\frac{\varepsilon}{2}(\varphi_{M,N}-\varphi_{M-1,N})+\frac{\varepsilon}{2}(\varphi_{M,N}-\varphi_{M,N-1})-\frac{h^2}{4}\rho_{M,N}-\left(\frac{h}{2}q_{M,N}+\frac{h}{2}q_{M,N}\right)\varepsilon=0
\end{aligned}
$$

即

$$
\varepsilon(\varphi_{M,N}-\frac{1}{2}\varphi_{M-1,N}-\frac{1}{2}\varphi_{M,N-1})=\frac{1}{4}h^2\rho_{M,N}+\varepsilon hq_{M,N} \tag{3-34}
$$

从变分原理出发，对能量积分作适当的离散化后，导出一组差分格式。当然，对能量积分可以有不同的离散方案，导致大同小异的差分格式。所得差分方程也可表示为矩

阵形式 $\boldsymbol{A\varphi}=\boldsymbol{B}$。可以证明，系数矩阵 $\boldsymbol{A}$ 是对称正定的。

在变分方法中，一旦能量积分写出后，离散化即按统一的程式进行，对于第二、三类边界条件不需要作任何特殊处理，而自动得到保证，对于介质分界面也是这样(分界面与网格一致时)。

当定解区域的形状和介质分界面的分布很不规则时，上述正方形或矩形格剖分就不尽能适应，而要采用三角形网格等其他剖分形式。这是有限元法更通用的变分离散化方法。

3.4 有限元法求解步骤

通常有限元法的应用步骤如下。

(1)给出与待求边值问题相应的泛函及其等价变分问题。在许多情况下，泛函可由物理定理建立，电磁场中，可根据电磁能量得到。很多都有公式可查了，查不到的，还可用数学变换和古典方法求得边值问题的泛函。

(2)区域离散化或子域划分——应用有限单元剖分场域。把连续的区域分割为有限个单元，这种分割与有限差分法不同。有限差分法使用网格切割，只要求出子区域网格节点上的场值，实际上仍采用点逼近。而有限元法是用简单的子单元逼近的，是积木式的，每个子单元上都用一个简单函数描述。求出的结果则是小单元的平均意义的近似解，求出的简单函数，可以表示小单元上任一点的场值，是一种积分近似。

(3)插值，即选择适当的插值函数，去逼近单元内未知的、真实场的分布，即求出单元的基函数(形状函数)，并构成单元上场量的近似解。

(4)将变分问题离散化为一个多元函数的极值问题，导出一组联立的代数方程，包括：①单元分析，将插值步骤所得的、用基函数表示的单元上场量的近似解代入泛函表达式，对泛函求极值，得到单元上的有限元方程；②总体合成，建立系统的有限元方程，即各单元上的有限元方程综合为全域上的有限元方程；③进行强加边界条件的处理。

(5)选择适当的代数解法，解有限元方程，即可得边值问题的近似解(数值解)。

(6)检验及附加计算。

有限元法分析的具体流程如图 3-3 所示。

3.4.1 场域剖分

在任何有限元分析中，区域离散是第一步，也是最重要的一步，因为区域离散的方式将影响计算机内存需求、计算时间和数值结果的精确度。在这一步骤中，全域被分成许多(有限)小区域(单元)。单元体的形状在原则上是任意的，一般取有规则形体。对于实际上是直线或曲线的一维区域，单元通常是短直线段，它们连接起来组成原来的线域。对于二维区域，单元通常是小三角形或矩形。矩形最适合离散矩形区域，而三角形可用来离散不规则区域。高次的单元用于高次插值，以提高计算精度。在三维求解中，区域可划分成四面体、三棱柱或立方体，其中四面体是最简单、最适合离散任意体积区域的单元。线性单元、三角形单元及四面体单元是用直线段和平面及平面块建立曲线、面元和立体模型的基本一维、二维和三维单元，如图 3-4 和图 3-5 所示。

待求边值问题的等价变分问题

任务	离散化
方式	场域或物体分为有限个子域，如三角形、四边形、四面体、六面体等
内容	单元数量、大小、排列

任务	选择插值函数
方式	选择插值函数的类型，如多项式，用节点 (图形顶点) 的场值求取子域中各点的场的近似值。一般用多项式，次数与节点数有关
内容	插值函数、形式、次数

任务	建立单元特征式
方式	推导单元系数矩阵取决于插值函数、单元几何形状、单元材质及相应的变分问题
内容	找到对应的变分问题，将已知插值函数进行微分、积分运算。整理出单元形函数，单元系数矩阵

任务	建立系统有限元
方式	把单元特征式采用简单处理方法加以合并，然后表示出整域上的线性方程组，节点互联处的场值相同，一般此过程由计算机自动完成
内容	有限元方程

任务	求解有限元方程
方式	考虑边界条件并修改上一步得到的方程，采用适当的方法求解线性方程组，求得节点处未知场的数值。再通过插值函数求域中任一点的值
内容	任一点的场值

检验

任务	附加计算
方式	由场值求取其他关心的重要参数，如电荷分布、电流分布、电压分布等。可由相应的物理规律，经离散化处理后，得到各单元的相应表达式
内容	关心的其他物理量的值

图 3-3 有限元法分析的具体流程

1. 划分单元的基本原则

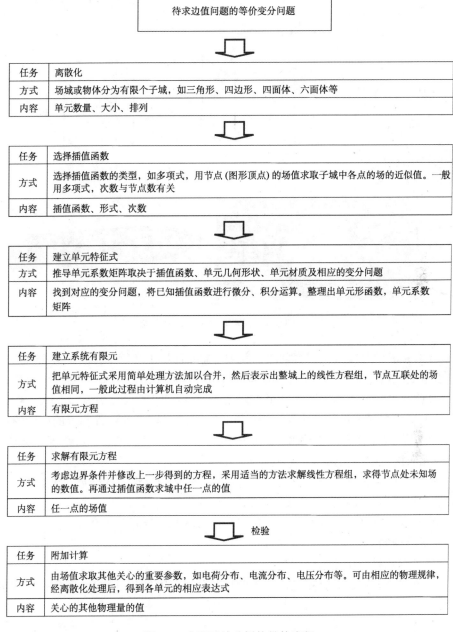

区间划分总的原则为，在满足精度要求的前提下，尽量减少剖分单元数目以节省存

储量和计算时间。一般切分原则如下。

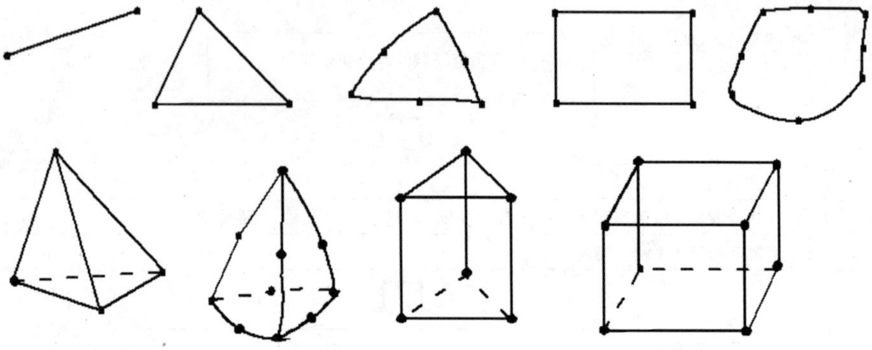

图 3-4　基本有限元单元类型

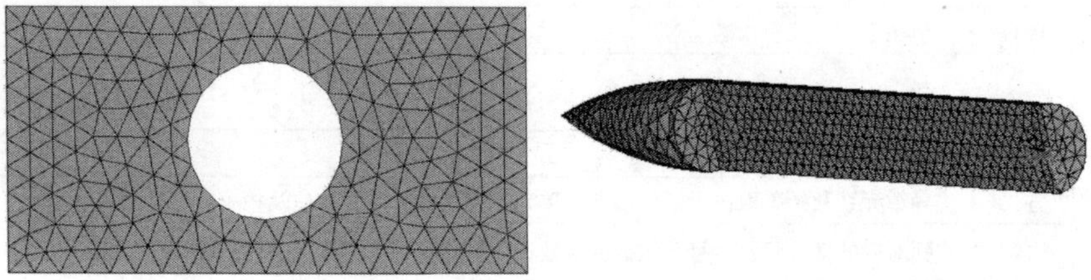

图 3-5　有限元离散化求解场域

(1) 单元的切分要根据研究问题的需要。需要详尽了解的部位要切分得细小，其他部位可以粗糙一些，几何形状变化剧烈的地方电磁场变化也大，单元要细小一些。

(2) 单元形状是影响精度的一个重要因素，单元的长、宽、高的比例要适中，一般单元的最大尺寸与最小尺寸之比不应超过 3∶1，并要尽可能使条件相近的单元的尺寸相等。可以证明，有限元解的误差反比于最小内角的正弦，所以，窄形单元能增大误差。因此，所有单元应接近等边三角形。

(3) 当有曲线边界和复杂形状边界时，需要把复杂形状用标准形状来逼近，相当于对研究的区域采用更高阶逼近，如等参数单元。

(4) 节点、分割线或分割面应设置在几何形状和介质形状发生突变处。

注意事项如下。

(1) 各单元只能在顶点处相交；

(2) 不同单元在边界处相连，既不能相互分离又不能相互重叠，如图 3-6 所示。

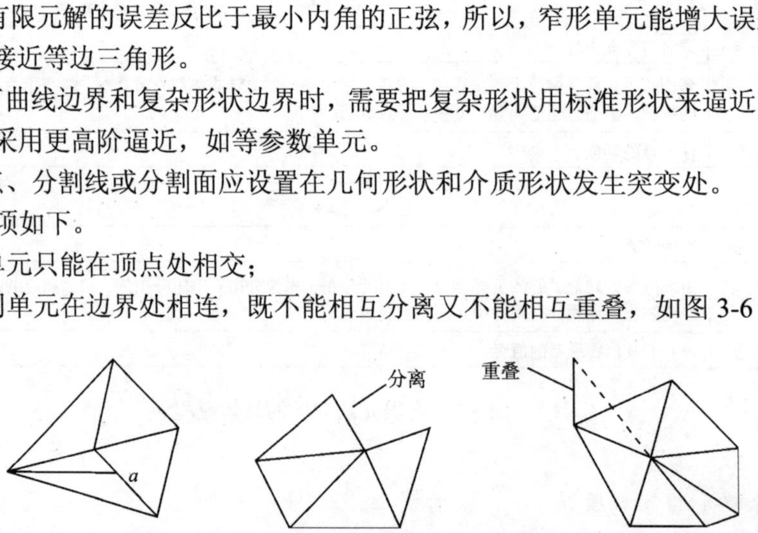

图 3-6　单元分割场域的错误示意图

2. 单元、节点编号

为了识别每个单元，我们可以用一组整数给单元编号；对单元的编号没有特殊要求，只要方便即可。一般按内部单元、第一类、第二类边界条件单元的顺序进行。同样，为了识别单元顶点处的节点，可以用另一组整数给节点编号。各单元节点编号顺序应该一致，一律按逆时针方向，以保证计算出来的单元面积是正值。因为每个单元与多个节点有关(如 3 个节点)，所以，一个节点除了它在整个系统中的位置外，它还有在相应单元中的位置，这种位置也用整数编号，称为局部编号(每个单元的局部编号都可用 i、j、m 表示，逆时针方向)。全局编号表示节点在整个系统中的位置。为了将这 3 种编号(全局节点编号、局部节点编号和单元编号)联系起来，我们引入 $3\times M$ 的整型数组，用 $n(i,e)$ 表示，其中 $i=1,2,3$，而 $e=1,2,3,\cdots,M$，M 表示单元总数。在联系数值 $n(i,e)$ 中，i 是节点的局部编号，e 是单元编号，$n(i,e)$ 的值是节点全局编号(便于编程)。显然，这种整型数组包含了与单元和节点编码有关的所有信息。为了更清楚地说明这个数组，我们来看图 3-7 所示的例子。

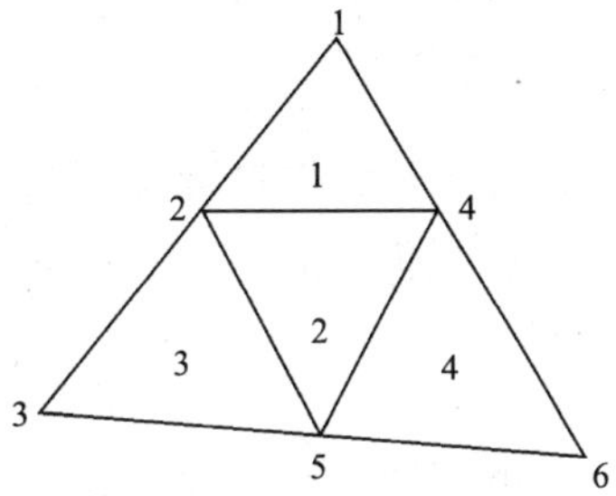

图 3-7 二维区域的划分

在这个例子中，总共有 4 个单元和 6 个节点。数组 $n(i,e)$ 可写成如表 3-2 所示的形式。

表 3-2 数组 $n(i,e)$ 连接起单元-节点

e	$n(1,e)$	$n(2,e)$	$n(3,e)$
1	2	4	1
2	5	4	2
3	3	5	2
4	5	6	4

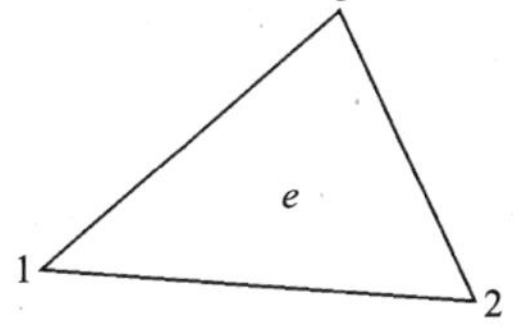

图 3-8 线性三角形单元

显然这种编号方式不是唯一的。例如，我们也可将第一个单元的 3 个节点编成 4、1、2 或 1、2、4，只要它们是按逆时针方向即可，从而保证它们与图 3-8 所示的局部编号一致。

3.4.2 单元插值与插值函数

有限元分析的第二步是选择能近似表达一个单元中未知解的插值函数。插值就是用一个简单函数去近似代替真实函数，二者在某些积分点上具有相同的函数值甚至直到某阶导数值。这种简单函数，称为插值函数。通常，插值函数可选择为一阶(线性)、二阶(二次)或高阶多项式。尽管高阶多项式的精度较高，但通常得到的公式也比较复杂。因此，简单且基本的线性插值仍被广泛采用。一旦选定了多项式的阶数，我们就能导出一个单元中未知解的表达式。以 e 单元

为例，得到下列形式

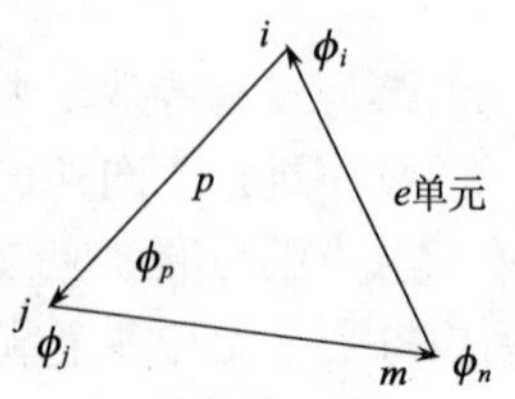

图 3-9　求取插值函数的三角形单元

$$\phi^e = \sum_{i=1}^{n} \alpha_i W_i(p), \quad e = 1,2,\cdots,m \tag{3-35}$$

式中，n 是单元中的节点数，如图 3-9 所示，e 中单元为三角形，所以 $n=3$；$\alpha_1,\alpha_2,\cdots,\alpha_n$ 为待定系数；p 是单元上的任一点；W_i 是 p 点的插值函数(也称为展开函数或基函数)，由问题决定，通常代表了有限单元上用来逼近待求场分布的近似规律。W_i 的最高阶被称为单元的阶。例如，若 W_i 是线性函数，则单元 e 是线性单元。W_i 的重要特征是：它们只有在单元 e 内才不为零，而在单元 e 外均为零。通常各单元都采用同一种插值函数。有了插值函数，单元节点上的电位就可以表示为插值函数决定的方程式

$$\begin{cases} \phi_1^e = \sum\limits_{i=1}^{n} \alpha_i W_i(p_1) \\ \phi_2^e = \sum\limits_{i=1}^{n} \alpha_i W_i(p_2) \\ \quad\vdots \\ \phi_n^e = \sum\limits_{i=1}^{n} \alpha_i W_i(p_n) \end{cases} \tag{3-36}$$

基函数与单元的形状尺寸有关，故又称为形状函数。不同形状的单元具有不同的形状函数。如果用线性三角形单元，那么，单元节点上的电位可以表达为

$$\phi^e(x,y) = \alpha_1^e + \alpha_2^e x + \alpha_3^e y \tag{3-37}$$

式中，α_1^e、α_2^e、α_3^e 是待定的常系数；e 是单元编号。线性三角形单元在三角形的顶点上有 3 个节点，如图 3-7 所示。按逆时针方向用 i、j、m 为这 3 个节点编号，并用 ϕ_i^e、ϕ_j^e、ϕ_m^e 分别表示相应的 ϕ 值。在这 3 个节点上应用式(3-36)，得到

$$\begin{cases} \phi_i^e = \alpha_1^e + \alpha_2^e x_i + \alpha_3^e y_i \\ \phi_j^e = \alpha_1^e + \alpha_2^e x_j + \alpha_3^e y_j \\ \phi_m^e = \alpha_1^e + \alpha_2^e x_m + \alpha_3^e y_m \end{cases} \tag{3-38}$$

三角形单元节点数与插值函数的待定系数的个数相等。在此过程中假定了单元剖分得足够小，以致可将其上的场量看成不变的。求解式(3-38)得

$$\begin{cases} \alpha_1 = (a_i\phi_i^e + a_j\phi_j^e + a_m\phi_m^e)/(2\Delta) \\ \alpha_2 = (b_i\phi_i^e + b_j\phi_j^e + b_m\phi_m^e)/(2\Delta) \\ \alpha_3 = (c_i\phi_i^e + c_j\phi_j^e + c_m\phi_m^e)/(2\Delta) \end{cases} \tag{3-39}$$

式中，$a_i = x_j y_m - x_m y_j$；$b_i = y_j - y_m$；$c_i = x_m - x_j$。

三角元面积

$$\varDelta=\frac{1}{2}\begin{vmatrix}1 & x_i & y_i\\1 & x_j & y_j\\1 & x_m & y_m\end{vmatrix}=\frac{1}{2}(b_ic_j-b_jc_i) \tag{3-40}$$

而 $a_j,b_j,c_j,\cdots,c_m$ 各系数可按 i、j、m 的下标顺序置换而得。于是可得定义于三角元 e 上的线性插值函数

$$\begin{aligned}\phi^e(x,y)&=\frac{1}{2\varDelta}[(a_i+b_ix+c_iy)\phi_i^e+(a_j+b_jx+c_jy)\phi_j^e+(a_m+b_mx+c_my)\phi_m^e]\\&=\sum_{i,j,m}\phi_s^eN_s^e(x,y)\end{aligned} \tag{3-41}$$

式中，$N_s^e(x,y)$ 称为三角元 e 上的线性插值基函数(或称形状函数)。它取决于单元的形状及其相应节点的配置，记为

$$N_s^e(x,y)=\frac{1}{2\varDelta}(a_s+b_sx+c_sy),\quad s=i,j,m \tag{3-42}$$

由此，式(3-41)以矩阵形式写为

$$\phi^e(x,y)=\begin{bmatrix}N_i^e, & N_j^e, & N_m^e\end{bmatrix}\begin{bmatrix}\phi_i^e\\\phi_j^e\\\phi_m^e\end{bmatrix}=\boldsymbol{N}_e\boldsymbol{\phi}_e \tag{3-43}$$

$N_s^e(s=i,j,m)$ 的几何意义可由图 3-10 来说明。图中所示的三角形面积由式(3-40)给出。设 $Q(x,y)$ 为该三角元中任意一点。

$$\begin{aligned}N_i^e(x,y)&=\frac{1}{2\varDelta}(a_i+b_ix+c_iy)=\frac{\left[\begin{vmatrix}x_j & y_j\\x_m & y_m\end{vmatrix}-x\begin{vmatrix}1 & y_j\\1 & y_m\end{vmatrix}+y\begin{vmatrix}1 & x_j\\1 & x_m\end{vmatrix}\right]}{2\varDelta}\\&=\frac{\begin{vmatrix}1 & x & y\\1 & x_j & y_j\\1 & x_m & y_m\end{vmatrix}}{2\varDelta}=\frac{2\varDelta_{jm}}{2\varDelta}=\frac{\varDelta_{jm}}{\varDelta}\end{aligned} \tag{3-44}$$

式中，$\varDelta_{jm}$ 为以 $Q(x,y)$ 为一个顶点，jm 为对边的三角形面积。所以形状函数 $N_i^e(x,y)$ 表示以 $Q(x,y)$ 为一个顶点，jm 为对边的三角形面积与三角形单元面积之比。类似地，可以得出 N_j^e 和 N_m^e 的几何解释。换句话说，可以用上述面积之比来确定三角元中任一点的位置，所以又称形状函数 N_i^e、N_j^e、N_m^e 为三节点三角元的面积坐标。

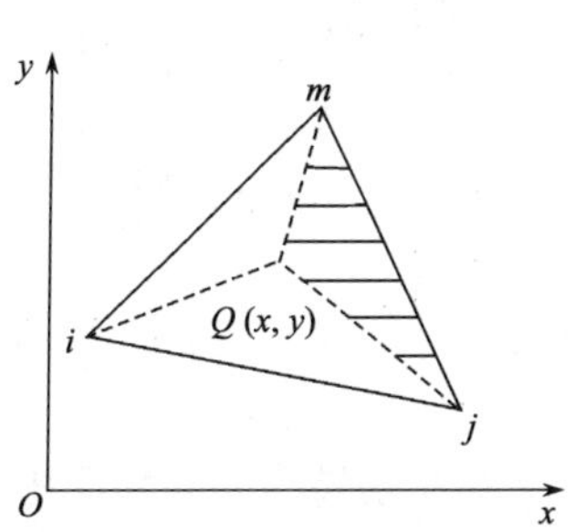

图 3-10　$N_s^e(s=i,j,m)$ 的几何意义

由此可以看出形状函数有以下性质：

$$
N_i^e(x,y)+N_j^e(x,y)+N_m^e(x,y)\equiv 1
$$

$$
N_i^e(x_j,y_j)=\delta_{ij}=\begin{cases}1, & i=j\\ 0, & i\neq j\end{cases} \tag{3-45}
$$

形状函数的上述性质很重要，它是构造形状函数的依据。对于确定剖分的点，其形状函数为已知值。形状函数的另一重要性质是：观察点(x,y)位于第j个节点的对边上时，$N_j^e(x,y)$为零。所以，一个单元边的ϕ^e值与其相对节点处的ϕ值无关，它是由该边两端点处的ϕ值确定的。这一重要性质保证了单元两侧解的连续性。

由于相关的三角元的公共边及公共节点上的函数取值相同，故可以将每个三角元上构造的线性插值函数$\phi^e(x,y)$进行拼合，使整个场域用拼合的分片线性插值函数描述。显然，它取决于待求函数在各个节点上的值ϕ_1, ϕ_2, …, ϕ_n（n为总节点数），即有限元子空间中所构造的近似解。

3.4.3　有限元方程的建立

本节具体介绍拉普拉斯方程和泊松方程在齐次和非齐次边界条件下、用三节点的三角形单元进行剖分，单元分析到总体合成、最终得到总体有限元方程的具体过程。

1. 齐次边界条件下拉普拉斯方程的有限元方程

静电场的边值问题可由下式描述

$$
\begin{cases}\nabla^2\phi=0, & \text{场域内}\\ \left.\dfrac{\partial\phi}{\partial n}\right|_{L_2}=0 \\ \left.\phi\right|_{L_1}=f_0(x,y)\end{cases}
$$

其中的自然边界条件是齐次的。由前面的讨论可知，该问题为条件变分问题，$\rho=0$且在边界L_1处为强加边界条件。对于二维直角坐标系，有

$$
\begin{cases}F(\phi)=\displaystyle\int_S\frac{\varepsilon}{2}\left[\left(\frac{\partial\phi}{\partial x}\right)^2+\left(\frac{\partial\phi}{\partial y}\right)^2\right]\mathrm{d}x\mathrm{d}y=\min\\ \left.\phi\right|_{L_1}=f_0(x,y)\end{cases}
$$

用三角形剖分，得到E个单元，N个节点，每个单元上的能量泛函为

$$
F_e(\phi)=\int_{S_e}\frac{\varepsilon}{2}\left[\left(\frac{\partial\phi}{\partial x}\right)^2+\left(\frac{\partial\phi}{\partial y}\right)^2\right]\mathrm{d}x\mathrm{d}y \tag{3-46}
$$

整个场域上的能量泛函，由场域上所有单元的泛函$F_e(\phi)$求和得到，即

$$
F(\phi)=\sum_{e=1}^{E}\int_{S_e}\frac{\varepsilon}{2}\left[\left(\frac{\partial\phi}{\partial x}\right)^2+\left(\frac{\partial\phi}{\partial y}\right)^2\right]\mathrm{d}x\mathrm{d}y=\sum_{e=1}^{E}F_e(\phi)
$$

根据式(3-41)，用单元的形状函数表示单元上场量的近似解：

$$\phi^e(x,y)=N_i^e\phi_i^e+N_j^e\phi_j^e+N_m^e\phi_m^e$$

$$\phi^e(x,y)=\begin{bmatrix}N_i^e, & N_j^e, & N_m^e\end{bmatrix}\begin{bmatrix}\phi_i^e\\ \phi_j^e\\ \phi_m^e\end{bmatrix}=\boldsymbol{N}_e\boldsymbol{\phi}_e \tag{3-47}$$

$$N_s^e(x,y)=\frac{1}{2\varDelta}(a_s+b_sx+c_sy),\quad s=i,j,m \tag{3-48}$$

下面开始单元分析，即把用形状函数组成的单元上的近似解即式(3-47)代入单元上泛函的表达式(3-46)，将变分问题转化为有限元子空间的多元函数的极值问题来处理。

分别对式(3-47)的x、y求导，得

$$\begin{cases}\dfrac{\partial\phi^e}{\partial x}\approx\begin{bmatrix}\dfrac{\partial N_i^e}{\partial x}, & \dfrac{\partial N_j^e}{\partial x}, & \dfrac{\partial N_m^e}{\partial x}\end{bmatrix}\begin{bmatrix}\phi_i^e\\ \phi_j^e\\ \phi_m^e\end{bmatrix}=\begin{bmatrix}\dfrac{\partial N}{\partial x}\end{bmatrix}_e\boldsymbol{\phi}_e\\ \dfrac{\partial\phi^e}{\partial y}\approx\begin{bmatrix}\dfrac{\partial N_i^e}{\partial y}, & \dfrac{\partial N_j^e}{\partial y}, & \dfrac{\partial N_m^e}{\partial y}\end{bmatrix}\begin{bmatrix}\phi_i^e\\ \phi_j^e\\ \phi_m^e\end{bmatrix}=\begin{bmatrix}\dfrac{\partial N}{\partial y}\end{bmatrix}_e\boldsymbol{\phi}_e\end{cases}$$

再将三角形单元的形状函数式(3-48)代入上式，得

$$\begin{cases}\dfrac{\partial\phi^e}{\partial x}\approx\dfrac{1}{2\varDelta}\begin{bmatrix}b_i, & b_j, & b_m\end{bmatrix}\begin{bmatrix}\phi_i^e\\ \phi_j^e\\ \phi_m^e\end{bmatrix}\\ \dfrac{\partial\phi^e}{\partial y}\approx\dfrac{1}{2\varDelta}\begin{bmatrix}c_i, & c_j, & c_m\end{bmatrix}\begin{bmatrix}\phi_i^e\\ \phi_j^e\\ \phi_m^e\end{bmatrix}\end{cases}$$

于是有

$$\left(\frac{\partial\phi}{\partial x}\right)^2+\left(\frac{\partial\phi}{\partial y}\right)^2=\begin{bmatrix}\dfrac{\partial\phi}{\partial x}, & \dfrac{\partial\phi}{\partial y}\end{bmatrix}\begin{bmatrix}\dfrac{\partial\phi}{\partial x}\\ \dfrac{\partial\phi}{\partial y}\end{bmatrix}=\nabla\boldsymbol{\phi}^{\mathrm{T}}\nabla\boldsymbol{\phi}$$

式中，$\nabla\boldsymbol{\phi}=\begin{bmatrix}\dfrac{\partial\phi}{\partial x}\\ \dfrac{\partial\phi}{\partial y}\end{bmatrix}\approx\dfrac{1}{2\varDelta}\begin{bmatrix}b_i & b_j & b_m\\ c_i & c_j & c_m\end{bmatrix}\begin{bmatrix}\phi_i^e\\ \phi_j^e\\ \phi_m^e\end{bmatrix}=\boldsymbol{S}_e\boldsymbol{\phi}_e$，$\boldsymbol{S}_e=\dfrac{1}{2\varDelta}\begin{bmatrix}b_i & b_j & b_m\\ c_i & c_j & c_m\end{bmatrix}$；$\nabla\boldsymbol{\phi}^{\mathrm{T}}=(\boldsymbol{S}_e\boldsymbol{\phi}_e)^{\mathrm{T}}$。

故

$$\left(\frac{\partial\phi}{\partial x}\right)^2+\left(\frac{\partial\phi}{\partial y}\right)^2=(\boldsymbol{S}_e\boldsymbol{\phi}_e)^{\mathrm{T}}(\boldsymbol{S}_e\boldsymbol{\phi}_e) \tag{3-49}$$

显然，式中的 $\boldsymbol{S}_e$ 和 $\boldsymbol{\phi}_e$ 不是坐标 x 和 y 的函数，而是单元上的节点位置(已知数值)及其场量的函数。将式(3-49)代入单元上的泛函表达式(3-46)，得到

$$\begin{aligned}F_e(\phi)&=\int_{S_e}\frac{\varepsilon}{2}\nabla\boldsymbol{\phi}^{\mathrm{T}}\nabla\boldsymbol{\phi}\mathrm{d}x\mathrm{d}y\approx\frac{1}{2}\int_{S_e}\varepsilon(\boldsymbol{S}_e\boldsymbol{\phi}_e)^{\mathrm{T}}(\boldsymbol{S}_e\boldsymbol{\phi}_e)\mathrm{d}x\mathrm{d}y\\&=\frac{1}{2}\boldsymbol{\phi}_e{}^{\mathrm{T}}(\int_{S_e}\varepsilon\boldsymbol{S}_e{}^{\mathrm{T}}\boldsymbol{S}_e)\mathrm{d}x\mathrm{d}y\boldsymbol{\phi}_e=\frac{1}{2}\boldsymbol{\phi}_e{}^{\mathrm{T}}\boldsymbol{K}_e\boldsymbol{\phi}_e\end{aligned}\tag{3-50}$$

式中，$\boldsymbol{K}_e=\int_{S_e}\varepsilon\boldsymbol{S}_e{}^{\mathrm{T}}\boldsymbol{S}_e\mathrm{d}x\mathrm{d}y$ 为单元的系数矩阵，它只与剖分有关，而非 x 和 y 的函数，故式(3-50)又写作

$$\begin{aligned}\boldsymbol{K}_e&=\varepsilon\boldsymbol{S}_e{}^{\mathrm{T}}\boldsymbol{S}_e\int_{S_e}\mathrm{d}x\mathrm{d}y=\frac{\varepsilon}{4\varDelta^2}\begin{bmatrix}b_i & c_i\\ b_j & c_j\\ b_m & c_m\end{bmatrix}\begin{bmatrix}b_i & b_j & b_m\\ c_i & c_j & c_m\end{bmatrix}\varDelta\\&=\frac{\varepsilon}{4\varDelta}\begin{bmatrix}b_i{}^2+c_i{}^2 & b_ib_j+c_ic_j & b_ib_m+c_ic_m\\ b_jb_i+c_jc_i & b_j{}^2+c_j{}^2 & b_jb_m+c_jc_m\\ b_mb_i+c_mc_i & b_mb_j+c_mc_j & b_m{}^2+c_m{}^2\end{bmatrix}\\&=\begin{bmatrix}K_{ii}^e & K_{ij}^e & K_{im}^e\\ K_{ji}^e & K_{jj}^e & K_{jm}^e\\ K_{mi}^e & K_{mj}^e & K_{mm}^e\end{bmatrix}\end{aligned}\tag{3-51}$$

可见，单元系数矩阵为三阶方阵，有 9 个元素，各元素的下标由该单元上节点的总体编号来确定。显然，矩阵元素的下标按该单元节点局部编号 i、j、m 所对应的总体编号顺序变化。元素的一般项可以表示为

$$K_{rl}^e=K_{lr}^e=\frac{\varepsilon}{4\varDelta}(b_rb_l+c_rc_l),\quad r,l=i,j,m\tag{3-52}$$

单元上的能量泛函式(3-50)又写作

$$\begin{aligned}F_e(\phi)&\approx\frac{1}{2}\boldsymbol{\phi}_e{}^{\mathrm{T}}\boldsymbol{K}_e\boldsymbol{\phi}_e\\&=\frac{1}{2}[(K_{ii}^e\phi_i^e+K_{ij}^e\phi_j^e+K_{im}^e\phi_m^e)\phi_i^e+(K_{ji}^e\phi_i^e+K_{jj}^e\phi_j^e+K_{jm}^e\phi_m^e)\phi_j^e+(K_{mi}^e\phi_i^e+K_{mj}^e\phi_j^e+K_{mm}^e\phi_m^e)\phi_m^e]\\&=\frac{1}{2}\sum_{r=i,j,m}\sum_{l=i,j,m}K_{rl}^e\phi_r^e\phi_l^e\end{aligned}$$

可见，单元的能量泛函被离散为该单元上各节点场值 ϕ 的普通二次多元函数，从而符合变分问题(泛函的极值问题)化为普通多元函数的极值问题的条件。要求普通多元函数的极值，就是使其一阶导数为零，便可得到单元上的有限元方程。不过这里的处理过程是先集合场域各单元的能量泛函(这里实为多元函数)，再求导，得到总体有限元方程，这就是下面要介绍的总体合成。

由于整个场域为其上各单元的集合体，因此把交汇于同一节点的单元泛函方程进行综合(叠加)，便可求得整个场域泛函的联立方程。叠加时，所有与同一节点相关的单元，在该节点处具有相同的场量。

$$F(\phi) \approx \sum_{e=1}^{E} F_e(\phi) = \frac{1}{2}\sum_{i=1}^{N}\sum_{j=1}^{N} K_{ij}\phi_i\phi_j = \frac{1}{2}\boldsymbol{\phi}^{\mathrm{T}}\boldsymbol{K}\boldsymbol{\phi} \tag{3-53}$$

显然，式(3-53)为场域上所有节点的场值的函数。式中，$i, j = 1,2,\cdots,N$ 为单元节点的总体编号；$\boldsymbol{K}$ 为总体系数矩阵，是 N 阶方阵，由各单元的系数矩阵综合得到。由于各单元系数矩阵是对称矩阵，故总体系数矩阵 $\boldsymbol{K}$ 也是对称矩阵 $\boldsymbol{K} = \sum_{e=1}^{E} \boldsymbol{K}_e$ 。

各元素分别为

$$K_{ij} = \sum_{e=1}^{E} K_{ij}^{e}, \quad i, j = 1,2,\cdots,N$$

组合时，按照矩阵运算规则，将各单元系数矩阵扩展为 $N \times N$ 阶方阵，直接相加。具体过程通过后面例子便更清楚。

$\boldsymbol{\phi}$ 是由 N 个节点场值组成的列矩阵 $\boldsymbol{\phi} = \begin{bmatrix} \phi_1 \\ \phi_2 \\ \vdots \\ \phi_N \end{bmatrix}$。

根据多元函数表达式(3-53)求关于 $\phi_i (i = 1,2,\cdots,\phi_N)$ 的一阶导数，并令

$$\frac{\partial F(\phi)}{\partial \phi_i} = 0, \quad i = 1,2,\cdots,N$$

可得

$$\sum_{j=1}^{N} K_{ij}\phi_j = 0, \quad i = 1,2,\cdots,N \tag{3-54}$$

其矩阵形式为

$$\boldsymbol{K}\boldsymbol{\phi} = 0 \tag{3-55}$$

式(3-54)或式(3-55)便是我们最终要求的齐次自然边界条件下拉普拉斯方程的有限元方程。在考虑强加边界条件后，得到

$$\begin{cases} \boldsymbol{K}\boldsymbol{\phi} = 0 \\ \phi\big|_{L_1} = f_0(x, y) \end{cases}$$

通过下面的例子，我们能更清楚地理解有限元的单元和总体系数矩阵与单元节点的总体编号间的关系，以及如何由单元矩阵组合成总体矩阵的方法。

如图 3-11 所示的二维场，场域满足 $\nabla^2\phi = 0$ ，边界条件为

$$\begin{cases} \phi = \phi_0, & \text{在}\overline{12}\text{边上} \\ \phi = 0, & \text{在}\overline{56}\text{边上} \\ \dfrac{\partial \phi}{\partial n} = 0, & \text{在}\overline{15},\ \overline{26}\text{边上} \end{cases}$$

求该问题的有限元方程系数矩阵。

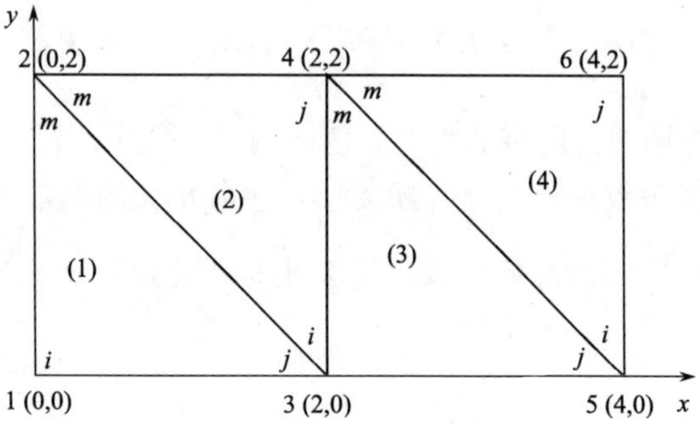

图 3-11　二维场域剖分示意图

解　该拉氏边值问题的边界条件在$\overline{12}$、$\overline{56}$边上为强加边界条件，在$\overline{15}$、$\overline{26}$边上为齐次自然边界条件。用三角形单元剖分场域后有 4 个单元、6 个节点。编号如图 3-11 所示。单元节点的局部编号用i、j、m顺序、按逆时针方向进行，单元节点的总体编号沿窄边进行。根据式(3-51)和式(3-52)，我们可以先求出各单元系数矩阵$\boldsymbol{K}_e$、再综合各单元的$\boldsymbol{K}_e$求出总体系数矩阵$\boldsymbol{K}$。

各单元编号、各节点的局部、总体编号以及各节点的坐标间的关系如表 3-3 和表 3-4 所示。

表 3-3　单元、节点编号

节点总体编号 / 单元号 / 节点局部编号	①	②	③	④
i	1	3	3	5
j	3	4	5	6
m	2	2	4	4

表 3-4　节点的几何坐标

节点总体编号	1	2	3	4	5	6
x	0	0	2	2	4	4
y	0	2	0	2	0	2

为了便于综合，这里的单元矩阵元素的下标一律按i、j、m对应的节点总体编号顺序变化。对于单元①~④，其系数矩阵分别为$\boldsymbol{K}_1=\begin{bmatrix}K_{11}^1 & K_{13}^1 & K_{12}^1\\ K_{31}^1 & K_{33}^1 & K_{32}^1\\ K_{21}^1 & K_{23}^1 & K_{22}^1\end{bmatrix}$，$\boldsymbol{K}_2=\begin{bmatrix}K_{33}^2 & K_{34}^2 & K_{32}^2\\ K_{43}^2 & K_{44}^2 & K_{42}^2\\ K_{23}^2 & K_{24}^2 & K_{22}^2\end{bmatrix}$，

$$\boldsymbol{K}_3=\begin{bmatrix}K_{33}^3 & K_{35}^3 & K_{34}^3\\ K_{53}^3 & K_{55}^3 & K_{54}^3\\ K_{43}^3 & K_{45}^3 & K_{44}^3\end{bmatrix},\quad \boldsymbol{K}_4=\begin{bmatrix}K_{55}^4 & K_{56}^4 & K_{54}^4\\ K_{65}^4 & K_{66}^4 & K_{64}^4\\ K_{45}^4 & K_{46}^4 & K_{44}^4\end{bmatrix}。$$

将上述各单元系数矩阵扩展成$N\times N$阶，此处是6×6阶方阵，再按矩阵相加的规则直接相加，也就是具有相同下标的元素相加，即可得到总体系数矩阵

$$\boldsymbol{K}=\begin{bmatrix}K_{11}^1 & K_{12}^1 & K_{13}^1 & 0 & 0 & 0\\ K_{21}^1 & K_{22}^1+K_{22}^2 & K_{23}^1+K_{23}^2 & K_{24}^2 & 0 & 0\\ K_{31}^1 & K_{32}^1+K_{32}^2 & K_{33}^1+K_{33}^2+K_{33}^3 & K_{34}^2+K_{34}^3 & K_{35}^3 & 0\\ 0 & K_{42}^2 & K_{43}^2+K_{43}^3 & K_{44}^2+K_{44}^3+K_{44}^4 & K_{45}^3+K_{45}^4 & K_{46}^4\\ 0 & 0 & K_{53}^3 & K_{54}^3+K_{54}^4 & K_{55}^3+K_{55}^4 & K_{56}^4\\ 0 & 0 & 0 & K_{64}^4 & K_{65}^4 & K_{66}^4\end{bmatrix}$$

从总体系数矩阵的各元素的组成，可以看出其具有以下规律：

(1)对对角元素K_{ii}有贡献的只有以i为共同顶点的单元$K_{ii}=\sum\limits_{\substack{\text{以}i\text{为顶点}\\ \text{的单元}}}K_{ii}^e$；

(2)对非对角元素K_{ij}有贡献的只有以$\overline{ij}$为公共边的单元$K_{ij}=\sum\limits_{\substack{\text{以}ij\text{为公共}\\ \text{边的单元}}}K_{ij}^e$（若两顶点$i$、$j$之间连线由两个三角元共有，则总能量的表示式为两项之和，若ij连线只由一个三角元独有，则总能量的表示式只有一项）；

(3)零元素由不在一个单元、不相干的节点产生。

然后计算单元和总体系数矩阵元素。(这个工作实际上是由计算机完成的)。本例中设$\varepsilon=2$(法/米)，三角形单元的面积为$\varDelta=\dfrac{1}{2}\begin{vmatrix}1 & x_i & y_i\\ 1 & x_j & y_j\\ 1 & x_m & y_m\end{vmatrix}=2$，$\dfrac{\varepsilon}{4\varDelta}=\dfrac{1}{4}$。于是 1 单元的矩阵元素为

$$\begin{cases}b_i=y_j-y_m=-2\\ b_j=y_m-y_i=2\\ b_m=y_i-y_j=0\end{cases},\qquad \begin{cases}c_i=x_m-x_j=-2\\ c_j=x_i-x_m=0\\ c_m=x_j-x_i=2\end{cases}$$

由$K_{rl}^e+K_{lr}^e=\dfrac{\varepsilon}{4\varDelta}(b_rb_l+c_rc_l)\ (r,l=i,j,m)$得各单元的系数矩阵元素，如

$$K_{12}^1=K_{21}^1=\frac{\varepsilon}{4\varDelta}(b_1b_2+c_1c_2)=\frac{1}{4}(-2\times 2+-2\times 0)=-1$$

$$K_{33}^1=\frac{\varepsilon}{4\varDelta}(b_3^2+c_3^2)=1$$

最后得总体有限元方程的系数矩阵为

$$
\boldsymbol{K}=\begin{bmatrix}
2 & -1 & -1 & 0 & 0 & 0 \\
-1 & 2 & 0 & -1 & 0 & 0 \\
-1 & 0 & 4 & -2 & -1 & 0 \\
0 & -1 & -2 & 4 & 0 & -1 \\
0 & 0 & -1 & 0 & 2 & -1 \\
0 & 0 & 0 & -1 & -1 & 2
\end{bmatrix}
$$

可以看出其特点：①$\boldsymbol{K}$ 是对称阵(不一定要几何对称)；②主对角线元素占优，$\boldsymbol{K}$ 是正定的；③$\boldsymbol{K}$ 是一个带状稀疏阵。

用有限元法所得线性方程组的系数矩阵仍是稀疏、对称的带状矩阵，如图 3-12 所示。其中阴影部分表示 $N\times N$ 阶矩阵的带内部分，B 为矩阵的最大半带宽度加 1(我们把带状矩阵一行中从第一个非零元素起，到该行主对角元素止(不包含主对角元)的元素个数(包括其间的零元素)称为矩阵该行的半带宽，后面用 MD 来表示)。显然，各行的半带宽是不等的。在存储系数矩阵时考虑到系数矩阵的对称性，可以只存储该矩阵的上或下三角部分。另外，还可以只存带内元素，如只存 $N\times B$ 部分。显然 B 是决定系数矩阵占用内存的重要因素之一，而 B 又取决于离主对角线最远的元素，即场域上单元任意两个节点总体编号的最大差值 D，对于标量场，$B=D+1$。为了减小 B，就必须尽量减小各单元节点总体编号的最大差值 D。下面具体说明。

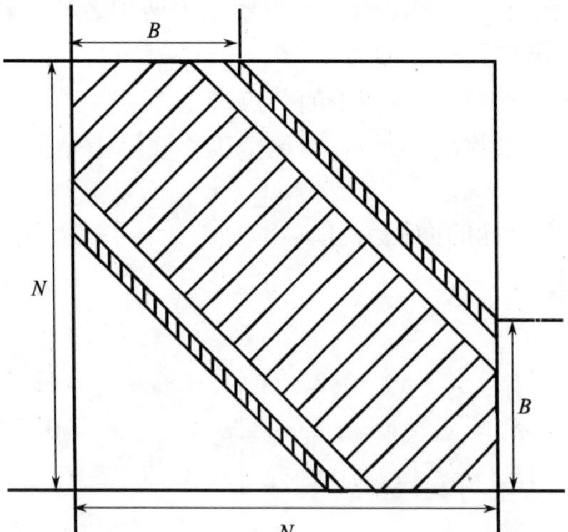

图 3-12　半带宽示意图

我们知道，用三角形单元剖分时，其单元系数矩阵为

$$
\boldsymbol{K}_e=\begin{bmatrix}
K_{ii}^e & K_{ij}^e & K_{im}^e \\
K_{ji}^e & K_{jj}^e & K_{jm}^e \\
K_{mi}^e & K_{mj}^e & K_{mm}^e
\end{bmatrix}
$$

它在总体有限元方程 $N\times N$ 阶系数矩阵中所占的位置为

$$
\boldsymbol{K}=\begin{bmatrix}
\cdots\cdots\cdots\cdots\cdots\cdots\cdots\cdots\cdots\cdots\cdots\cdots & \\
\cdots\cdots K_{ii}^{e}\cdots\cdots K_{ij}^{e}\cdots\cdots K_{im}^{e}\cdots\cdots & \text{第}i\text{行} \\
\cdots\cdots\cdots\cdots\cdots\cdots\cdots\cdots\cdots\cdots\cdots\cdots & \\
\cdots\cdots K_{ji}^{e}\cdots\cdots K_{jj}^{e}\cdots\cdots K_{jm}^{e}\cdots\cdots & \text{第}j\text{行} \\
\cdots\cdots\cdots\cdots\cdots\cdots\cdots\cdots\cdots\cdots\cdots\cdots & \\
\cdots\cdots K_{mi}^{e}\cdots\cdots K_{mj}^{e}\cdots\cdots K_{mm}^{e}\cdots\cdots & \text{第}m\text{行} \\
\cdots\cdots\cdots\cdots\cdots\cdots\cdots\cdots\cdots\cdots\cdots\cdots &
\end{bmatrix}
$$

（列标：第i列　第j列　第m列）

式中，i、j、m 为节点局部编号所对应的总体编号。可见，离主对角线最远的元素是由单元上两个节点总体编号的最大差值确定的。例如，K_{41}^{e} 比 K_{43}^{e} 离主对角线远，从而可以推知，总体系数矩阵中，离主对角线最远的元素取决于整个场域上某单元任意两个节点总体编号的最大差值 D。

如图 3-13(a)所示的编号，D=2、B=3，需占内存数为 6×3=18(半带宽未包括主对角元素，但是存储要存储主对角元素，故占内存数是 $N\times B$)。而对图 3-13(b)中的编号，D=3、B=4，需占 6×4=24 个存储单元。可见，减小系数矩阵的最大半带宽，涉及节点全局编号的顺序，也就是说，全局编号需要一定的策略。应为：先选与其他节点联系最少的节点作为起始节点，然后将相邻节点编为紧接着的号数，使相邻节点的编号数均为相差不多的数。这样便能减小同一单元中任意两个节点所编号数间的最大差值。一般沿场域的窄边(节点数少的)编号，就能减小 D 和 B，达到减少内存和计算时间的目的。然而，当带宽不必最小时，编号方案可以任取，通常选择使编程简单的方法。

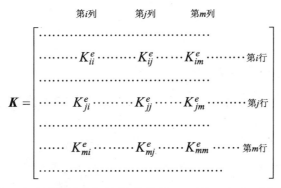

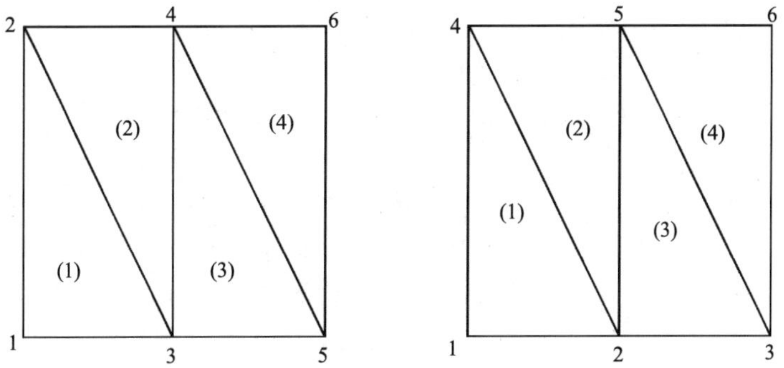

(a)　　　　　　　　　　　(b)

图 3-13　同一剖分的不同编号

因为区域离散过程完全可以与其他步骤分开，所以，通常将它当成一项预处理工作。许多较完善的有限元软件包具有将任意形状线、面和体离散成相应单元的能力，同时也能提供最优全局编号。

由节点总体编号可以看出，场域上各单元节点编号的最大差值 D=2，则系数矩阵最大半带宽为 2，从 $\boldsymbol{K}$ 可以得到验证。有限元中，场域一般剖分为成百上千，甚至上万个单元，故系数矩阵的阶数很高。因此，利用上述特性，采用适当的方式存储，使计算经济可行。

2. 非齐次边界条件下拉普拉斯方程的有限元方程

如果自然边界条件是非齐次的，如第三类边界条件(第二类是其特例)，则所讨论的二维拉普拉斯场的混合边值问题为

$$\begin{cases}\nabla^2\phi = 0, & \text{场域内}\\ \left.\dfrac{\partial\phi}{\partial n} + f_1\phi\right|_{L_2} = f_2(x,y), & \text{在边界}L_2\text{上}\\ \phi|_{L_1} = f_0(x,y), & \text{在边界}L_1\text{上}\end{cases}$$

直角坐标系中，对应的变分问题为

$$\begin{cases}F(\phi) = \displaystyle\int_S \frac{1}{2}\varepsilon\left[\left(\frac{\partial\phi}{\partial x}\right)^2 + \left(\frac{\partial\phi}{\partial y}\right)^2\right]\mathrm{d}x\mathrm{d}y + \int_{L_2}\varepsilon\left(\frac{1}{2}f_1\phi^2 - f_2\phi\right)\mathrm{d}l = \min\\ \phi|_{L_1} = f_0(x,y)\end{cases}$$

泛函 F 为面、线积分两项之和，其中第一项同齐次自然边界类似，只需要直接引用，而第二项由非齐次自然边界条件引起，需要另外处理。现将 F 表示为

$$F(\phi) = F_1(\phi) + F_2(\phi) = \sum_{e=1}^{E}[F_{e1}(\phi) + F_{e2}(\phi)] \tag{3-56}$$

其中，$F_{e1}(\phi)$ 和 $F_1(\phi)$ 已在前面讨论过，直接利用前面讨论的结果式(3-52)求出单元系数矩阵 $\boldsymbol{K}_e$，再综合成总体系数矩阵 $\boldsymbol{K}$ 。

第二项 $F_2(\phi) = \int_{L_2}\varepsilon\left(\frac{1}{2}f_1\phi^2 - f_2\phi\right)\mathrm{d}l$，仅对非齐次边界条件的边界单元存在。现在以三角形单元剖分，计算其系数矩阵，如图 3-14 所示，剖分时应尽量使场域边界分段线性化。对单元编号时，应先编不含非齐次边界条件的单元，再编含非齐次边界条件的单元，对节点总体编号时，应先编不含非齐次边界条件的节点 1，2，…，N，再编含非齐次边界条件节点 N+1，N+2，…节点的局部编号为 i、j、m；对于含非齐次边界条件的单元，应将正对着边界的那个三角形单元顶点编为 i，如图 3-14 中，$\overline{jm}$ 在非齐次边界 L_2 上，所对的顶点编为 i，其他顶点仍按逆时针方向，依次编为 j、m，$\overline{jm}$ 的长度为 $l_0 = \sqrt{(x_j - x_m)^2 + (y_j - y_m)^2}$ 。现设 $\overline{jm}$ 边上任一点到 j 点的距离为 l，该点上的电位为 ϕ，ϕ 可由 ϕ_j 与 ϕ_m 的线性值来构成：

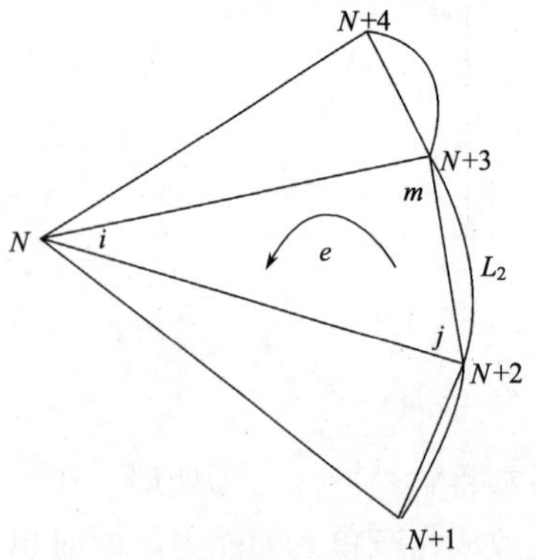

图 3-14　非齐次边界编号示意图

$$\phi \approx \phi_j + \frac{(\phi_m - \phi_j)}{l_0} l = \left(1 - \frac{l}{l_0}\right)\phi_j + \frac{l}{l_0}\phi_m \tag{3-57}$$

为了方便计算，令 $t = \dfrac{l}{l_0}$，代入式(3-57)得 $\phi \approx (1-t)\phi_j + t\phi_m$，$\mathrm{d}l = l_0 \mathrm{d}t$。

对于单元 e，泛函为

$$F_{e2}(\phi) = \int_{L_2} \varepsilon\left(\frac{1}{2} f_1 \phi^2 - f_2 \phi\right)\mathrm{d}l = \int_0^1 \varepsilon\left\{\frac{1}{2} f_1 [(1-t)\phi_j + t\phi_m]^2 - f_2 [(1-t)\phi_j + t\phi_m]\right\} l_0 \mathrm{d}t \tag{3-58}$$

式中，f_1和f_2 可分别用它们在直线段 $\overline{jm}$ 上的平均值 $f_{1a} = \dfrac{f_1(x_j, y_j) + f_1(x_m, y_m)}{2}$，$f_{2a} = \dfrac{f_2(x_j, y_j) + f_2(x_m, y_m)}{2}$ 代替，通过积分运算得到

$$F_{e2}(\phi) = \frac{1}{2}\varepsilon l_0 f_{1a}\left(\frac{1}{3}\phi_j^2 + \frac{1}{3}\phi_j\phi_m + \frac{1}{3}\phi_m^2\right) - \frac{1}{2}\varepsilon l_0 f_{2a}(\phi_j + \phi_m) \tag{3-59}$$

写为矩阵形式为

$$F_{e2}(\phi) \approx \frac{1}{2}\boldsymbol{\phi}_e^{\mathrm{T}} \boldsymbol{K}_e' \boldsymbol{\phi}_e - \boldsymbol{\phi}_e^{\mathrm{T}} \boldsymbol{P}_e' \tag{3-60}$$

式中，$\boldsymbol{\phi}_e^{\mathrm{T}} = [\phi_i, \phi_j, \phi_m]$；$\boldsymbol{K}_e' = \begin{bmatrix} 0 & 0 & 0 \\ 0 & \dfrac{\varepsilon l_0 f_{1a}}{3} & \dfrac{\varepsilon l_0 f_{1a}}{6} \\ 0 & \dfrac{\varepsilon l_0 f_{1a}}{6} & \dfrac{\varepsilon l_0 f_{1a}}{3} \end{bmatrix}$；$\boldsymbol{P}_e' = \begin{bmatrix} 0 \\ \dfrac{\varepsilon l_0 f_{2a}}{2} \\ \dfrac{\varepsilon l_0 f_{2a}}{2} \end{bmatrix}$。

显然，和齐次自然边界情形相比，非齐次自然边界条件下的矩阵系数增加了 $\boldsymbol{K}_e'$ 和 $\boldsymbol{P}_e'$，它们分别由 f_1 和 f_2 引起。

单元泛函的极值由 $\dfrac{\partial F_{e2}(\phi)}{\partial \phi_i} = 0(i, j, m)$ 求得。一般来说，对分量的总和求导，并不等于各分量求导的总和，但这里由于 $F_{e2}(\phi)$ 的值只和与它相联系的节点有关，故上式成立。将式(3-60)代入上式，得到 $\boldsymbol{K}_e'\boldsymbol{\phi}_e - \boldsymbol{P}_e' = 0$。再考虑 $F_{e1}(\phi)$，对于含非齐次自然边界条件的边界单元应有 $\boldsymbol{K}_e\boldsymbol{\phi}_e + \boldsymbol{K}_e'\boldsymbol{\phi}_e - \boldsymbol{P}_e' = 0$，整理可得 $(\boldsymbol{K}_e + \boldsymbol{K}_e')\boldsymbol{\phi}_e = \boldsymbol{P}_e'$。求得

$$\boldsymbol{K}_e + \boldsymbol{K}_e' = \begin{bmatrix} K_{ii}^e & K_{ij}^e & K_{im}^e \\ K_{ji}^e & K_{jj}^e + \dfrac{\varepsilon l_0 f_{1a}}{3} & K_{jm}^e + \dfrac{\varepsilon l_0 f_{1a}}{6} \\ K_{mi}^e & K_{mj}^e + \dfrac{\varepsilon l_0 f_{1a}}{6} & K_{mm}^e + \dfrac{\varepsilon l_0 f_{1a}}{3} \end{bmatrix} \tag{3-61}$$

式中，$K_{rl}^e(r, l = i, j, m)$ 由式(3-52)给出。综合求总系数矩阵时，仍采用前面所述方法。只是对具有非齐次自然边界条件的边界单元，才有 $\boldsymbol{K}_e'$ 项叠加到系数矩阵中的相应元素上；才有非零的右端项。最后综合得到非齐次自然边界条件下二维拉普拉斯的有限元方程为

$$\bar{\boldsymbol{K}}\boldsymbol{\phi} = \boldsymbol{P}' \tag{3-62}$$

而 $\bar{\boldsymbol{K}} = \boldsymbol{K} + \boldsymbol{K}'$，式中的非零右端项及 $\boldsymbol{K}'$ 是由问题的非齐次自然边界条件所引起的。显然，第三类齐次自然边值问题的 $\boldsymbol{P}' = \boldsymbol{0}$ 。

通过以上分析，分别得出了齐次和非齐次自然边界条件下拉普拉斯方程的有限元方程。在考虑强加边界条件后，分别得到

$$\begin{cases}\boldsymbol{K}\boldsymbol{\phi} = \boldsymbol{0} \\ \phi|_{L_1} = f_0\end{cases}, \quad \begin{cases}\bar{\boldsymbol{K}}\boldsymbol{\phi} = \boldsymbol{P}' \\ \phi|_{L_1} = f_0\end{cases}$$

这些都是线性代数方程组，只要采用直接解法或迭代解法，便能得到问题的有限元解答。

对于泊松方程，类似地，分齐次和非齐次自然边界条件两种情况讨论。

3. 齐次边界条件下泊松方程的有限元方程

这里讨论的电磁场问题，其边界条件完全与前面所述的相同，不同的是场域内电磁场满足泊松方程。对于电场，与前面不同的是需要考虑电荷密度的作用。与该边值问题等价的变分问题为

$$\begin{cases}F(\phi) = \int_S \frac{1}{2}\left\{\varepsilon\left[\left(\frac{\partial\phi}{\partial x}\right)^2 + \left(\frac{\partial\phi}{\partial y}\right)^2\right] - 2\rho\phi\right\}\mathrm{d}x\mathrm{d}y = \min \\ \phi|_{L_1} = f_0(x, y)\end{cases}$$

。

这里也将泛函 $F(\phi)$ 表示为两项，与前面不同的是，这里需考虑电荷密度 ρ 的作用。

$$F(\phi) = F_1(\phi) - F_3(\phi) = \sum_{e=1}^{E}[F_{e1}(\phi) - F_{e3}(\phi)] \tag{3-63}$$

式中，$F_{e1}(\phi)$ 与式(3-46)相同，可直接利用其结果。下面着重讨论 $F_{e3}(\phi)$ 的处理。还是用三角元剖分，代入 $\phi = \boldsymbol{N}_e\boldsymbol{\phi}_e$ ，有

$$F_3(\phi) = \sum_{e=1}^{E} F_{e3}(\phi) \approx \sum_{e=1}^{E}\int_{S_e}\rho(N_i\phi_i + N_j\phi_j + N_m\phi_m)\mathrm{d}x\mathrm{d}y = \sum_{e=1}^{E}\int_{S_e}\rho\boldsymbol{\phi}_e^{\mathrm{T}}\boldsymbol{N}_e^{\mathrm{T}}\mathrm{d}x\mathrm{d}y \tag{3-64}$$

对 $F_3(\phi)$ 关于 ϕ_i 求导 $\frac{\partial F_3(\phi)}{\partial \phi_i} = \sum_{e=1}^{E}\frac{\partial F_{e3}(\phi)}{\partial \phi_i}\ (i = 1, 2, \cdots, N)$ 。

若令 $P_{ei} = \frac{\partial F_{e3}(\phi)}{\partial \phi_i} = 0\ (i, j, m)$ ，写为矩阵形式

$$\boldsymbol{P}_e = \int_{S_e}\rho\boldsymbol{N}_e^{\mathrm{T}}\mathrm{d}x\mathrm{d}y = \begin{bmatrix}\int_{S_e}\rho N_i\mathrm{d}x\mathrm{d}y \\ \int_{S_e}\rho N_j\mathrm{d}x\mathrm{d}y \\ \int_{S_e}\rho N_m\mathrm{d}x\mathrm{d}y\end{bmatrix} = \begin{bmatrix}P_{ei} \\ P_{ej} \\ P_{em}\end{bmatrix} \tag{3-65}$$

当 ρ 比较简单时，式(3-65)可直接积分，若不能，可用数值积分进行计算。但是若剖分的三角元面积 S_e 较小，则可将 ρ 近似处理为常量，提到积分号外面。这里取平

值，$\rho_e=\frac{1}{3}(\rho_i+\rho_j+\rho_m)$，还可通过其他方法如插值等方法近似处理，于是式(3-65)中的 P_{ei} 为

$$P_{ei}=\rho_e\int_{S_e}N_i\mathrm{d}x\mathrm{d}y \qquad (i,j,m) \tag{3-66}$$

积分在 x-y 平面任一单元上进行。为了便于积分，下面将它变换到 N_i - N_j 平面上进行。由形状函数及其性质可知，x-y 平面上的 i、j、m，分别变换为 N_i - N_j 平面上的(1，0)，(0，1)及(0，0)，即用面积坐标，可将 x-y 平面上的任意三角元 S_e 变为 N_i - N_j 平面上的直角三角元 S_e'，如图 3-15 所示。

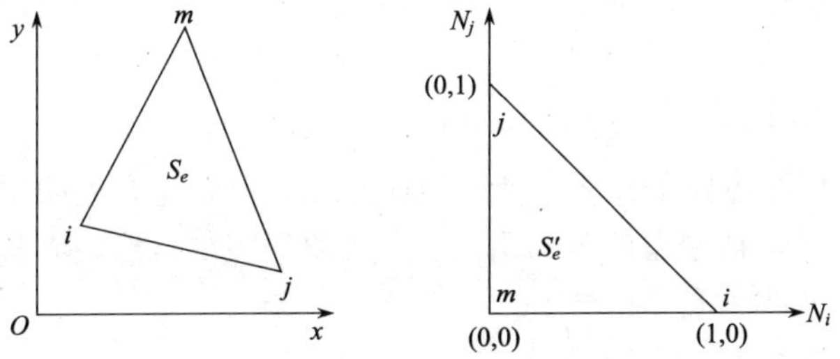

图 3-15　雅可比变换示意图

由二重积分的变换式——雅可比式，得到面积元素变换式为

$$\mathrm{d}N_i\mathrm{d}N_j=\begin{vmatrix}\dfrac{\partial N_i}{\partial x} & \dfrac{\partial N_i}{\partial y}\\ \dfrac{\partial N_j}{\partial x} & \dfrac{\partial N_j}{\partial y}\end{vmatrix}\mathrm{d}x\mathrm{d}y=\frac{1}{4\Delta^2}\begin{vmatrix}b_i & c_i\\ b_j & c_j\end{vmatrix}\mathrm{d}x\mathrm{d}y$$

而 $\begin{vmatrix}b_i & c_i\\ b_j & c_j\end{vmatrix}=(y_j-y_m)(x_i-x_m)-(y_m-y_i)(x_m-x_j)=\begin{vmatrix}1 & x_i & y_i\\ 1 & x_j & y_j\\ 1 & x_m & y_m\end{vmatrix}=2\Delta$，所以得 $\mathrm{d}x\mathrm{d}y=2\Delta\mathrm{d}N_i\mathrm{d}N_j$，代入式(3-66)得

$$P_{ei}=\rho_e\int_{S_e}N_i\mathrm{d}x\mathrm{d}y=\rho_e 2\Delta\int_{S_e'}N_i\mathrm{d}N_i\mathrm{d}N_j=\rho_e 2\Delta\int_0^1 N_i\mathrm{d}N_i\int_0^{1-N_i}\mathrm{d}N_j\rho_e 2\Delta\int_0^1 N_i(1-N_i)\mathrm{d}N_i=\frac{\Delta}{3}\rho_e \tag{3-67}$$

同理可证得 $P_{ej}=\frac{\Delta}{3}\rho_e, P_{em}=\frac{\Delta}{3}\rho_e$，代入 $\boldsymbol{P}_e$ 得

$$\boldsymbol{P}_e=\int_{S_e}\rho\boldsymbol{N}_e^{\mathrm{T}}\mathrm{d}x\mathrm{d}y=\frac{\Delta}{3}\rho_e\begin{bmatrix}1\\1\\1\end{bmatrix}$$

将上式扩展到整个场域，即 $\boldsymbol{P}_e=\begin{bmatrix}\vdots\\P_{ei}\\\vdots\\P_{ej}\\\vdots\\P_{em}\end{bmatrix}$，其中虚点处为零元素，再综合各单元的 $\boldsymbol{P}_e$，便得整个场域的 $\boldsymbol{P}$ 为

$$\boldsymbol{P}=\sum_{e=1}\boldsymbol{P}_e \tag{3-68}$$

式中，$\boldsymbol{P}$ 为 N 阶列阵。它的一般元素可表示为 $P_i=\sum\limits_{\substack{\text{以}i\text{为顶点}\\\text{的单元}}}P_{ei}$。用对应于 $F_1(\phi)$ 的有限元方程式(3-55)减去式(3-68)，可得 $\boldsymbol{K\phi}-\boldsymbol{P}=0\Rightarrow\boldsymbol{K\phi}=\boldsymbol{P}$。

将上式与齐次自然边界条件下的拉普拉斯方程的有限元方程相比可以看出，多出的 $\boldsymbol{P}$ 完全由场域内的体电荷密度的分布引起。上式便是齐次自然边界条件下泊松方程的有限元方程，式中 $\boldsymbol{K}$ 仍由式(3-51)给出。

考虑强加边界条件，得到

$$\begin{cases}\boldsymbol{K\phi}=\boldsymbol{P}\\\phi\big|_{L_1}=f_0(x,y)\end{cases} \tag{3-69}$$

4. 非齐次边界条件下泊松方程的有限元方程

若自然边界条件为非齐次的，在二维问题中，体积分变成面积分，面积分变成线积分，考虑直角坐标，其对应的变分问题为

$$\begin{cases}F(\phi)=\displaystyle\int_S\frac{1}{2}\left\{\varepsilon\left[\left(\frac{\partial\phi}{\partial x}\right)^2+\left(\frac{\partial\phi}{\partial y}\right)^2\right]-2\rho\phi\right\}\mathrm{d}x\mathrm{d}y+\int_{L_2}\varepsilon\left(\frac{1}{2}f_1\phi^2-f_2\phi\right)\mathrm{d}l=\min\\\phi\big|_{L_1}=f_0(x,y)\end{cases}$$

$F(\phi)$ 可表示为

$$F(\phi)=F_1(\phi)-F_3(\phi)+F_2(\phi)=\sum_{e=1}^{E}[F_{e1}(\phi)-F_{e3}(\phi)+F_{e2}(\phi)]$$

上式右端各项的极值，前面已分别讨论过。

由 $\sum\dfrac{F_e(\phi)}{\partial\phi}=0\,(i,j,m)$ 有

$$\sum(\boldsymbol{K}_e\boldsymbol{\phi}_e-\boldsymbol{P}_e+\boldsymbol{K}'_e\boldsymbol{\phi}_e-\boldsymbol{P}'_e)=0$$

整理得

$$\sum(\boldsymbol{K}_e+\boldsymbol{K}'_e)\boldsymbol{\phi}_e=\sum(\boldsymbol{P}_e+\boldsymbol{P}'_e)$$

由前得

$$\boldsymbol{K}_e+\boldsymbol{K}_e'=\begin{bmatrix} K_{ii}^e & K_{ij}^e & K_{im}^e \\ K_{ji}^e & K_{jj}^e+\dfrac{\varepsilon l_0 f_{1a}}{3} & K_{jm}^e+\dfrac{\varepsilon l_0 f_{1a}}{6} \\ K_{mi}^e & K_{mj}^e+\dfrac{\varepsilon l_0 f_{1a}}{6} & K_{mm}^e+\dfrac{\varepsilon l_0 f_{1a}}{3} \end{bmatrix}$$

$$\boldsymbol{P}_e'=\begin{bmatrix} 0 \\ \dfrac{\varepsilon l_0 f_{2a}}{2} \\ \dfrac{\varepsilon l_0 f_{2a}}{2} \end{bmatrix}$$

$$\boldsymbol{P}_e+\boldsymbol{P}_e'=\begin{bmatrix} P_{ei} \\ P_{ej}+\dfrac{\varepsilon l_0 f_{2a}}{2} \\ P_{em}+\dfrac{\varepsilon l_0 f_{2a}}{2} \end{bmatrix}$$

注意 $\boldsymbol{P}_e'$ 和 $\boldsymbol{K}_e'$ 仅在非齐次边界条件的边界单元才存在。

综合各单元的贡献，所得整个场域的有限元方程的形式为

$$(\boldsymbol{K}+\boldsymbol{K}')\boldsymbol{\phi}=\boldsymbol{P}+\boldsymbol{P}'$$

式中，$\boldsymbol{K}'$和$\boldsymbol{P}'$ 是由非齐次自然边界条件引起；$\boldsymbol{P}$ 由 ρ 引起。

加上强加边界条件，就有

$$\begin{cases}(\boldsymbol{K}+\boldsymbol{K}')\boldsymbol{\phi}=\boldsymbol{P}+\boldsymbol{P}' \\ \phi|_{L_1}=f_0(x,y)\end{cases}$$

3.4.4　方程组求解

从前面的分析可知，有限元方程也是一组代数方程。一般有直接法和迭代法。我们先介绍迭代法。

1. 迭代法

用迭代法求解有限元方程时，与差分法中的情况基本相同。由于用有限元法得出的系数矩阵为正定的，从而保证了使用迭代法的收敛性。其主对角元素有

$$K_{ii}>0,\quad i=1,2,\cdots,N$$

对于非齐次边界条件下得到的拉普拉斯方程的有限元方程式$\begin{cases}\bar{\boldsymbol{K}}\boldsymbol{\phi}=\boldsymbol{P}' \\ \phi|_{L_1}=f_0\end{cases}$，设场域共有 N 个节点，展开上式为

$$\begin{cases} \bar{K}_{11}\phi_1 + \bar{K}_{12}\phi_2 + \cdots + \bar{K}_{1m}\phi_m + \bar{K}_{1N}\phi_N = P_1' \\ \bar{K}_{21}\phi_1 + \bar{K}_{22}\phi_2 + \cdots + \bar{K}_{2m}\phi_m + \bar{K}_{2N}\phi_N = P_2' \\ \vdots \\ \bar{K}_{m1}\phi_1 + \bar{K}_{m2}\phi_2 + \cdots + \bar{K}_{mm}\phi_m + \bar{K}_{mN}\phi_N = P_m' \\ \vdots \\ \bar{K}_{N1}\phi_1 + \bar{K}_{N2}\phi_2 + \cdots + \bar{K}_{Nm}\phi_m + \bar{K}_{NN}\phi_N = P_N' \end{cases} \tag{3-70}$$

由上述展开式，便可以写出任一节点 i 的第 n+1 次场值的迭代公式，为 GS 迭代格式

$$\phi_i^{n+1} = -\left(\sum_{j=1}^{i-1} K_{ij}\phi_j^{n+1} + \sum_{j=i+1}^{N} K_{ij}\phi_j^{n} - P_i'\right)\Bigg/ K_{ii}, \quad i = 1,2,\cdots,N$$

其中非齐次自然边界条件的节点编号为 $j = i+1,\cdots,N$ ，放在节点总体编号的后面部分，而其他节点编为 $j = 1,2,\cdots,i-1$ 。

SOR 迭代格式为

$$\begin{aligned} \phi_i^{n+1} &= \phi_i^n + \alpha R_i^n = \phi_i^n + \alpha(\phi_i^{n+1} - \phi_i^n) \\ &= \phi_i^n + \alpha\left[\left(-\left(\sum_{j=1}^{i-1} K_{ij}\phi_j^{n+1} + \sum_{j=i+1}^{N} K_{ij}\phi_j^{n} - P_i'\right)\Bigg/ K_{ii} - \phi_i^n\right)\right] \\ &= (1+\alpha)\phi_i^n + \alpha\left[-\left(\sum_{j=1}^{i-1} K_{ij}\phi_j^{n+1} + \sum_{j=i+1}^{N} K_{ij}\phi_j^{n} - P_i'\right)\Bigg/ K_{ii}\right], \quad i = 1,2,\cdots,N \end{aligned}$$

此处与差分法不同之处在于，这里的第二、三类边界条件已反映在上式中，故不需要另写差分迭代格式，而第一类边界条件的处理方法与差分迭代求解时相同，采用直接赋值的方式即可。

2. 强加边界条件的处理

在用直接法求解有限元方程之前，由于在泛函取极值过程中，极值解不能自动满足强加边界条件，故必须把强加边界条件综合到有限元方程的总体系数矩阵中去。由于强加边界条件是一些已知值，不需要再行求解(因为是在这些已知值的基础上去推求其他节点的场值的)。但是，在前面推导有限元方程时，均已将强加节点作为未知场量处理，即系数矩阵中并未真实地反映出已知值的情况，因而必须在求解之前将强加边界条件在系数矩阵中反映出来，具体方法如下。

设第 m 个节点上具有强加边界条件 $\phi_m = \phi_0$ ，则对应的式(3-70)中的第 m 个方程变为 $\phi_m = \phi_0$ ，除 $K_{mm} = 1$ 外，该方程的其他元素为零，即 $K_{m1} = K_{m2} = \cdots = K_{mN} = 0$ 。除第 m 个方程以外的其他方程中的 ϕ_m 代为 ϕ_0 ，故移至各自的右端。于是得到

$$\begin{cases} \bar{K}_{11}\phi_1 + \bar{K}_{12}\phi_2 + \cdots + 0 + \cdots + \bar{K}_{1N}\phi_N = P_1' - \bar{K}_{1m}\phi_0 \\ \bar{K}_{21}\phi_1 + \bar{K}_{22}\phi_2 + \cdots + 0 + \cdots + \bar{K}_{2N}\phi_N = P_2' - \bar{K}_{2m}\phi_0 \\ \qquad\qquad\qquad \vdots \\ 0 + 0 + \cdots + \phi_m + \cdots + 0 = \phi_0 \\ \qquad\qquad\qquad \vdots \\ \bar{K}_{N1}\phi_1 + \bar{K}_{N2}\phi_2 + \cdots + 0 + \cdots + \bar{K}_{NN}\phi_N = P_N' - \bar{K}_{Nm}\phi_0 \end{cases} \tag{3-71}$$

上述方程中，由于 $\phi_m = \phi_0$，此方程可从方程组中去掉，仅仅为了保持 $\boldsymbol{K}$ 的阶数与进行强加边界条件处理前的 $\boldsymbol{K}$ 的阶数一致，即为 $N \times N$ 阶，才保留该方程。

若将上面的方程组写成矩阵形式，则有

$$\begin{bmatrix} \bar{K}_{11} & \bar{K}_{12} & \cdots & 0 & \cdots & \bar{K}_{1N} \\ \bar{K}_{21} & \bar{K}_{22} & \cdots & 0 & \cdots & \bar{K}_{2N} \\ \vdots & \vdots & & \vdots & & \vdots \\ 0 & 0 & \cdots & 1 & \cdots & 0 \\ \vdots & \vdots & & \vdots & & \vdots \\ \bar{K}_{N1} & \bar{K}_{N2} & \cdots & 0 & \cdots & \bar{K}_{NN} \end{bmatrix} \begin{bmatrix} \phi_1 \\ \phi_2 \\ \vdots \\ \phi_m \\ \vdots \\ \phi_N \end{bmatrix} = \begin{bmatrix} P_1' - \bar{K}_{1m}\phi_0 \\ P_2' - \bar{K}_{2m}\phi_0 \\ \vdots \\ \phi_0 \\ \vdots \\ P_N' - \bar{K}_{Nm}\phi_0 \end{bmatrix} \tag{3-72}$$

处理强加边界条件的做法可归纳如下：当处理 m 号节点的强加电位值 ϕ_0 时，只需：①将对角线元素 K_{mm} 置 1，该行的右端项改为强加电位值 ϕ_0；②第 m 行与 m 列的其他元素全部置零。除第 m 行外，其他各行右端项为原右端项减去强加电位置 ϕ_0 与对应第 m 列未变换前的系数的乘积。

若强加边界条件节点共有 N_0 个，则按照上段所述方法处理 N_0 次，最后式(3-70)变为 $\boldsymbol{K}''\boldsymbol{\phi} = \boldsymbol{P}''$。其中，$\boldsymbol{K}''$ 是由 $\boldsymbol{K}$ 经 N_0 次处理后得到的 N 阶方阵；$\boldsymbol{P}''$ 是由 $\boldsymbol{P}'$ 与强加边界节点电位值及有关量组成的列阵。例如，如果强加边界条件的节点为 m、k、j，对应电位为 $\phi_m = \phi_0$、$\phi_k = \phi_1$、$\phi_j = \phi_2$，则 $P_1'' = P_1' - \bar{K}_{1m}\phi_0 - \bar{K}_{1k}\phi_1 - \bar{K}_{1j}\phi_2$。其余类推。

上述处理方法适合直接法求解(如高斯消元)。用迭代法时，凡遇到边界点所对应的方程均不进行迭代，使该节点的电位始终保持初始给定值，此时不必单独进行边界条件处理。

3. 系数矩阵的存储

在解差分方程时，我们提到用直接法求解线性代数方程组时，必须将系数矩阵先存储起来。所以，我们在学习直接法求解前，先学习怎样存储系数矩阵元素。

为了节省计算机内存和计算时间，在存储系数矩阵时，如前所述，可以利用其对称性，只存储 $\boldsymbol{K}$ 矩阵中下三角形(或上三角形)中的元素(包括主对角线元素)。还可利用其稀疏性，少存或甚至不存下三角阵(或上三角阵)中的零元素。这样就能压缩存储量，减少计算时间，更有效地利用计算机，扩大解题范围。下面介绍几种存储方式。

1)等带宽存储(只存 $N \times B$ 部分元素)

按行的顺序，把下三角阵带宽的各元素按行的顺序依次存入一个二维数组 $R(N,B)$，且使非零元素紧靠 R 数组的右端，其中 N 为系数矩阵的阶数，B 为该矩阵的最大半带宽度加 1。如图 3-16 所示，按行顺序将左边矩阵的下三角阵带内元素存入右边的 R 数组中。

每行存 4 个元素，而且使非零元素紧靠右端，元素都压缩到 R 数组的右边，所需存储单元从 10×10 缩小到 10×4。显然矩阵 $\boldsymbol{R}$ 的体积要比矩阵 $\boldsymbol{K}$ 的体积小得多。原来需要存储 $N\times N$ 个元素，现在只存 $N\times B$ 个元素，节省了内存。但是从 $\boldsymbol{R}$ 矩阵可以看到：其左上角仍包含部分零元素。为了进一步节省存储，可采用下面的方法。

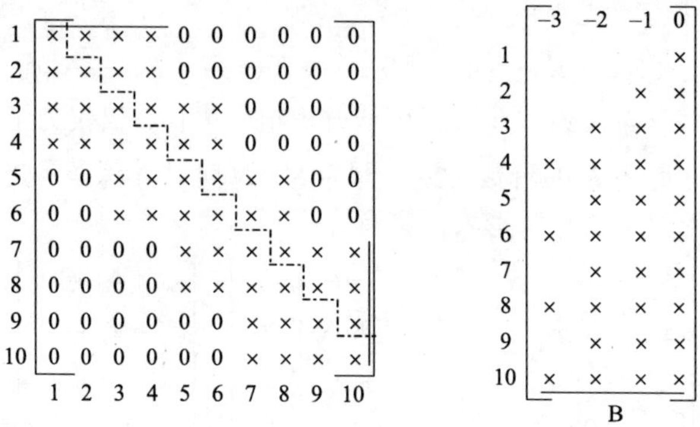

矩阵$\boldsymbol{K}$　矩阵$\boldsymbol{R}$

图 3-16　等带宽存储示意图

2) 变带宽存储

我们知道，各行的 MD 是不等的。变带宽存储的具体做法是：将 $\boldsymbol{K}$ 矩阵的下三角部分带内元素按行的顺序，从各行的第一个非零元素起，至主对角元素(包括带内的零元素及对角元素)为止的元素(共有 MD+1)，依次存入一维数组 KL(n) 中。为了说明 KL(n) 数组中各元素在原矩阵 $\boldsymbol{K}$ 中的行、列位置或地址(即 i、j)，以便进行存取，还需要另外用一个一维数组 $L(n)$ 来存储原 $\boldsymbol{K}$ 中主对角元素 K_{ii} 在 KL(n) 中的位置，称此 $L(n)$ 为指针数组。有了这个数组，只要知道了主对角元素 K_{ii} 在 KL(n) 中的位置，便可推算出非对角元素 K_{ij} 在 KL(n) 中的位置，而不致发生存取错位。由于在使用消元法求解的过程中，可能消去某些非零元素，但同时又可能产生某些非零元素，故在程序中定义二数组时，要将其体积估计得大些，以便足以存储各非零元素及其标志。

在具体存储非零元素及其标志过程中，需要计算以下各量。

(1) $\boldsymbol{K}$ 的下三角阵各行的半带宽 MD，它代表各行非零元素的个数(不含对角元素)。第 i 行的半带宽 MD=$i-\min(j)$，其中 j 为所有以节点 i 为顶点的各单元上节点总体编号的最小值。

(2) 主对角元素 K_{ii} 在 KL(n) 的地址 JO，即 $L(n)$ 之值：JO=$L(i)=L(i-1)$+MD+1。其中 $L(i)$ 为 K_{ii} 的地址，$L(i-1)$ 为前一行主对角元的地址。

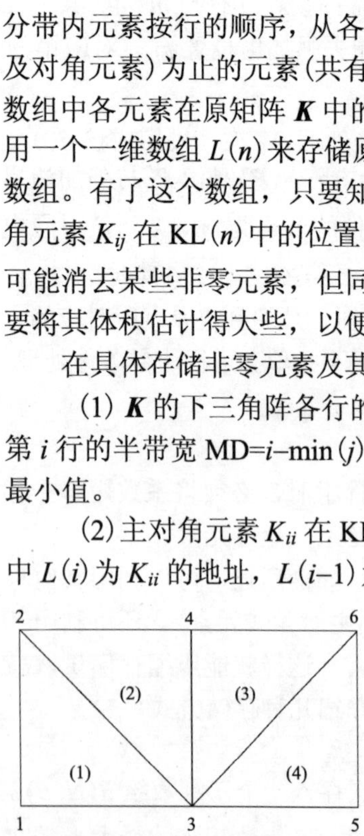

图 3-17　部分单元

(3) 非主对角元素 K_{ij} 在 KL(n) 的地址 JO：JO=$L(i)-(i-j)$，即非主对角元素的地址为该行主对角元素 K_{ii} 的地址向前推移 $i-j$ 个位置。

当然上述计算由计算机完成。

如图 3-17 所示的场域，用三角形剖分成 4 个单元，6 个节点。试计算指针数组元素之值及一维数组中各元素分别代表 $\boldsymbol{K}$ 中的哪个元素。

其系数矩阵为 6×6 方阵，其下三角形部分元素为

$$
\boldsymbol{K}=\begin{bmatrix} K_{11} & & 对 & & & \\ K_{21} & K_{22} & & & & \\ K_{31} & K_{32} & K_{33} & & & \\ 0 & K_{42} & K_{43} & K_{44} & 称 & \\ 0 & 0 & K_{53} & 0 & K_{55} & \\ 0 & 0 & K_{63} & K_{64} & K_{65} & K_{66} \end{bmatrix}
$$

其中非零元素共 16 个(包括 K_{54} 位置上的零元素)。令 K_{11} 在指针数组 $L(n)$ 和 KL(n) 中的第一个单元，即 $L(1)=1$；第二行：MD=2−1=1，K_{22} 的地址：$L(2)=L(2-1)+1+1=3$。即 K_{22} 的地址存于指针组 $L(n)$ 的第二个单元，其值为 3，故 K_{22} 在一维数组 KL(n) 中的第 3 个单元。K_{21} 在 KL(n) 中的位置为 $L(2)-(i-j)=3-(2-1)=2$。以此类推，得到表 3-5。$\boldsymbol{K}$ 中各元素在一维数组 KL(n) 中的位置如表 3-5 所示。

表 3-5 $\boldsymbol{K}$ 中的元素在指针数组中的位置

行号 i	MD	K_{ii} 在 KL(n) 中位置(即 $L(n)$ 值)	K_{ij} 在 KL(n) 中位置
第一行		1	
第二行	1	3	K_{21} 的 JO＝2
第三行	2	6	K_{31} 的 JO＝4 K_{32} 的 JO＝5
第四行	2	9	K_{42} 的 JO＝7 K_{43} 的 JO＝8
第五行	2	12	K_{53} 的 JO＝10 K_{54} 的 JO＝11
第六行	3	16	K_{63} 的 JO＝13 K_{64} 的 JO＝14 K_{65} 的 JO＝15

表 3-6 $\boldsymbol{K}$ 中的元素与指针数组的关系

KL(1)	KL(2)	KL(3)	KL(4)	KL(5)	KL(6)	KL(7)	KL(8)
K_{11}	K_{21}	K_{22}	K_{31}	K_{32}	K_{33}	K_{42}	K_{43}
KL(9)	KL(10)	KL(11)	KL(12)	KL(13)	KL(14)	KL(15)	KL(16)
K_{44}	K_{53}	K_{54}	K_{55}	K_{63}	K_{64}	K_{65}	K_{66}

3) 稀疏矩阵技术

对于阶数较高、零元素又多的系数矩阵，为了进一步节省存储单元，可采用稀疏矩阵技术，即用一个或几个一维数组存储非零元素。用若干个一维数组来说明非零元素在矩阵中的位置及相互关系。详细讨论可查阅相关参考资料。

4. 高斯消元法求解线性代数方程组

在各种直接解法中，分解法比较适合有限元方程组。基本上所有的直接方法都基于

高斯消元法，所以下面介绍直接解法中的高斯消元法。

如式(3-70)所示的多个未知数的线性方程组可采用高斯消元求得。它分为消元和回代两个步骤。消元的原理与数学中的消元法相同，只是这里是按顺序消元的。消元的结果是将原方程的系数矩阵化为对角元素为 1 的上三角阵。然后就是回代，就是从最末一个方程(只包含一个未知数)求出一个未知数，再代入上一个方程，求出另一个未知数。以此类推，便可求出所有的未知数。消元和回代过程都是按照下述公式反复进行的。

消元公式：

$$\begin{cases} K_{1j}^{(k)} = \dfrac{K_{1j}^{(k-1)}}{K_{11}^{(k-1)}} \\ P_1^{(k)} = \dfrac{P_1^{(k-1)}}{K_{11}^{(k-1)}} \end{cases}, \quad j = 1, 2, \cdots, N$$

为第一个方程的系数及右端项的处理。

$$\begin{cases} K_{kj}^{(k)} = K_{ij}^{(k-1)} - l_{kj}^{(k)} K_{ik}^{(k-1)} \\ P_i^{(k)} = P_i^{(k-1)} - b_k^{(k)} P_{ik}^{(k-1)} \end{cases}$$

为第i个方程的系数及右端项的处理。其中，$l_{kj}^{(k)} = K_{kj}^{(k-1)} \big/ K_{kk}^{(k-1)}$。

$$b_k^{(k)} = P_i^{(k-1)} \big/ K_{kk}^{(k-1)}, \quad k = 1, 2, \cdots, N-1, j = k, k+1, \cdots, N, i = k+1, k+2, \cdots, N$$

回代公式：

$$\phi_i = P_i^{(i)} - \sum_{j=i+1}^{N} K_{ij} X_j, \quad i = N-1, N-2, \cdots, 1$$

使用高斯消元法实验方程组的求解条件是系数矩阵的顺序主子式全不为零，所需的乘除运算次数约为 $n^3/3$ (n 为方程组的阶数)。

3.5 应 用 举 例

例 3-1 我们计算了一个外导体边长为 2cm，内导体边长为 1cm，内外导体电位差为 1V 的方同轴线间的电位分布。

按照前面所述的步骤，我们先找到该边值问题(第一类边界条件下的拉普拉斯方程)所对应的等价变分问题及其有限元方程。其次，我们对求解的场域进行三角形剖分，并记录下单元和节点的编号对应情况，尤其是强加边界的节点编号。最后，我们按照式(3-51)等编写计算机程序计算 $\boldsymbol{K}$，并求解场域中的电位。计算示意图分别如图 3-18 和图 3-19 所示。

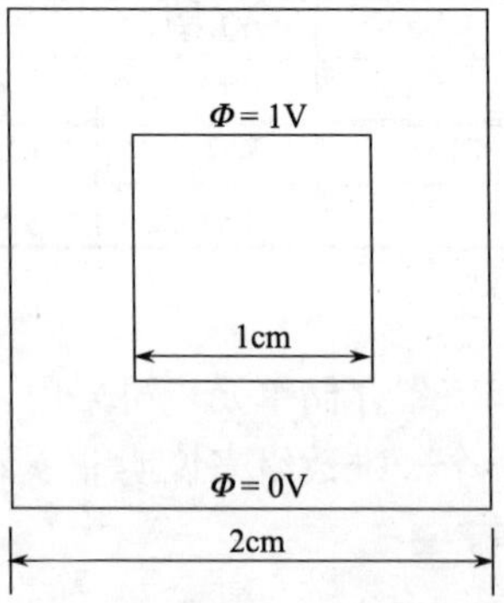

图 3-18　方同轴传输线的几何模型

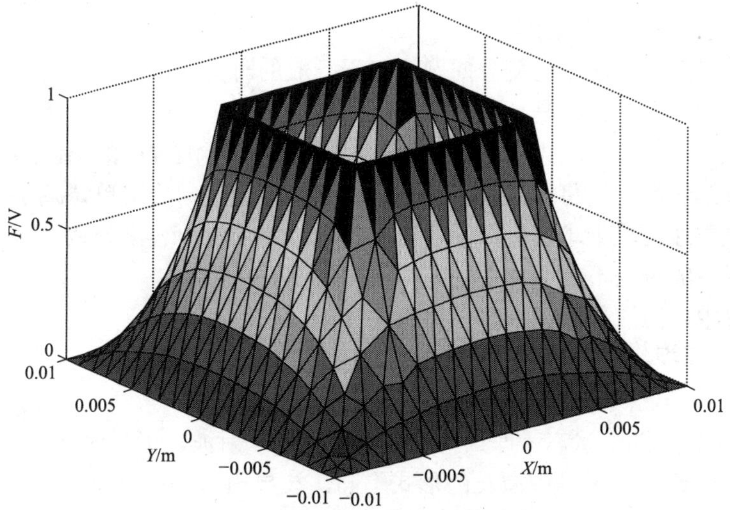

图 3-19　方同轴线内外导体间的电位分布

例 3-2　我们用同样的代码计算了屏蔽微带线的场分布。屏蔽微带线填充一半的介质，尺寸及参数如图 3-20 所示。由于其对称性，我们可以将求解区域减少一半。

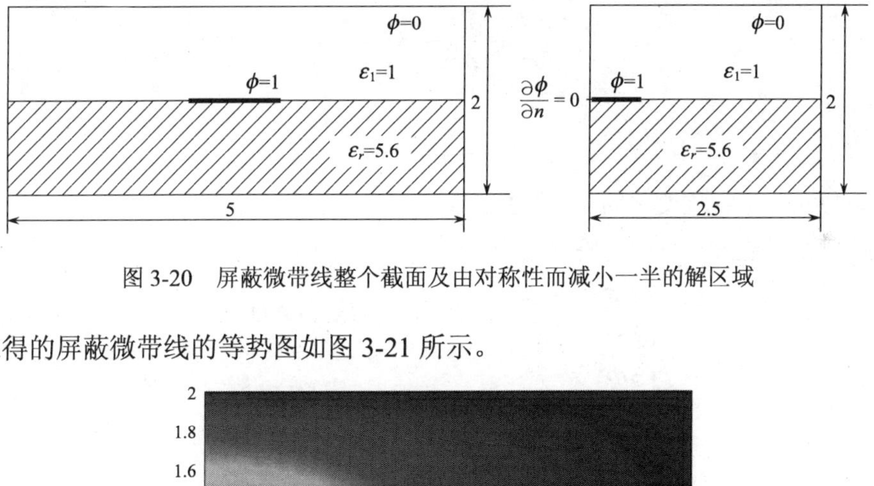

图 3-20　屏蔽微带线整个截面及由对称性而减小一半的解区域

求得的屏蔽微带线的等势图如图 3-21 所示。

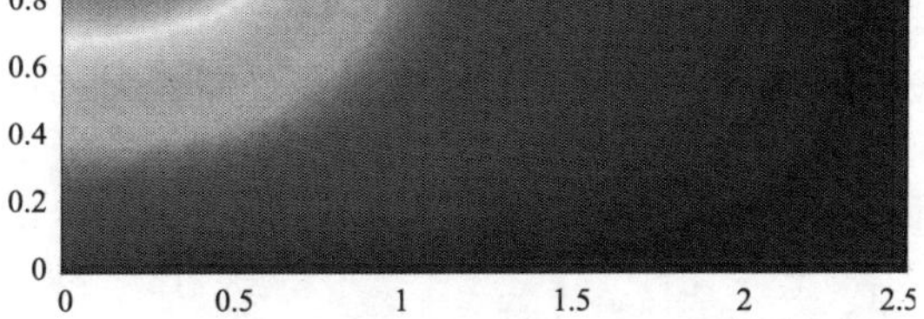

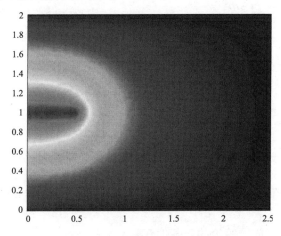

图 3-21　屏蔽微带线的等势图

例 3-3　波导场的有限元解。

上述给出了静电场问题的变分问题。对于一般的时变场，由于有限元法不能进行时域剖分，因而不能应用。但是，对于时谐场，因为隐去了时间因子，所以依然可以应用有限元法。现以波导时谐场为例进行分析。对于任意边界波导中的场问题，用有限元法求解比用差分法优越：①将截面逐步细分，将导致本征值向极限单调减小；②可保证有一个更快的收敛速度趋于本征值；③对难处理的边界形状更容易处理，而不导致非对称矩阵；④波导中的奇点不需要特别处理。

分析波导中电磁波传播问题时，为简化分析，我们可设：

(1)波导壁由理想导体构成($\sigma \to \infty$)；

(2)波导中无自由电荷和传导电流；

(3)波导工作于匹配状态，即只考虑向前传播的入射波，无反射波。

根据波导理论，由激励源激发的形式不同，波导内传播的波可分为横电波(TE 波)和横磁波(TM 波)两种，且一旦场量的 $\hat{z}$ 向分量(纵向分量) H_z 和 E_z 确定后，其相应的横向分量 $H_z(H_x,H_y)$ 和 $E_z(E_x,E_y)$ 便可求出。因此，对波导场的分析，可归结为定解纵向分量所对应的波动方程。

若以 $\varPhi$ 标记相应的 H_z 和 E_z，则波导场分析可归结为如下定义的波导横截面 (x,y) 平面内的二维标量波动方程(亥姆霍兹方程)的解，即

$$\frac{\partial^2 \varPhi}{\partial x^2}+\frac{\partial^2 \varPhi}{\partial y^2}+k_c^2\varPhi=0 \tag{3-73}$$

式中

$$k_c^2=k^2-\beta^2 \tag{3-74}$$

β 为每单位长度中相位变化的相位系数；$k^2=\omega^2\mu\varepsilon$。

由此可知描述波导场的定解问题为

$$\begin{cases}\dfrac{\partial^2 \varPhi}{\partial x^2}+\dfrac{\partial^2 \varPhi}{\partial y^2}+k_c^2\varPhi^2=0, & (x,y)\in D\\ \dfrac{\partial \varPhi}{\partial n}\Big|_L=0, & \text{对于TE波}\\ \varPhi\big|_L=0, & \text{对于TM波}\end{cases} \tag{3-75}$$

式中，L 为边界——波导壁。根据变分原理，与上述边值问题对应的泛函为

$$F[\varPhi]=\frac{1}{2}\iint_D\left(|\nabla\varPhi|^2-\lambda^2\varPhi^2\right)\mathrm{d}x\mathrm{d}y=\iint_D f(\varPhi,\varPhi_x,\varPhi_y,x,y)\mathrm{d}x\mathrm{d}y \tag{3-76}$$

因此，与 TE 波波导场定解问题等价的无条件变分问题为

$$F[\varPhi]=\frac{1}{2}\iint_D\left[\left(\frac{\partial\varPhi}{\partial x}\right)^2+\left(\frac{\partial\varPhi}{\partial y}\right)^2-k_c^2\varPhi^2\right]\mathrm{d}x\mathrm{d}y=\min \tag{3-77}$$

而与 TM 波波导场定解问题等价的为条件变分。

对式(3-77)取极值，即由泛函变分 $\dfrac{\partial F[\Phi]}{\partial\{\Phi\}}=0$，再经有限元离散化处理，便可求得相应的有限元方程。

作为典型示例，选取矩形波导 BJ-100（$a\times b=22.86\text{mm}\times 10.16\text{mm}$）中 TE 波的截止波长 λ_c 的分布问题进行分析。

式(4-75)中对 TE 波导场定解问题等价的无条件变分问题为式(3-77)

$$F[\Phi]=\frac{1}{2}\iint_D\left[\left(\frac{\partial\Phi}{\partial x}\right)^2+\left(\frac{\partial\Phi}{\partial y}\right)^2-k_c^2\Phi^2\right]\mathrm{d}x\mathrm{d}y=\min$$

令 $F[\Phi]=\sum\limits_{e=1}^{E}F_e[\Phi]$，而 $F_e[\Phi]=F_e[\Phi^e]=\iint_{Se}\dfrac{1}{2}\left[\left(\dfrac{\partial\Phi^e}{\partial x}\right)^2+\left(\dfrac{\partial\Phi^e}{\partial y}\right)^2-k_c^2\Phi^{e2}\right]\mathrm{d}x\mathrm{d}y$

$$\frac{\partial\Phi^e}{\partial x}=(b_i\Phi_i+b_j\Phi_j+b_m\Phi_m)/(2\varDelta)$$

$$\frac{\partial\Phi^e}{\partial y}=(c_i\Phi_i+c_j\Phi_j+c_m\Phi_m)/(2\varDelta)$$

可得 $F_e[\Phi^e]$ 的表达式为

$$F_e\left[\Phi^e\right]=\frac{1}{2}\boldsymbol{\Phi}_e^{\mathrm{T}}\boldsymbol{K}_e\boldsymbol{\Phi}_e-\frac{\lambda^2}{2}\boldsymbol{\Phi}_e^{\mathrm{T}}\boldsymbol{T}_e\boldsymbol{\Phi}_e$$

式中，$\boldsymbol{K}_e=\begin{bmatrix}K_{ii}^e & K_{ij}^e & K_{im}^e\\ K_{ji}^e & K_{jj}^e & K_{jm}^e\\ K_{mi}^e & K_{mj}^e & K_{mm}^e\end{bmatrix}$，其元素由 $K_{rs}^e=K_{sr}^e=\dfrac{\varepsilon}{4\varDelta}(b_rb_s+c_rc_s)(r,s=i,j,m)$ 给出。

因为 $\Phi=\boldsymbol{N}_e\boldsymbol{\Phi}_e$，所以 $\boldsymbol{T}_e=\int_{S_e}\boldsymbol{N}_e^{\mathrm{T}}\boldsymbol{N}_e\mathrm{d}x\mathrm{d}y$，展开后得 $\boldsymbol{T}_e=\begin{bmatrix}T_{ii}^e & T_{ij}^e & T_{im}^e\\ T_{ji}^e & T_{jj}^e & T_{jm}^e\\ T_{mi}^e & T_{mj}^e & T_{mm}^e\end{bmatrix}$。

元素为 $T_{rl}^e=\int_{S_e}N_rN_l\mathrm{d}x\mathrm{d}y\,(r,l=i,j,m)$。

由 $N_i+N_j+N_m\equiv 1$，得 $N_m=1-N_i-N_j$，而且有 $\mathrm{d}x\mathrm{d}y=2\varDelta\mathrm{d}N_i\mathrm{d}N_j$，于是得到

$$T_{ii}^e=\int_{S_e}N_iN_i\mathrm{d}x\mathrm{d}y=2\varDelta\int_0^1\mathrm{d}N_j\int_0^{1-N_j}N_iN_i\mathrm{d}N_i=2\varDelta\int_0^1\left[\frac{1}{3}(1-N_j)^3\right]\mathrm{d}N_j=\frac{\varDelta}{6}$$

$$T_{ij}^e=\int_{S_e}N_iN_j\mathrm{d}x\mathrm{d}y=2\varDelta\int_0^1\mathrm{d}N_j\int_0^{1-N_j}N_iN_j\mathrm{d}N_i=2\varDelta\int_0^1\left[\frac{1}{2}(1-N_j)^2\right]N_j\mathrm{d}N_j=\frac{\varDelta}{12}$$

$$T_{im}^e=\int_{S_e}N_iN_m\mathrm{d}x\mathrm{d}y=2\varDelta\int_0^1\mathrm{d}N_j\int_0^{1-N_j}N_i(1-N_i-N_j)\mathrm{d}N_i$$

$$=2\varDelta\int_0^1\left[\frac{1}{2}(1-N_j)^2-\frac{1}{3}(1-N_j)^3-\frac{1}{2}(1-N_j)^2N_j\right]\mathrm{d}N_j=\frac{\varDelta}{12}$$

其余元素可用同样的方法求出。结果表明 $\boldsymbol{T}_e$ 为对称正定矩阵，其中的一般元素可统一表示为 $T_{rl}^e=T_{lr}^e=\dfrac{\varDelta}{12}(1+\delta_{rl})(r,l=i,j,m)$。

综合得出总的能量泛函 $F(\boldsymbol{\Phi}) \approx \sum_{e=1}^{E} F_e(\boldsymbol{\Phi}) = \frac{1}{2}\boldsymbol{\Phi}^{\mathrm{T}}\boldsymbol{K}\boldsymbol{\Phi} - \frac{\lambda^2}{2}\boldsymbol{\Phi}^{\mathrm{T}}\boldsymbol{T}\boldsymbol{\Phi}$。

$\boldsymbol{K}$、$\boldsymbol{T}$ 的对角元素 K_{rr} 同样是以 r 为节点的所有单元贡献的 K_{rr} 的集合，非对角元素 K_{rl} 是以 $\overline{rl}$ 为公共边的单元的贡献的集合。

$$K_{rr} = \sum_{\substack{\text{以}r\text{为节}\\\text{点的单元}}} K_{rr}^e, \quad K_{rl} = \sum_{\substack{\text{以}\overline{rl}\text{为公共}\\\text{边的单元}}} K_{rl}^e; \quad T_{rr} = \sum_{\substack{\text{以}r\text{为节}\\\text{点的单元}}} T_{rr}^e, \quad T_{rl} = \sum_{\substack{\text{以}\overline{rl}\text{为公共}\\\text{边的单元}}} T_{rl}^e$$

对泛函取极值，并经有限元离散化处理，可得如下有限元方程

$$\boldsymbol{K}\boldsymbol{\Phi} = k_c^2 \boldsymbol{T}\boldsymbol{\Phi} \tag{3-78}$$

式(3-78)是广义代数特征值问题。式(3-78)中 $\boldsymbol{K}$ 为对称阵，$\boldsymbol{T}$ 为对称正定矩阵。为求解式(3-78)应首先把广义特征值问题变换为对称阵 $\boldsymbol{V}$ 的特征值问题，为此，将对称正定阵 $\boldsymbol{T}$ 利用平方根法(Cholesky)分解为下三角阵 $\boldsymbol{L}$ 与其转置 $\boldsymbol{L}^{\mathrm{T}}$ 的乘积，即

$$\boldsymbol{T} = \boldsymbol{L}\boldsymbol{L}^{\mathrm{T}} \tag{3-79}$$

由式(3-78)可导出

$$(\boldsymbol{L}^{-1}\boldsymbol{K}\boldsymbol{L}^{-\mathrm{T}})(\boldsymbol{L}^{\mathrm{T}}\boldsymbol{\Phi}) = k_c^2(\boldsymbol{L}^{\mathrm{T}}\boldsymbol{\Phi}) \tag{3-80}$$

式中，$\boldsymbol{L}^{-\mathrm{T}} = (\boldsymbol{L}^{-1})^{\mathrm{T}}$。令 $Z = (\boldsymbol{L}^{\mathrm{T}}\boldsymbol{\Phi})$，则式(3-78)的特征值问题的求解可化为对称阵 $\boldsymbol{V} = \boldsymbol{L}^{-1}\boldsymbol{K}\boldsymbol{L}^{-\mathrm{T}}$ 的特征值问题，即 $\boldsymbol{V}\boldsymbol{Z} = k_c^2\boldsymbol{Z}$ 的特征值问题，而原问题的特征向量 $\boldsymbol{\Phi}$ 现变换为 $\boldsymbol{L}^{\mathrm{T}}\boldsymbol{\Phi}$，在求得 $\boldsymbol{L}^{\mathrm{T}}\boldsymbol{\Phi}$ 的特征向量后，再经过 $(\boldsymbol{L}^{\mathrm{T}})^{-1}\boldsymbol{Z}$ 的变换，方能求得原问题的特征向量 $\boldsymbol{\Phi}$。

这里不再赘述求解特征向量 $\boldsymbol{\Phi}$ 的全过程，只要将上述特征值问题利用豪斯霍尔德法(Householder)变换，把对称阵 $\boldsymbol{V}$ 化为对称三角矩阵，再利用对称三角矩阵，经过多次相似变换，再化为满足指定精度的对角阵即可。因为对角阵的每个元素就是其特征值 k_c^2。从而求得特征向量，再经过反变换求出原问题的特征向量。

对应于由式(3-78)求得的一系列特征值 k_c^2，其中非负的最小非零特征值就给出相应波导中最低型(主模)的截止波长 λ_c 的解答。

数值解与理论值[*]之间的比较结果如表 3-7 所示。

表 3-7　数值计算结果与理论值的比较

波型	截止波长 λ_c /cm				
	理论值 λ_{c1}	数值解			相对误差 δ / %
		$N_0 = 21$	$N_0 = 65$	$N_0 = 153$	$\delta = \frac{\lambda_{c1} - \lambda_{c2}}{\lambda_{c1}} 100\%$ $(N_0 = 65)$
TE_{10}	4.572	4.512	4.569	4.574	0.066
TE_{20}	2.286	2.193	2.262	2.275	1.05
TE_{01}	2.032	1.847	1.979		2.61
TE_{11}	1.857	1.635	1.790		3.61
TE_{30}	1.524	1.410	1.488		2.36

续表

波型	截止波长 λ_c /cm				
	理论值 λ_{c1}	数值解			相对误差 δ / % $\delta=\frac{\lambda_{c1}-\lambda_{c2}}{\lambda_{c1}}100\%$ ($N_0=65$)
		$N_0=21$	$N_0=65$	$N_0=153$	
TE_{21}	1.519	1.250	1.440		5.20
TE_{31}	1.219	1.021	1.141		6.40
TE_{40}	1.143	0.943	1.093		4.37
TE_{02}	1.016	0.922	0.923		9.15
TE_{41}	0.996	0.859	0.916		8.03
TE_{22}	0.928	0.795	0.891		3.99

由表 3-7 可见，剖分越细，计算结果越逼近理论值。

[*]由解析法可知，矩形波导中 TE_{mn} 波的截止波长 λ_c 为

$$\lambda_c=\frac{2}{\sqrt{\left(\frac{m}{a}\right)^2+\left(\frac{n}{b}\right)^2}}$$

式中，m、n 分别对应于不同的波型取值。所有的三维电磁场问题都需要处理矢量场。前述的有限元方法选用的基函数是对应于单元网格节点的标量函数，在解决矢量电磁场边值问题时，需要将未知矢量场首先转化为标量场问题，然后进行求解。这种基于节点的标量基函数处理矢量电磁场时，会遇到以下几个问题：①非物理的或所谓伪解的出现；②在材料边界和导体表面强加边界条件的不方便；③处理导体和介质边缘及角的困难性。所以，将标量有限元方法推广到矢量有限元方法是非常重要的。

3.6　矢量有限元简介

有限元方法分析矢量电磁场问题的重要突破是 20 世纪 80 年代基于棱边的矢量单元的发展。矢量有限元方法采用矢量插值函数来逼近未知函数，将自由度赋予单元网格的棱边而不是节点，彻底克服了节点有限元法固有的缺陷，目前已经广泛并成熟地应用于电磁场问题的求解中。当然，该方法在处理复杂的电磁场问题时仍有不足，所以矢量有限元方法仍在不断改进和发展，如高阶矢量有限元方法、时域有限元方法等。下面简单介绍频域、二维的矢量有限元的实现过程。

3.6.1　边值问题

从麦克斯韦方程组中可推导出有源情况下的矢量波动方程

$$\nabla\times\left(\frac{1}{\mu_r}\nabla\times\boldsymbol{E}\right)-k_0^2\varepsilon_r\boldsymbol{E}=-jk_0Z_0\boldsymbol{J},\quad 在\ \Omega 上 \tag{3-81}$$

式中，μ_r、ε_r 分别为相对磁导率和相对介电常数；k_0、Z_0 分别为自由空间站波数和本征阻抗。

考虑其场典型的边混合界条件——纯导体表面的均匀狄拉克条件及阻抗表面的边界条件：

$$\hat{n}\times\boldsymbol{E}=\boldsymbol{P},\quad 在\ \Gamma_D 上 \tag{3-82}$$

$$\hat{n}\times\left(\frac{1}{\mu_r}\nabla\times\boldsymbol{E}\right)+\frac{jk_0}{\eta_r}\hat{n}\times(\hat{n}\times\boldsymbol{E})=\boldsymbol{K}_N,\quad 在\ \Gamma_N 上 \tag{3-83}$$

式中，$\boldsymbol{P}$ 为边界 Γ_D 上给定的切向电场值；η_r 表示边界 Γ_N 上归一化表面阻抗；$\boldsymbol{K}_N$ 为一已个知函数，代表边界 Γ_N 上的源。

我们并不直接求解上述边值问题，而是在式(3-81)两边乘以权函数 $\boldsymbol{W}_i$ 并积分，得到

$$\int_\Omega \boldsymbol{W}_i\cdot\left[\nabla\times\left(\frac{1}{\mu_r}\nabla\times\boldsymbol{E}\right)-k_0^2\varepsilon_r\boldsymbol{E}\right]\mathrm{d}\Omega=-jk_0Z_0\int_\Omega \boldsymbol{W}_i\cdot\boldsymbol{J}\mathrm{d}\Omega \tag{3-84}$$

利用矢量恒等式

$$\nabla\cdot\left[\boldsymbol{W}_i\times\left(\frac{1}{\mu_r}\nabla\times\boldsymbol{E}\right)\right]=\frac{1}{\mu_r}(\nabla\times\boldsymbol{W}_i)\cdot(\nabla\times\boldsymbol{E})-\boldsymbol{W}_i\cdot\left[\nabla\times\left(\frac{1}{\mu_r}\nabla\times\boldsymbol{E}\right)\right] \tag{3-85}$$

及高斯定理

$$\int_\Omega\nabla\cdot\left[\boldsymbol{W}_i\times\left(\frac{1}{\mu_r}\nabla\times\boldsymbol{E}\right)\right]\mathrm{d}\Omega=\oint_\Gamma\hat{n}\cdot\left[\boldsymbol{W}_i\times\left(\frac{1}{\mu_r}\nabla\times\boldsymbol{E}\right)\right]\mathrm{d}\Gamma \tag{3-86}$$

最后得到包含边界条件式(3-83)的式(3-81)弱表达式

$$\begin{aligned}&\int_\Omega\left[\frac{1}{\mu_r}(\nabla\times\boldsymbol{W}_i)\cdot(\nabla\times\boldsymbol{E})-k_0^2\varepsilon_r\boldsymbol{W}_i\cdot\boldsymbol{E}\right]\mathrm{d}\Omega=\int_{\Gamma_D}\frac{1}{\mu_r}(\hat{n}\times\boldsymbol{W}_i)\cdot(\nabla\times\boldsymbol{E})\mathrm{d}\Gamma\\&-\int_{\Gamma_N}\left[\frac{jk_0}{\eta_r}(\hat{n}\times\boldsymbol{W}_i)\cdot(\hat{n}\times\boldsymbol{E})+\boldsymbol{W}_i\cdot\boldsymbol{K}_N\right]\mathrm{d}\Gamma-jk_0Z_0\int_\Omega\boldsymbol{W}_i\cdot\boldsymbol{J}\mathrm{d}\Omega\end{aligned} \tag{3-87}$$

3.6.2　三角形单元的矢量基函数

可以采用前面介绍的标量有限元法求解式(3-87)。这里，我们采用矢量有限元法求解。当然，首先要将求解单元分为有限个小单元，如二维的三角形单元，三维的四面体单元。三角形单元适合处理不规则形状，因此以平面三角形为例来说明基于棱边的矢量基函数。

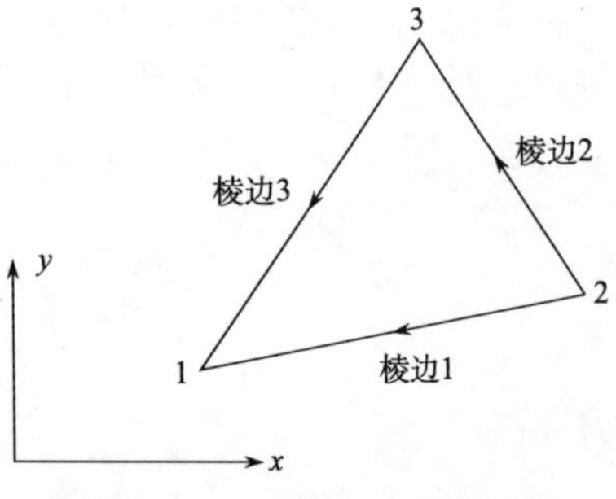

图 3-22　线性三角形棱边单元

如图 3-22 所示的三角形单元。采用 3.4 节讨论的面积坐标（N_1^e,N_2^e,N_3^e），它是单元的线性插值函数。考虑下列矢量函数

$$\boldsymbol{W}_{12}=N_1^e\nabla N_2^e-N_2^e\nabla N_1^e \tag{3-88}$$

不难看出

$$\nabla \cdot \boldsymbol{W}_{12} = \nabla \cdot (N_1^e \nabla N_2^e) - \nabla \cdot (N_2^e \nabla N_1^e) = 0 \tag{3-89}$$

和

$$\nabla \times \boldsymbol{W}_{12} = \nabla \times (N_1^e \nabla N_2^e) - \nabla \times (N_2^e \nabla N_1^e) = 2\nabla N_1^e \times \nabla N_2^e \tag{3-90}$$

设$\boldsymbol{e}_1$为从节点 1 指向节点 2 的单位矢量。因为N_1^e是一个线性函数，它从节点 1 处的 1 变化到节点 2 处的 0；N_2^e也是一个线性函数，它从节点 2 处的 1 变化到节点 1 处的 0，所以我们有$\boldsymbol{e}_1 \cdot \nabla N_1^e = -1/l_1^e$和$\boldsymbol{e}_1 \cdot \nabla N_2^e = 1/l_1^e$，这里$l_1^e$表示连接节点 1 和 2 的棱边的长度。因此

$$\boldsymbol{e}_1 \cdot \boldsymbol{W}_{12} = \frac{N_1^e + N_2^e}{l_1^e} = \frac{1}{l_1^e} \tag{3-91}$$

换言之，$\boldsymbol{W}_{12}$沿棱边(1,2)有一个不变的切向分量，并且因为N_1^e沿棱边(2,3)为零，N_2^e沿棱边(1,3)为零，所以，$\boldsymbol{W}_{12}$沿这两个棱边没有切向分量。因此，$\boldsymbol{W}_{12}$具有作为与棱边(1,2)相联系的棱边场的矢量基函数所需的所有特性。如果定义棱边(1,2)为棱边 1，则有

$$\boldsymbol{N}_1 = \boldsymbol{W}_{12} l_1^e = (N_1^e \nabla N_2^e - N_2^e \nabla N_1^e) l_1^e \tag{3-92}$$

式中，l_1^e用来使N_1^e归一化，并使N_1^e无量纲。类似地，能证明棱边(2,3)和(3,1)的矢量基函数为

$$\boldsymbol{N}_2 = \boldsymbol{W}_{23} l_2^e = (N_2^e \nabla N_3^e - N_3^e \nabla N_2^e) l_2^e \tag{3-93}$$

$$\boldsymbol{N}_3 = \boldsymbol{W}_{31} l_3^e = (N_3^e \nabla N_1^e - N_1^e \nabla N_3^e) l_3^e \tag{3-94}$$

成统一形式

$$\boldsymbol{N}_{lk}^e(\boldsymbol{r}) = (N_l^e \nabla N_k^e - N_k^e \nabla N_l^e) l_{lk}^e, \qquad l < k \tag{3-95}$$

式中，l_{lk}^e是带符号的节点l和k间的棱边长度。当$n(l,e) < n(k,e)$时，l_{lk}^e取“+”，否则取“−”。这样就保证了两个三角形公共边上基函数方向的一致性。图 3-23 表示了一个单元中基函数的矢量图。从图中可以清楚得看到，一个矢量基函数只在所相关的棱边上有一个切向分量，而正是这样，保证了插值场在法向不连续情况下的切向连续性。

因此，该单元内的矢量场可以展开为

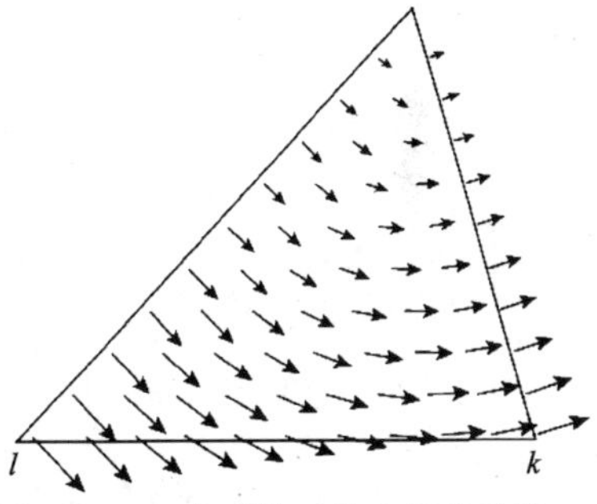

图 3-23 三角形单元的矢量基函数 $\boldsymbol{N}_{lk}^e$

$$\boldsymbol{E}^e(x,y) = \sum_{i=1}^{3} \boldsymbol{N}_i^e E_i^e = \boldsymbol{N}_{12}^e(x,y) E_{12}^e + \boldsymbol{N}_{13}^e(x,y) E_{13}^e + \boldsymbol{N}_{23}^e(x,y) E_{23}^e \tag{3-96}$$

式中，E_i^e表示沿第i个棱边的切向场。

3.6.3 矢量有限元方程

当用单元边上的切向场插值得到单元内的电场后，整个求解域的电场就可以表示为

$$\boldsymbol{E}=\sum_{j=1}^{N_{\text{edge}}}\boldsymbol{N}_jE_j+\sum_{j=1}^{N_D}\boldsymbol{N}_j^DE_j^D \tag{3-97}$$

式中，N_{edge}表示不包含边界Γ_D在内的所有棱边数；E_j表示第j条棱边的切向电场；$\boldsymbol{N}_j$表示相应的矢量基函数；N_D表示边界Γ_D上的所有棱边数；E_j^D和$\boldsymbol{N}_j^D$分别表示这些棱边上的切向电场和相应的基函数。显然，对求解域Ω内的棱边来说，$\boldsymbol{N}_j$跨越了共享棱边j的几个相邻单元。图 3-24 表示了内边上的基函数矢量图。注意，式(3-97)中的第二项，插值场满足了式(3-83)的边界条件。

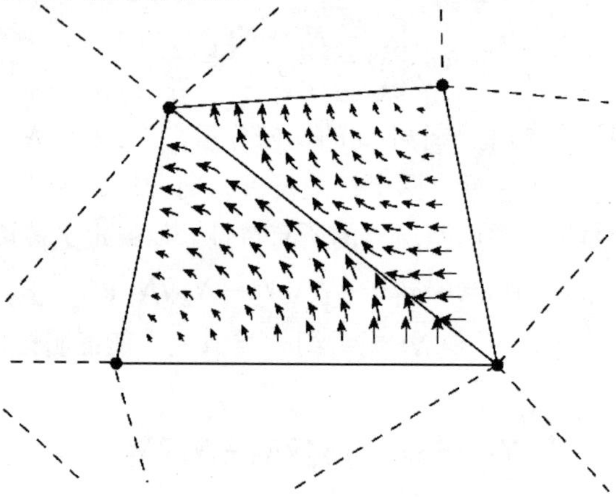

图 3-24　三角形单元对的矢量基函数 $\boldsymbol{N}_i$

将式(3-97)代入式(3-87)，并用矢量基函数$\boldsymbol{N}_i$作为权函数$\boldsymbol{W}_i$，得到

$$\sum_{j=1}^{N_{\text{edge}}}K_{ij}E_j=b_i,\quad i=1,2,\cdots,N_{\text{edge}} \tag{3-98}$$

式中

$$K_{ij}=\int_\Omega\left[\frac{1}{\mu_r}(\nabla\times\boldsymbol{N}_i)\cdot(\nabla\times\boldsymbol{N}_j)-k_0^2\varepsilon_r\boldsymbol{N}_i\cdot\boldsymbol{N}_j\right]\mathrm{d}\Omega+jk_0\int_{\Gamma_N}\left[\frac{1}{\eta_r}(\hat{n}\times\boldsymbol{N}_i)\cdot(\hat{n}\times\boldsymbol{N}_j)\right]\mathrm{d}\Gamma \tag{3-99}$$

$$\begin{aligned}b_i=&-jk_0Z_0\int_\Omega\boldsymbol{N}_i\cdot\boldsymbol{J}\mathrm{d}\Omega-\int_{\Gamma_N}\left(\boldsymbol{N}_i\cdot\boldsymbol{K}_N\right)\mathrm{d}\Gamma\\&-\sum_{j=1}^{N_D}\int_\Omega E_j^D\left[\frac{1}{\mu_r}(\nabla\times\boldsymbol{N}_i)\cdot(\nabla\times\boldsymbol{N}_j^D)-k_0^2\varepsilon_r\boldsymbol{N}_i\cdot\boldsymbol{N}_j^D\right]\mathrm{d}\Omega\end{aligned} \tag{3-100}$$

注意，式(3-87)中边界Γ_D上的积分因为$\hat{n}\times\boldsymbol{N}_i=0$而没有了。式(3-98)写成矩阵形式为

$$\boldsymbol{KE}=\boldsymbol{b} \tag{3-101}$$

$\boldsymbol{E}$是待求未知量。因为式(3-99)中元素只在局部相互作用，所以$\boldsymbol{K}$是稀疏对称阵。一旦$\boldsymbol{E}$求出，就可以用式(3-97)得到求解域中任意点的场值。

合成总体系数矩阵$\boldsymbol{K}$的过程与标量有限元法中类似。假设剖分如图 3-25 所示，我们定义数组$n(l,k;e)$，可以得到表 3-8 所示的棱边局部编号和全局编号的关系。

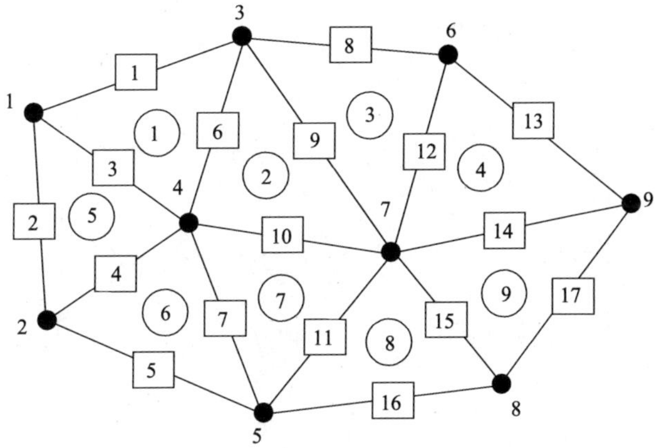

图 3-25 含单元编号、节点编号和棱边编号的三角形剖分图

表 3-8 数组 $n(l,k;e)$ 连接起单元-棱边

e	$n(1,2;e)$	$n(1,3;e)$	$n(2,3;e)$	e	$n(1,2;e)$	$n(1,3;e)$	$n(2,3;e)$
1	3	1	6	6	5	4	7
2	10	6	9	7	11	7	10
3	9	8	12	8	16	11	15
4	14	12	13	9	15	14	17
5	4	2	3				

若要计算 $\boldsymbol{K}$ 中由式(3-99)第一项积分所贡献的部分，于是在每个单元中计算

$$K_{lk;l'k'}^{e}=\int_{\Omega^e}\left[\frac{1}{\mu_r}(\nabla\times\boldsymbol{N}_{lk}^{e})\cdot(\nabla\times\boldsymbol{N}_{l'k'}^{e})-k_0^2\varepsilon_r\boldsymbol{N}_{lk}^{e}\cdot\boldsymbol{N}_{l'k'}^{e}\right]\mathrm{d}\Omega \tag{3-102}$$

式中，$l<k;l'<k'$。一旦 $K_{lk;l'k'}^{e}$ 计算出，就叠加到 K_{ij} 上，这里，$i=ne(l,k;e)$，$j=ne(l',k';e)$，不包含棱边 i、棱边 j 中任意边或两边都在边界 Γ_D 上的情况。遍历每个单元，矩阵 $\boldsymbol{K}$ 中由式(3-99)第一项积分所贡献的部分就综合得到了。例如，最初几个非零项 K_{ij} 为

$$\begin{aligned}&K_{11}=K_{13;13}^{1},\quad K_{13}=K_{13;12}^{1},\quad K_{16}=K_{13;23}^{1}\\&K_{22}=K_{13;13}^{5},\quad K_{23}=K_{13;23}^{5},\quad K_{24}=K_{13;12}^{5}\\&K_{33}=K_{12;12}^{1}+K_{23;23}^{5},\quad K_{34}=K_{23;12}^{5},\quad K_{36}=K_{12;23}^{1}\end{aligned} \tag{3-103}$$

式(3-99)中第二项积分所贡献的部分及列向量 $\boldsymbol{b}$ 均可以用类似的方式得到。

假设每个单元中的相对磁导率 μ_r^e 和相对介电常数 ε_r^e 是定值，则式(3-102)可以用下式解析计算

$$
\begin{cases}
K_{12;12}^e = \dfrac{l_{12}^e l_{12}^e}{\varDelta^e}\left[\dfrac{1}{24\mu_r^e}(f_{11}^e + f_{22}^e - f_{12}^e) - k_0^2\varepsilon_r^e\right] \\
K_{13;13}^e = \dfrac{l_{13}^e l_{13}^e}{\varDelta^e}\left[\dfrac{1}{24\mu_r^e}(f_{11}^e + f_{33}^e - f_{13}^e) - k_0^2\varepsilon_r^e\right] \\
K_{23;23}^e = \dfrac{l_{23}^e l_{23}^e}{\varDelta^e}\left[\dfrac{1}{24\mu_r^e}(f_{22}^e + f_{33}^e - f_{23}^e) - k_0^2\varepsilon_r^e\right] \\
K_{12;13}^e = \dfrac{l_{12}^e l_{13}^e}{\varDelta^e}\left[\dfrac{1}{48\mu_r^e}(f_{11}^e + 2f_{23}^e - f_{12}^e - f_{13}^e) + k_0^2\varepsilon_r^e\right] \\
K_{12;23}^e = \dfrac{l_{12}^e l_{23}^e}{\varDelta^e}\left[\dfrac{1}{48\mu_r^e}(f_{11}^e + f_{23}^e - 2f_{23}^e - f_{22}^e) + k_0^2\varepsilon_r^e\right] \\
K_{13;23}^e = \dfrac{l_{12}^e l_{23}^e}{\varDelta^e}\left[\dfrac{1}{48\mu_r^e}(f_{33}^e + 2f_{12}^e - f_{13}^e - f_{23}^e) + k_0^2\varepsilon_r^e\right]
\end{cases}
\tag{3-104}
$$

式中，$f_{lk}^e = b_l^e b_k^e + c_l^e c_k^e$，$b_l^e$、$b_k^e$、$c_l^e$、$c_k^e$ 与式(3-39)中一致。

习　　题

1. 比较有限元和有限差分法的异同。

2. 根据本书中平面三角元插值函数的推导过程，推导直四面体元的插值函数。

3. 如图 3-26 所示的一维问题，在$[a,b]=[1,6]$上满足拉普拉斯方程，且满足边界条件$\phi(a)=0$，$\phi(b)=10\text{V}$，将求解域均匀分成 5 个单元，使用分段三角函数作为基函数，即 $\phi_e(x)=\dfrac{x_n - x}{x_n - x_{n-1}}\phi_1^e + \dfrac{x - x_n}{x_{n+1} - x_n}\phi_2^e$，$\phi_i^e$ 为单元端点值。

(1) 写出有限元方程的具体表达形式。

(2) 写出最后要求解的线性方程组，即 $\boldsymbol{K\phi}=\boldsymbol{P}$ 的具体表达形式(除未知量外，矩阵中元素全部用数字表示)。

(3) 用有限差分法写出最后要求解的线性方程组。

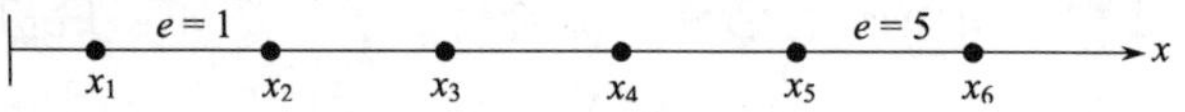

图 3-26　习题 3 示意图

4. 用标量有限元求解如下问题。

(1) 将求解场域划分为 6 个单元格，并对节点和单元进行编号，写出联系数组 $n(i,e)$；

(2) 写出各单元的 $\boldsymbol{K}_e$ 和 $\boldsymbol{P}_e$；

(3) 扩展每个 $\boldsymbol{K}_e$ 和 $\boldsymbol{P}_e$，组成全局 $\boldsymbol{K}$ 和 $\boldsymbol{P}$；

(4) 细剖分求解区域，应用边界条件，编程计算出区域中的电位分布。

5. 编程计算矩形波导 BJ-100（$a\times b = 22.86\text{mm}\times 10.16\text{mm}$）$\text{TE}_{mn}$ 波的截止波长。

第4章 矩 量 法

前面介绍的差分法和有限元法主要用于微分方程的求解，而本章介绍的矩量法(Method of Moment，MoM)对于求解微分方程和积分方程都适用。该方法最早是在1963年，Mei的博士论文工作中被采用。矩量法求解电磁场的经典著作是Harrington于1968年出版的专著，专著对用此法求电磁场问题作了全面深入的分析，用统一的观点简单扼要地介绍了这种方法。矩量法主要用于求解积分方程，是一种严格的数值方法，求解精度高，加之格林函数直接满足辐射条件，不需要像微分方程法那样必须设置吸收边界条件，因而可以灵活解决边界比较复杂的一些问题，在电磁辐射和散射、天线电流分布、天线设计、微波网络、生物电磁学、辐射效应研究、微带线分析、电磁兼容等方面得到广泛应用。

本章将在阐明矩量法基本概念的基础上，介绍几种常用的基函数和权函数，然后通过等效原理、格林函数建立起电磁场表面积分方程，最后通过电磁散射与辐射应用具体介绍如何用矩量法求解电磁场问题。

4.1 矩量法概述

矩量法就是先将需要求解的微分方程或积分方程写成带有微分或积分算符的算子方程；再将待求函数表示为某一组选用的基函数的线性组合并代入算子方程；最后用一组选定的权函数对所得的方程取矩量，就得到一个矩阵方程或代数方程组。代数方程的求解过程就是利用计算机进行大量的数值计算，包括矩阵的反演(求逆)和数值积分等。

原则上，矩量法可用于求解微分方程和积分方程，但用于微分方程时所得到的代数方程组的系数矩阵往往是病态的，故在电磁场中主要用于求解积分方程。

根据线性空间理论，N 个线性方程的联立方程组、微分方程、差分方程及积分方程均属于希尔伯特空间中的算子方程，它们可化作矩阵方程予以求解，在求解过程中需要计算广义矩量，故此法称为矩量法。

令算子方程为

$$L(f) = g \tag{4-1}$$

L 为算子，g 为已知激励函数，f 为未知响应函数。

算子 L 的定义域为算子作用于其上的函数 f 的集合，算子 L 的值域为算子在其定义域上运算而得到的函数 g 的集合。L 取不同形式，人们便可描绘不同的电磁工程问题，例如：

$L = -\varepsilon_0 \nabla^2$，$f = \rho$，$g = \phi$，对应于泊松方程；

$L=\dfrac{1}{\varepsilon_0}\displaystyle\int_{l'}\dfrac{\mathrm{d}l'}{4\pi R}$，$f=\rho$，$g=\phi$，则可对应于静电场中带电导线$l'$上的线电荷密度$\rho$的分布问题，若给定激励源，即电位$\phi$，求$\rho$；

$L=\dfrac{k\eta}{4}\displaystyle\int_{e'}H_0^{(2)}(K|\boldsymbol{e}-\boldsymbol{e}'|)\mathrm{d}l'$，$f=J_{sz}$，$g=E_z^{\ s}$，对应于二维柱形导体散射场；

$L=-\dfrac{1}{\mathrm{j}\omega\varepsilon}\displaystyle\int_{-\frac{L}{2}}^{\frac{L}{2}}\left[\dfrac{\partial^2 G(z,z')}{\partial z^2}+k^2G(z,z')\right]\mathrm{d}z'$，$f=I(z')$，$g=E_z^{\ i}$，对应于线天线辐射的问题。

用矩量法求解算子方程(4-1)的基本步骤如下。

(1)展开：未知函数f为有限个线性无关的已知简单函数f_n之和，即

$$f=\sum_{n=1}^{N}\alpha_n f_n \tag{4-2}$$

式中，$f_1,f_2,f_3,\cdots,f_N$是N个线性无关的简单函数——基函数。代入式(4-1)，则

$$L\sum_{n=1}^{N}\alpha_n f_n=g \tag{4-3}$$

$\alpha_1,\alpha_2,\alpha_3,\cdots,\alpha_N$为$N$个未知数。此时算子$L$的作用域在已知函数$f_n$上，可将待求系数$\alpha_n$移到算子$L$之外，使求解方便。

(2)匹配：在L的值域内选一组线性无关的函数w_m(权函数)，分别与Lf和g作内积

$$\begin{gathered}<w_m,Lf>=<w_m,g>\\ \sum_n\alpha_n<w_m,Lf_n>=<w_m,g>\end{gathered} \tag{4-4}$$

其展开式为

$$\begin{cases}\displaystyle\sum_{n=1}^{N}\alpha_n<w_1,Lf_n>=<w_1,g>\\ \displaystyle\sum_{n=1}^{N}\alpha_n<w_2,Lf_n>=<w_2,g>\\ \qquad\vdots\\ \displaystyle\sum_{n=1}^{N}\alpha_n<w_N,Lf_n>=<w_N,g>\end{cases} \tag{4-5}$$

式(4-5)即为$L(f)=g$的近似算式。

(3)变换为矩阵方程。令$l_{mn}=<w_m,Lf>,g_m=<w_m,g>$，则式(4-5)变为矩阵形式

$$\boldsymbol{l}_{mn}\boldsymbol{\alpha}_n=\boldsymbol{g}_n \tag{4-6}$$

(4)矩阵方程求解。用直接法$\boldsymbol{\alpha}_n=\boldsymbol{l}_{mn}^{-1}\boldsymbol{g}_n$或迭代法求解式(4-6)得到未知向量$\boldsymbol{\alpha}_n$。

注意：f_n必须是线性无关，若选择适当则可使$\sum\limits_{n=1}^{N}\alpha_n f_n$很快逼近$f$。

4.2 基函数和权函数选择

矩量法的求解过程简单,但要用好却并不十分容易,因为在应用中取决于许多因素,如离散化程度、基权函数的选择、矩阵方程的求解过程等，其中尤以基权函数的选择最重要。

选取合适的基函数、权函数是很关键的。因为基函数、权函数选取的好坏，直接影响如下结果。①计算结果的精度。一个好的基函数应该能够模拟目标表面感应电流的连续分布，不造成人为电荷的堆积。②阻抗矩阵计算的难易。基函数和权函数的选取应尽可能避免多重积分，如采用点匹配或线匹配法来代替伽辽金法。③阻抗矩阵的阶数即未知量的多少。通常一个波长划分 10 个单元，采用脉冲基则得到 10 个未知数；而用三角基或分段正弦基则可采用更少的剖分，从而降低未知量的个数。④阻抗矩阵的条件数的大小。每一个矩阵元素 l_{mn} 由第 n 个基函数与第 m 个权函数内积计算所得。不同的基函数、权函数所得到的矩阵的条件数并不同。即使是相同的基函数，在不同的权函数下得到的矩阵性质也不同。如同样都是三角基和线匹配法，定义在相邻单元中心连线(或连线的延长线)上的权函数与基函数内积所得矩阵为良态,而定义在相邻单元非中心连线上的权函数与基函数内积所得矩阵为病态。

1. 基函数

MoM 的一个重要问题是基函数 f_n 的选取。理论上有许多基函数可供选择，只要满足完备性和正交性即可。但实际上，人们往往只能有少量的某些函数可较好地逼近待求量 f ，通常选取的基函数应使矩阵有较少的阶次，求逆阵方便，收敛快等要求。而且要尽量利用先验知识，如对称振子上的电流分布接近正弦分布，可选择正弦函数为基函数(全域基)，此时只需要取少数几项展开便可较好地逼近未知函数，所以收敛很快。

完备性指选择的基函数可以精确地表示任何未知函数，且其精度随着基函数的数目增加而提高；正交性可以放宽为线性独立，即要求一组基函数中任何两个必须是线性独立的。

1) 全域基函数

在算子 L 的全部定义域中存在且不为“0”。

(1) 幂级数:

$$f_n = x - x^{n+1} \tag{4-7}$$

(2) 傅里叶级数:

$$f_n = \cos n\theta \text{或} \sin n\theta \tag{4-8}$$

(3) 麦克劳林级数:

$$f_n = x^n \tag{4-9}$$

全域基函数不需要网格剖分，但只适用于简单、规则的形状(如天线辐射)，对于很多问题(尤其是二维、三维问题)很难构造，因而现在很少使用。

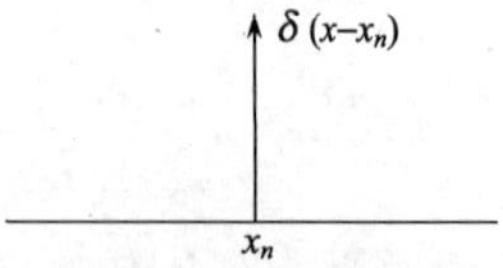

图 4-1　狄拉克函数

2) 分域基函数

在 L 的部分定义域中存在，但部分为“0”。

(1) 狄拉克函数 (Dirac Delta Function) 如图 4-1 所示。

$$B_n(x)=\delta(x-x_n) \tag{4-10}$$

(2) 脉冲函数 (Pulse Function，分段均匀，一般幅值为 1)。

$$P_n(x)=\begin{cases}C, & x_n<x<x_{n+1}\\ 0, & \text{其他}\end{cases} \tag{4-11}$$

脉冲函数如图 4-2 所示，整个区域被 N 点分成 N–1 段。一般来说，每段长度相等。这是一种简单粗糙的近似，但可以简化矩阵元素的计算。注意到脉冲函数的散度是冲激函数，所以当算子 L 中含有散度计算时不能使用该基函数。

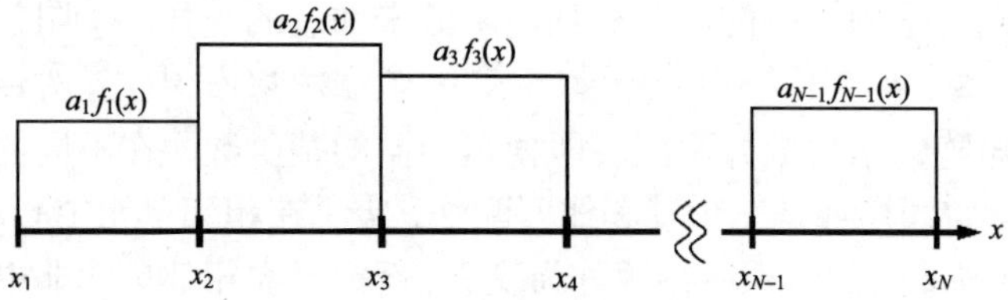

图 4-2　脉冲函数

(3) 子域三角函数 (Subsectional Triangle Function，不构成正交系)。

脉冲函数在一个分区内是常数，三角函数跨两个区间，从两端为 0 变化到中间为 1，如图 4-3 所示。整个区间被 N 点分成 N–1 段，用到 N–2 个基函数。一般来说，每段长度相等。图 4-3 所示的两种情况分别适用于端点为 0 和不为 0 的情况。

$$T_n(x)=\begin{cases}\dfrac{x-x_{n-1}}{x_n-x_{n-1}}, & x_{n-1}<x<x_n\\[2mm] \dfrac{x_{n+1}-x}{x_{n+1}-x_n}, & x_n<x<x_{n+1}\end{cases} \tag{4-12}$$

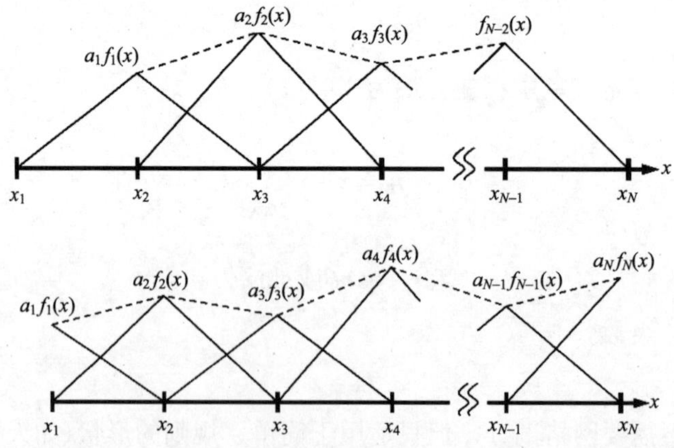

图 4-3　三角函数

(4) 分段正弦函数(Piecewise Sinusoidal Function)。

$$S_n(x)=\begin{cases}\dfrac{\sin(kx-kx_{n-1})}{\sin(kx_n-kx_{n-1})}, & x_{n-1}<x<x_n\\ \dfrac{\sin(kx_{n+1}-kx)}{\sin(kx_{n+1}-kx_n)}, & x_n<x<x_{n+1}\end{cases} \tag{4-13}$$

该函数与三角函数类似，也覆盖两个单元区间，当单元间隔很小时，它就是三角函数，如图 4-4 所示。该函数在线天线问题分析中经常采用，因其正好能描述线天线上正弦电流分布。式(4-13)中 k 为波数，且分段的区间长度远小于正弦函数的周期。

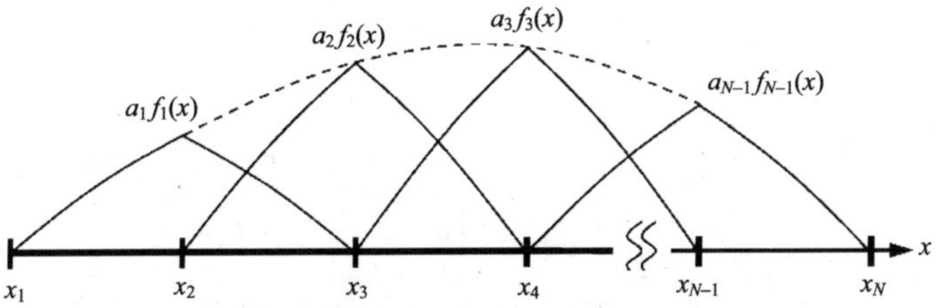

图 4-4 分段正弦函数

(5) 拉格朗日插值多项式(Lagrangian Interpolation Polynomials)函数。

一阶拉格朗日函数就是把区间端点连接起来，同前面三角形展开函数一样。二阶拉格朗日函数增加了一个内点，一般设在±1区间内，坐标原点为内节点，表达为

$$\phi_1(x)=\frac{1}{2}x(x-1),\quad \phi_2(x)=1-x^2,\quad \phi_3(x)=\frac{1}{2}x(x+1) \tag{4-14}$$

这些函数都定义在±1区间上的。ϕ_1 的左端函数值为−1，中点值和右端值为 0；ϕ_2 的中点值为 1，两端点值为 0；ϕ_3 的右端值为 1。拉格朗日多项式可以作为全域展开子基，但实际上高阶多项式总会带来不稳定性问题。因此，总是把整个域划分为小的单元，在小单元上再设定相应阶次的拉格朗日多项式为展开函数或检验函数。也就是总是设定分域基，而不是设定全域展开子基。拉格朗日插值多项式函数为

$$\phi_j=\frac{(x-x_1)(x-x_2)\cdots(x-x_{j-1})(x-x_{j+1})\cdots(x-x_N)}{(x_j-x_1)(x_j-x_2)\cdots(x_j-x_{j-1})(x_j-x_{j+1})\cdots(x_j-x_N)} \tag{4-15}$$

式中，$j=1,2,\cdots$；$x_1<x_2<\cdots<x_N$。

拉格朗日函数可以保证在单元交界处的连续性，但是并不能保证越界时各阶导数的连续性。当问题要求必须保证一阶导数在越界时的连续性时，可以采用埃尔米特插值(Hermitian Interpolates)函数。

(6) RWG 基函数。

上述基函数仅限于一维情况。在此，我们介绍一种最常用的二维情况下的基函数。我们知道三角形面元最有利于对任意曲面的精确模拟，如尖点、凹槽及目标表面的突起物，因此得到了最广泛的应用。用三角形面元对目标表面进行剖分，在其上面定义 RWG 矢量基函数，能保持单元交界面处切向或法向的连续性。RWG 基函数是 Rao、Wilton、Glisson 于 1982 年提出定义在相邻平面三角贴片上的基函数，又称为广义屋脊基函数。

这种基函数能较好地模拟散射体表面感应电流的分布，不会造成人为电荷的堆积，保证了电流的连续性。

Rao 等用三角形面元逼近任意形状的导体表面 S，并将有公共边的三角形面元用公共边进行编号。图 4-5 给出任意一对三角形面元 T_n^+ 和 T_n^- $(n=1,2,\cdots)$，其公共边及其长度用 l_n 表示，面积分别用 A_n^+ 和 A_n^- 表示。为了方便，定义两类位矢表示面元上各点的位置：$\boldsymbol{\rho}_n^+$ 和 $\boldsymbol{\rho}_n^-$ 分别由 T_n^+ 的自由顶点指向内点和由 T_n^- 的内点指向其顶点，$\boldsymbol{r}_n^+$ 和 $\boldsymbol{r}_n^-$ 分别由坐标原点 O 指向 T_n^+ 和 T_n^- 的内点。T_n^+ 和 T_n^- 中心点的位置矢量分别用 $\boldsymbol{\rho}_n^{c+}$ 和 $\boldsymbol{\rho}_n^{c-}$ 以及 $\boldsymbol{r}_n^{c+}$ 和 $\boldsymbol{r}_n^{c-}$ 表示。与 l_n 相联系的 RWG 矢量基函数可定义为

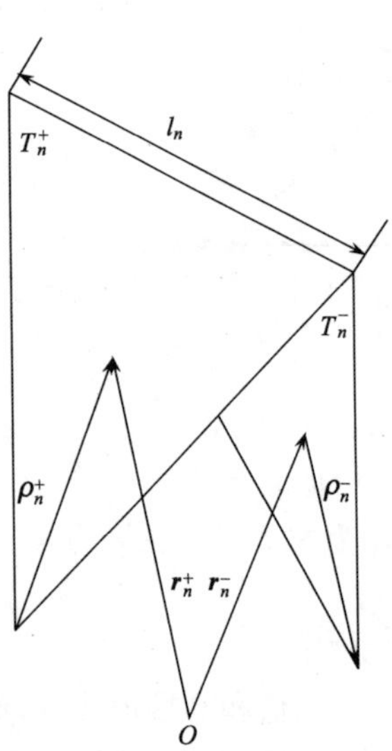

图 4-5　平面三角贴片对和 RWG 基函数

$$f_n(\boldsymbol{r})=\begin{cases}\dfrac{l_n}{2A_n^+}\boldsymbol{\rho}_n^+, & \boldsymbol{r}\in T_n^+\\ \dfrac{l_n}{2A_n^-}\boldsymbol{\rho}_n^-, & \boldsymbol{r}\in T_n^-,\ n=1,2,\cdots\\ 0, & \text{其他}\end{cases}\tag{4-16}$$

式中，$\boldsymbol{r}$ 为由原点 O 到任一点的位置矢量。待求的表面电流 $\boldsymbol{J}_s$ 可近似表示为 $\boldsymbol{J}_s=\sum_{n=1}^{N}j_n f(\boldsymbol{r})$，其中，$j_n$ 是未知展开系数，N 为除边界棱边(只与某个面元相关的棱边)外所包含的面元的边数。显然，当用 RWG 矢量基函数展开表面电流时，电流方向就与式(4-16)中 $\boldsymbol{\rho}_n^+$ 和 $\boldsymbol{\rho}_n^-$ 的方向一致。定义与 l_n 相关的电流以由 T_n^+ 流向 T_n^- 为正方向，则电流展开基函数具有以下几个特点。

①由三角形面积的计算公式可知，$2A_n^{\pm}/l_n$ 等于从 $T_n^{\pm}$ 的自由顶点到 l_n 的垂直距离。由式(4-16)可推知，如果 $\boldsymbol{r}$ 表示 $\boldsymbol{\rho}_n^{\pm}$ 对 l_n 的正交点，则必有 $|f_n(\boldsymbol{r})|=1$。$T_n^{\pm}$ 上的电流取向与 $\boldsymbol{\rho}_n^{\pm}$ 一致，说明 $T_n^{\pm}$ 上对 l_n 正交的电流为常数，在跨越 l_n 时具有连续性。这也说明在 l_n 上没有线电荷的积累，从而保证不会由此引起计算误差。此外，由于代表电流方向的 $\boldsymbol{\rho}_n^{\pm}$ 不可能在除公共边 l_n 之外的 $T_n^{\pm}$ 的其他边上有正交分量，所以在其他这些边上没有垂直于 $T_n^{\pm}$ 边界的电流分量，故也没有线电荷积累。

②求 $f_n(\boldsymbol{r})$ 的面散度可得

$$\nabla_s\cdot f_n(\boldsymbol{r})=\begin{cases}\nabla_s\cdot\left(\dfrac{l_n}{2A_n^+}\boldsymbol{\rho}_n^+\right)=\dfrac{l_n}{2A_n^+}\nabla_s\cdot\boldsymbol{\rho}_n^+=\dfrac{l_n}{A_n^+}, & \boldsymbol{r}\in T_n^+\\ \nabla_s\cdot\left(\dfrac{l_n}{2A_n^-}\boldsymbol{\rho}_n^-\right)=\dfrac{l_n}{2A_n^+}\nabla_s\cdot\boldsymbol{\rho}_n^-=-\dfrac{l_n}{A_n^-}, & \boldsymbol{r}\in T_n^-\\ 0, & \text{其他}\end{cases}\tag{4-17}$$

式中，$\nabla_s\cdot$ 表示求面散度。式(4-17)的计算中用到了 $\nabla_s\cdot\boldsymbol{\rho}_n^+=-\nabla_s\cdot\boldsymbol{\rho}_n^-=2$。这表明，$f_n(\boldsymbol{r})$

的面散度在每个面元上均为常数。由于在连续性方程中，$-\nabla_s \cdot \boldsymbol{J}_n/(\mathrm{j}\omega)$ 代表电荷密度，所以 T_n^+ 和 T_n^- 上的电荷密度为常数，电荷总量分别为 $\dfrac{\mathrm{j}}{\omega}\nabla_s \cdot f_n(\boldsymbol{r}_n^+)A_n^+ = \dfrac{\mathrm{j}l_n}{\omega}$，$\dfrac{\mathrm{j}}{\omega}\nabla_s \cdot f_n(\boldsymbol{r}_n^-)A_n^- = -\dfrac{\mathrm{j}l_n}{\omega}$。该式说明 T_n^+ 和 T_n^- 上所带的电荷等量、异号，总电荷为零。也就是说，基函数具有偶极子的形式。

③ f_n 的电矩为 $(A_n^+ + A_n^-)f_{\mathrm{ave}}$，可表示为

$$(A_n^+ + A_n^-)f_{\mathrm{ave}} = \int_{T_n^+ + T_n^-} f_n \mathrm{d}S = \frac{l_n}{2}(\rho_n^{c+} + \rho_n^{c-}) = l_n(r_n^{c+} + r_n^{c-}) \tag{4-18}$$

从上述分域基函数可以看出，分域基函数构造包括：

①求解域分成很多子区域；

②在每个子区域中选择若干个位置上的函数值作为参考点；

③用多项式插值得到整个子区域的函数；

④子区域函数叠加得到整个区域待定函数的表达式。关键是子区域形状的选择和插值参数的选择。

分域基函数形状稍复杂，但稳定、灵活。因其具有“局部化”的特点，故不受未知函数的约束，因而得到广泛使用。

此外，有用于旋转对称体的全域基（φ向）和分域基（轴向）组合（如用于导弹、圆柱），还有时域基函数。

2. 权函数

选取不同类型的函数作为权函数，会得到不同形式的矩量法。

1) 伽辽金法

全部基函数均可作为权函数。当取 $w_n = f_n$ 时称为伽辽金法（Garlerkin Methord）。但是当基函数选用脉冲基时，不能用此法。

2) 点匹配法

δ 函数定义为

$$\begin{cases} \delta_j(\boldsymbol{r}-\boldsymbol{r}_j') = 0, & \boldsymbol{r} \neq \boldsymbol{r}_j' \\ \delta_j(\boldsymbol{r}-\boldsymbol{r}_j') = \infty, & \boldsymbol{r} = \boldsymbol{r}_j' \\ \int_V \delta_j(\boldsymbol{r}-\boldsymbol{r}_j')\mathrm{d}V = 1, & \boldsymbol{r}_j' \in V \end{cases} \tag{4-19}$$

该函数具有如下重要性质：对于任意在 $\boldsymbol{r} = \boldsymbol{r}_j'$ 处连续的函数 $f(\boldsymbol{r})$，有

$$\int_V \delta_j(\boldsymbol{r}-\boldsymbol{r}_j')f(\boldsymbol{r})\mathrm{d}V = f(\boldsymbol{r}_j') \tag{4-20}$$

从矩量法求解的过程，我们看到，$l_{mn} = \langle w_m, Lf \rangle$、$g_m = \langle w_m, g \rangle$ 的计算中至少要计算一次内积的积分。当选取 δ 函数作为权函数时，l_{mn}、g_m 的计算简化为

$$
\begin{aligned}
l_{mn} &= < w_m, Lf > = \int_V \delta_m(\boldsymbol{r} - \boldsymbol{r}'_m) Lf \mathrm{d}V = Lf(\boldsymbol{r}'_m) \\
g_m &= < w_m, g > = \int_V \delta_m(\boldsymbol{r} - \boldsymbol{r}'_m) g \mathrm{d}V = g(\boldsymbol{r}'_m)
\end{aligned}
\tag{4-21}
$$

l_{mn}、g_m 的计算归结为只需计算 $\boldsymbol{r}'_m$ 所在点处的对应值，未知函数的近似解只在离散点 $\boldsymbol{r}'_m$ 上满足算子方程。因此将权函数 w_m 取为 δ 函数的方法称为点匹配法。虽然这种选 δ 函数作为权函数的方法避免了内积积分，但是要基于场量在匹配点附近区域内(通常小于1/10 波长)是平滑的假定，其精度很有限，仅可用于小网格情况。

4.3　电磁场表面积分方程

电磁场中的矩量法通常用于求解积分方程。积分方程法尤其适合分析目标辐射和散射问题，通过求解目标表面或体积内部的感应电流来分析辐射、散射问题。下面就从建立积分方程要用到的几个原理开始，推导出自由空间中电磁场表面积分方程。

4.3.1　等效原理

电磁场的实际源可以用一组等效源来代替，这就是所谓的等效原理，它其实是唯一性定理的一个引申。在分析辐射、散射和衍射问题时，场的等效原理十分有用，为求解场问题提供了方便。这里，我们讲的是面等效原理。

场的等效原理一般情况可用图 4-6 所示的形式来分析。设闭合面 S 将线性介质的整个空间一分为二，即 V_1 和 V_2。图 4-6(a)所示的原有问题中，V_1、V_2 内均有电流源和磁流源，产生的电磁场为 $\boldsymbol{E}_a$、$\boldsymbol{H}_a$；图 4-6(b)所示的原有问题中，V_1、V_2 内均有电流源和磁流源，产生的电磁场为 $\boldsymbol{E}_b$、$\boldsymbol{H}_b$。现在可以建立一种等效问题。假定 V_2 内的场源、介质和电磁场与图 4-6(a)所示问题相同，V_1 中的场源、介质和电磁场与图 4-6(b)所示问题相同。为了支持这样的一个电磁场，根据边界条件，在闭合面 S 上必须外加表面电流 $\boldsymbol{J}_s$ 和表面磁流 $\boldsymbol{J}_{ms}$，而且它们应满足下列条件

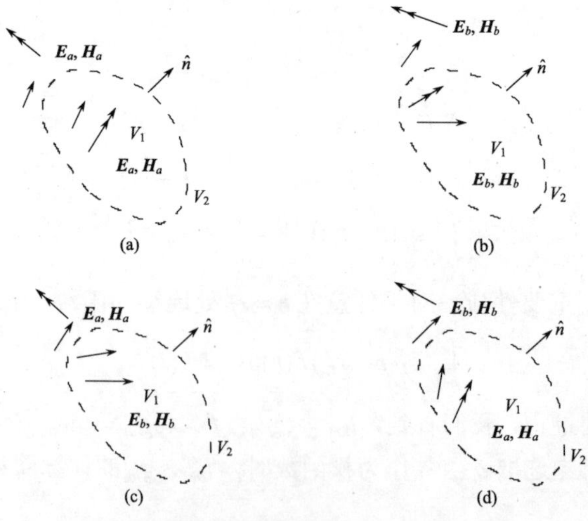

图 4-6　场的等效原理的一般形式

$$\boldsymbol{J}_s = \hat{n} \times (\boldsymbol{H}_a - \boldsymbol{H}_b), \quad \boldsymbol{J}_{ms} = -\hat{n} \times (\boldsymbol{E}_a - \boldsymbol{E}_b)$$

式中，$\hat{n}$ 为 S 面的外法向单位矢量，图 4-6(c)表示了这样的等效问题。用相似的道理又可建立如图 4-6(d)所示的等效问题。但 S 面上外加的表面电流 $\boldsymbol{J}_s$ 和表面磁流 $\boldsymbol{J}_{ms}$ 必须与图 4-6(c)等效问题中的 $\boldsymbol{J}_s$ 和 $\boldsymbol{J}_{ms}$ 方向相反或者是上式的负值。

通常，我们会使用勒夫(Love)场的等效原理。

图 4-7(a)所示为原问题，只是 V_1 内有场源，空间的电磁场为 $\boldsymbol{E}$、$\boldsymbol{H}$。根据上述等效原理，可以建立在 V_2 中维持原来 $\boldsymbol{E}$、$\boldsymbol{H}$ 场的等效原理。设 V_2 内仍为原来的场，而 V_1 则为无源和无场的区域，如图 4-7(b)所示。为了维持这样的场，闭合面 S 上必须外加面电流 $\boldsymbol{J}_s$ 和表面磁流 $\boldsymbol{J}_{ms}$，且有 $\boldsymbol{J}_s = \hat{n} \times \boldsymbol{H}$、$\boldsymbol{J}_{ms} = -\hat{n} \times \boldsymbol{E}$。这种等效形式，一般称为 Love 场等效原理。必须指出：上述外加的面电流 $\boldsymbol{J}_s$ 和表面磁流 $\boldsymbol{J}_{ms}$ 作为新的电磁场的源时，它们在空间内产生的电场和磁场，在 V_2 内一定等于原问题的电磁场，而在 V_1 内是什么电磁场，对我们来说是无关的(注意等效区是在均匀背景介质中)。

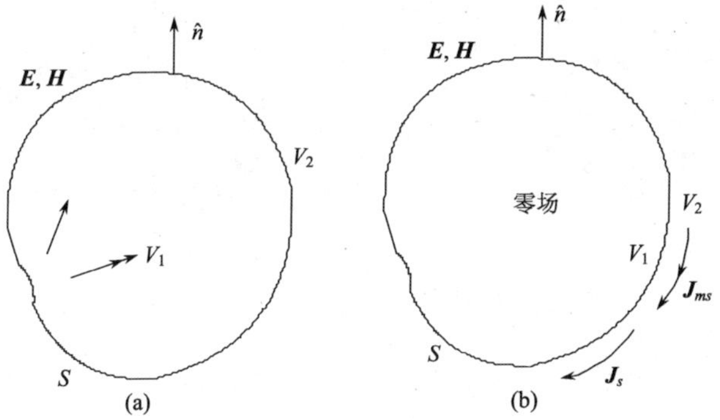

图 4-7　Love 场等效原理

我们再来学习一下面等效原理在导体散射问题中的应用。此时，等效源代替了障碍物。

如图 4-8(a)所示，无界介质 ε_1、μ_1 中有源 $\boldsymbol{J}_1$、$\boldsymbol{M}_1$ 产生场 $\boldsymbol{E}_1$、$\boldsymbol{H}_1$，其中，我们用假想面 S_1 围住一区域 V_1。如果我们将 V_1 中的介质替换成 ε_2、μ_2，则原问题变为 $\boldsymbol{J}_1$、$\boldsymbol{M}_1$ 在介质 1 中遇到障碍物产生场的问题了。此时，V_1 外的场变为 $\boldsymbol{E}$、$\boldsymbol{H}$，V_1 内的场变为 $\boldsymbol{E}^t$、$\boldsymbol{H}^t$，如图 4-8(b)所示。$\boldsymbol{E}$、$\boldsymbol{H}$ 由两部分组成，一是源产生的场 $\boldsymbol{E}_1$、$\boldsymbol{H}_1$，二是障碍物散射产生的场 $\boldsymbol{E}^s$、$\boldsymbol{H}^s$。求得散射场 $\boldsymbol{E}^s$、$\boldsymbol{H}^s$ 也就求得了总场 $\boldsymbol{E}$、$\boldsymbol{H}$。

当 V_1 是理想导体时，内部场为零，如图 4-8(c)所示。为了维持 V_1 内外的场及边界条件，我们必须在边界 S_1 上引入等效源 $(\boldsymbol{J}_S, \boldsymbol{M}_S)$，并且满足 $\boldsymbol{J}_S = \hat{n} \times \boldsymbol{H}, \boldsymbol{M}_S = -\hat{n} \times \boldsymbol{E}$。

又知电场在理想导体边界上切向为零，于是得到如图 4-8(d)所示的等效问题，此时，障碍物被等效电流取代了，原问题变成了无限均匀空间中源 $\boldsymbol{J}_1$、$\boldsymbol{M}_1$、$\boldsymbol{J}_S$ 产生场的问题。$\boldsymbol{H} = \boldsymbol{H}_1 + \boldsymbol{H}^s$，$\boldsymbol{H}_1$ 为已知源产生的入射场，$\boldsymbol{H}^s$ 是感应表面电流 $\boldsymbol{J}_S$ 产生的未知散射场。如何求得 $\boldsymbol{J}_S$，我们就要利用下面介绍的格林函数和矩量法了。

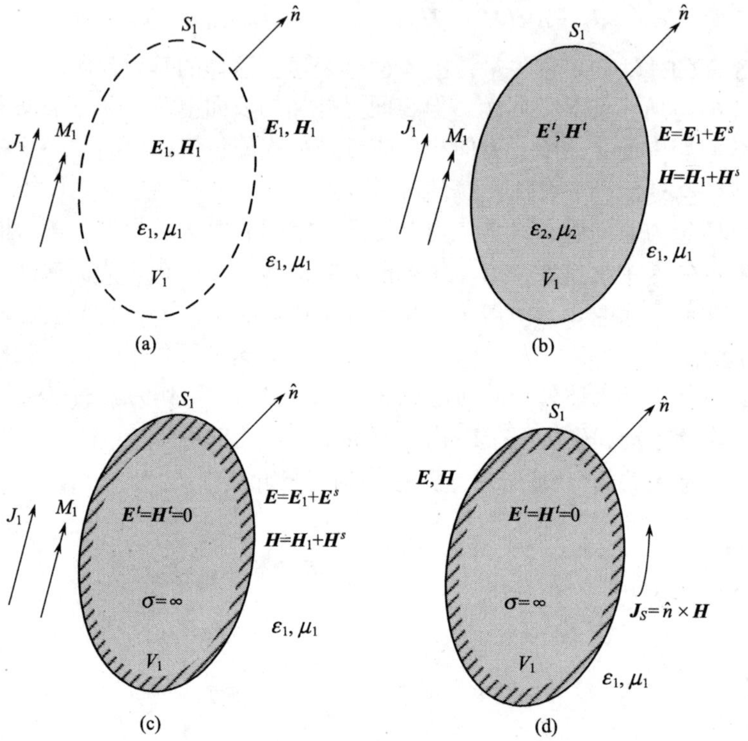

图 4-8　完纯导体(PEC)散射的等效问题

通常，我们将入射波设置为平面波。当入射波长远小于导体尺寸时，每个入射场点可以看成平面波入射到无限大平面上，此时 $\boldsymbol{J}_S$ 可以近似为：在入射场照亮区 $\boldsymbol{J}_S \approx 2\hat{n}\times\boldsymbol{H}_1$，在未被入射场照亮的阴影区 $\boldsymbol{J}_S = 0$。如此，就可以很快求出散射场。这种方法也称为物理光学近似法。

4.3.2　格林函数

当求解区域无限大时，来自麦克斯韦方程的微分方程和边界条件可就不那么好用了。此时，我们采用积分方程的形式，而格林函数正是帮助完成这一过程的不可或缺的部分。

格林函数的基本思想是将分布场源在给定边界条件下所产生的场，看成由一些理想点源在同样边界条件下所产生的场叠加起来。当点源的场解为已知时，一般的源分布的解可由叠加原理获得。

电磁场中的格林函数通过波动方程和狄拉克函数导出。波动方程的格林函数是相应于点源的波动方程解。当点源的场解为已知时，一般的源分布的解可由叠加原理获得。这是因为波动方程为一个线性方程，而一般的源分布又可看成点源的线性叠加的缘故。

例如，为了获得下列方程的解

$$(\nabla^2 + k^2)\psi(\boldsymbol{r},\boldsymbol{r}') = s(\boldsymbol{r}) \tag{4-22}$$

我们先寻求格林函数，它应是下述方程的解

$$(\nabla^2 + k^2)G(\boldsymbol{r},\boldsymbol{r}') = -\delta(\boldsymbol{r}-\boldsymbol{r}') \tag{4-23}$$

给定$G(\boldsymbol{r},\boldsymbol{r}')$，$\psi(\boldsymbol{r},\boldsymbol{r}')$就很容易求得，这是因为$G(\boldsymbol{r},\boldsymbol{r}')$本身就是式(4-23)的解，只要方程右边代之以点源。因为一个任意源分布$S(\boldsymbol{r})$可表示为$S(\boldsymbol{r}) = \int \mathrm{d}\boldsymbol{r}' s(\boldsymbol{r}')\delta(\boldsymbol{r}-\boldsymbol{r}')$，即点源的线性叠加，式(4-22)的解则为$\psi(\boldsymbol{r},\boldsymbol{r}') = -\int_V \mathrm{d}\boldsymbol{r}' G(\boldsymbol{r},\boldsymbol{r}')s(\boldsymbol{r}')$，即式(4-23)的解的积分形式的叠加如图4-9所示。由互易性可以看出$G(\boldsymbol{r},\boldsymbol{r}') = G(\boldsymbol{r}',\boldsymbol{r})$。

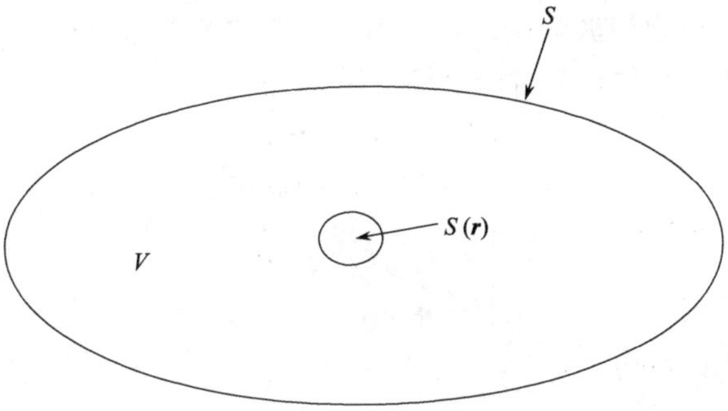

图4-9　体积V中源$S(\boldsymbol{r})$的辐射

为了求得无限大的均匀介质中式 (4-23)的解，我们在以$\boldsymbol{r}'$为原点的球坐标系统内求解。这样一来，式(4-23)变为

$$(\nabla^2 + k^2)G(\boldsymbol{r}) = -\delta(\boldsymbol{r}) = -\delta(x)\delta(y)\delta(z) \tag{4-24}$$

对于$r \neq 0$的场点，式(4-24)的球对称齐次解为$G(\boldsymbol{r}) = C\dfrac{\mathrm{e}^{\mathrm{j}kr}}{r} + D\dfrac{\mathrm{e}^{-\mathrm{j}kr}}{r}$。

因为无穷远处是无源的，所以上式中仅外向波的解才存在。于是

$$G(\boldsymbol{r}) = D\frac{\mathrm{e}^{-\mathrm{j}kr}}{r} \tag{4-25}$$

常数 D 可通过匹配式(4-24)两边在原点处的奇异性来确定，将式(4-25)代入式(4-24)，在含原点的一个小体积内对式(4-24)积分即得到

$$\int_{\Delta V} \mathrm{d}V \nabla\cdot\nabla\frac{D\mathrm{e}^{-\mathrm{j}kr}}{r} + \int_{\Delta V} \mathrm{d}V k^2 \frac{D\mathrm{e}^{-\mathrm{j}kr}}{r} = -1 \tag{4-26}$$

当$\Delta V \to 0$时，第二个积分消失，这是因为$\mathrm{d}V = 4\pi r^2 \mathrm{d}r$。

应用高斯定理，式(4-26)中的第一项积分可转换为表面积分，即$\lim\limits_{r\to 0} 4\pi r^2 \dfrac{\mathrm{d}}{\mathrm{d}r} D\dfrac{\mathrm{e}^{-\mathrm{j}kr}}{r} = -1$，于是$D = 1/(4\pi)$。因此，一般说来，三维情况下解得$G = \dfrac{\mathrm{e}^{-\mathrm{j}kR}}{4\pi R} = \dfrac{\mathrm{e}^{-\mathrm{j}k|\boldsymbol{r}-\boldsymbol{r}'|}}{4\pi|\boldsymbol{r}-\boldsymbol{r}'|}$，它表明$G(\boldsymbol{r},\boldsymbol{r}')$在无限均匀介质中是一个转置不变量；从而，式(4-22)的解为$\psi(\boldsymbol{r},\boldsymbol{r}') = -\int_V \mathrm{d}\boldsymbol{r}' \dfrac{\mathrm{e}^{-\mathrm{j}k|\boldsymbol{r}-\boldsymbol{r}'|}}{4\pi|\boldsymbol{r}-\boldsymbol{r}'|} S(\boldsymbol{r})$（$\boldsymbol{r}$是场点，$\boldsymbol{r}'$源点）。在二维情况下，格

林函数变为 $G=\frac{1}{4\mathrm{j}}H_0^{(2)}(k|\boldsymbol{\rho}-\boldsymbol{\rho}'|)$ (零阶第二类 Hankel 函数)。

4.3.3 电磁场中的散射辐射公式

电磁辐射问题是指由空间中存在的电流源和磁流源引起的场的问题。散射问题与辐射问题的区别在于散射场是由感应电流或磁流引起而非设定的源引起。

如何求解辐射场或散射场呢？我们可以通过求解麦克斯韦方程组，解析表达源在自由空间中产生的场。以电流源为例，通过引入矢量位函数和标量位函数，求解麦克斯韦方程。稳态单频 $\mathrm{e}^{\mathrm{j}\omega t}$，均匀介质时电磁场方程为

$$\begin{cases}\nabla\times\boldsymbol{E}=-\mathrm{j}\omega\mu\boldsymbol{H}\\ \nabla\times\boldsymbol{H}=\boldsymbol{J}+\mathrm{j}\omega\varepsilon\boldsymbol{E}\\ \nabla\cdot\boldsymbol{E}=\rho/\varepsilon\\ \nabla\cdot\boldsymbol{B}=0\end{cases}$$

因为$\nabla\cdot\nabla\times\boldsymbol{A}=0$, 所以

$$\nabla\cdot\boldsymbol{B}=0\Rightarrow\boldsymbol{H}=\frac{1}{\mu}\nabla\times\boldsymbol{A}\tag{4-27}$$

代入 $\nabla\times\boldsymbol{E}=-\mathrm{j}\omega\mu\boldsymbol{H}$，得 $\nabla\times(\boldsymbol{E}+\mathrm{j}\omega\boldsymbol{A})=0$ 。

由于 $\nabla\times\nabla\phi=0$，因此为表达电场 $\boldsymbol{E}$，需要再引入一个标量位 ϕ，得到

$$\boldsymbol{E}=-\mathrm{j}\omega\boldsymbol{A}-\nabla\phi\tag{4-28}$$

将式(4-27)和式(4-28)代入 $\nabla\times\boldsymbol{H}=\boldsymbol{J}+\mathrm{j}\omega\varepsilon\boldsymbol{E}$，得 $\nabla\times\nabla\times\boldsymbol{A}-k^2\boldsymbol{A}=\mu\boldsymbol{J}-\mathrm{j}\omega\varepsilon\mu\nabla\phi$，$k=\omega\sqrt{\mu\varepsilon}$ 。使用矢量恒等式，$\nabla\times\nabla\times\boldsymbol{A}-k^2\boldsymbol{A}=\mu\boldsymbol{J}-\mathrm{j}\omega\varepsilon\mu\nabla\phi$ 改写为

$$\nabla(\nabla\cdot\boldsymbol{A})-\nabla^2\boldsymbol{A}-k^2\boldsymbol{A}=\mu\boldsymbol{J}-\mathrm{j}\omega\varepsilon\mu\nabla\phi\tag{4-29}$$

显然，$\boldsymbol{A}$ 不能由关系式(4-27)唯一确定，必须要给出 $\nabla\cdot\boldsymbol{A}$ 才能确定。为求解方便，我们选择 $\nabla\cdot\boldsymbol{A}=\mathrm{j}\omega\varepsilon\mu\phi$ 。于是式(4-29)简化为只是含有矢量位 $\boldsymbol{A}$ 的矢量偏微分方程 $\nabla^2\boldsymbol{A}+k^2\boldsymbol{A}=-\mu\boldsymbol{J}$ 。这便是亥姆霍兹方程。通过对 $\nabla\times\nabla\times\boldsymbol{A}-k^2\boldsymbol{A}=\mu\boldsymbol{J}-\mathrm{j}\omega\varepsilon\mu\nabla\phi$ 取散度，并利用 $\nabla\cdot\boldsymbol{A}=\mathrm{j}\omega\varepsilon\mu\phi$，便可得到关于标量位 ϕ 的亥姆霍兹方程

$$\nabla^2\phi+k^2\phi=\frac{1}{\mathrm{j}\omega\varepsilon}\nabla\cdot\boldsymbol{J}\tag{4-30}$$

此时引入矢量位 $\boldsymbol{A}$ 的意义便可看出，因为在某些正交曲线坐标系下，矢量亥姆霍兹方程可简化为标量亥姆霍兹方程。在直角坐标系下有 $\begin{cases}\nabla^2A_x+k^2A_x=-\mu J_x\\ \nabla^2A_y+k^2A_y=-\mu J_y\\ \nabla^2A_z+k^2A_z=-\mu J_z\end{cases}$ 。由格林函数可得

$$\begin{aligned}\boldsymbol{A}(\boldsymbol{r})&=\mu\int\boldsymbol{J}(\boldsymbol{r}')G(\boldsymbol{r},\boldsymbol{r}')\mathrm{d}\boldsymbol{r}'\\ \phi(\boldsymbol{r})&=-\frac{1}{\mathrm{j}\omega\varepsilon}\int\nabla'\cdot\boldsymbol{J}(\boldsymbol{r}')G(\boldsymbol{r},\boldsymbol{r}')\mathrm{d}\boldsymbol{r}'\end{aligned}\tag{4-31}$$

将ϕ和$\boldsymbol{A}$的表达式代入式(4-28)得

$$\boldsymbol{E}=-\mathrm{j}\omega\mu\int_V\left[\boldsymbol{J}G+\frac{1}{k^2}(\nabla\cdot\boldsymbol{J})\nabla G\right]\mathrm{d}V \tag{4-32}$$

类似地，我们可以推导出由磁流源和磁荷产生的磁场为

$$\boldsymbol{H}=-\mathrm{j}\omega\varepsilon\int_V\left[\boldsymbol{M}G+\frac{1}{k^2}(\nabla\cdot\boldsymbol{M})\nabla G\right]\mathrm{d}V \tag{4-33}$$

4.3.4 三种形式的表面积分方程

散射问题也可看成辐射问题，此时的辐射源是由其他电流或场产生的。当把天线辐射问题看成散射问题时，可以将天线上的电流源看成由外加电压产生的。计算目标的散射场，也可以看成由外加源在散射体上感应的源二次辐射而成的。

求解辐射场只要对式(4-32)和式(4-33)中已知的$\boldsymbol{J}$、$\boldsymbol{M}$积分；而求解散射场时，式(4-32)和式(4-33)中的$\boldsymbol{J}$、$\boldsymbol{M}$是未知的，因此求解散射场的问题需要如下两个步骤。

(1)根据已知的入射电场$\boldsymbol{E}^i$和入射磁场$\boldsymbol{H}^i$，通过积分方程求得未知的感应电流$\boldsymbol{J}$和磁流$\boldsymbol{M}$；

(2)对求得的感应电流$\boldsymbol{J}$和磁流$\boldsymbol{M}$积分，得到散射电场$\boldsymbol{E}^s$和散射磁场$\boldsymbol{H}^s$。

本节通过等效原理推导出求解理想导体散射的电场积分方程和磁场积分方程。

1. *电场积分方程*(Electric Field Integral Equation，EFIE)

设散射体存在的空间为V，表面边界为S。V的外部有一个照射源，不存在散射体所产生的电场和磁场分别用$\boldsymbol{E}^i$和$\boldsymbol{H}^i$表示(入射场)。若用一个等效源表示散射体，分别用$\boldsymbol{E}^s$和$\boldsymbol{H}^s$表示其在外部介质构成的无界空间中产生的电场和磁场(散射场)，可由式(4-32)计算。对于一个理想导体，散射体内是零场区。于是有

$$\boldsymbol{E}^s=-\mathrm{j}\omega\mu\int_S\left[\boldsymbol{J}G+\frac{1}{k^2}(\nabla\cdot\boldsymbol{J})\nabla G\right]\mathrm{d}S \tag{4-34}$$

根据等效原理，存在散射体时的总场$\boldsymbol{E}$和$\boldsymbol{H}$为$\boldsymbol{E}=\boldsymbol{E}^i+\boldsymbol{E}^s$，$\boldsymbol{H}=\boldsymbol{H}^i+\boldsymbol{H}^s$。又根据导体表面的边界条件$\hat{n}\times(\boldsymbol{E}^s+\boldsymbol{E}^i)=0$和式(4-34)得到理想导体表面的EFIE为

$$\frac{-\mathrm{j}}{\omega\mu}\hat{n}\times\boldsymbol{E}^i=\hat{n}\times\int_S\left[\boldsymbol{J}G+\frac{1}{k^2}(\nabla\cdot\boldsymbol{J})\nabla G\right]\mathrm{d}S \tag{4-35}$$

一旦求得未知电流$\boldsymbol{J}$，就可以通过式(4-34)求得任意处的散射场。

EFIE是第一类Fredholm积分方程，电流只出现在积分号内。因为推导过程中没有限制散射体的形状，所以EFIE可以用于求解闭合目标和开放目标、薄目标。对于薄表面，$\boldsymbol{J}$代表散射体两面电流密度的总和。

2. *磁场积分方程*(Magnetic Field Integral Equation，MFIE)

类似地，根据导体表面磁场的边界条件，得到理想导体表面的MFIE。

由等效原理，散射体表面的感应电流可表示为

$$\boldsymbol{J}(\boldsymbol{r})=\hat{n}(\boldsymbol{r})\times[\boldsymbol{H}^s(\boldsymbol{r})+\boldsymbol{H}^i(\boldsymbol{r})] \tag{4-36}$$

$$\boldsymbol{H}^s=\frac{1}{\mu}\nabla\times\boldsymbol{A}=\nabla\times\int\boldsymbol{J}(\boldsymbol{r}')G(\boldsymbol{r},\boldsymbol{r}')\mathrm{d}\boldsymbol{r}' \tag{4-37}$$

令目标外一点 $\boldsymbol{r}$ 无限趋近于散射体表面，即 $\boldsymbol{r}\to S^+$，再将式(4-37)代入式(4-36)得

$$\boldsymbol{J}(\boldsymbol{r})=\hat{n}(\boldsymbol{r})\times\boldsymbol{H}^i(\boldsymbol{r})+\lim_{\boldsymbol{r}\to S^+}\left[\hat{n}(\boldsymbol{r})\times\nabla\times\int\boldsymbol{J}(\boldsymbol{r}')G(\boldsymbol{r},\boldsymbol{r}')\mathrm{d}\boldsymbol{r}\right] \tag{4-38}$$

根据矢量恒等式 $\nabla\times[\boldsymbol{J}(\boldsymbol{r}')G(\boldsymbol{r},\boldsymbol{r}')]=G(\boldsymbol{r},\boldsymbol{r}')\nabla\times\boldsymbol{J}(\boldsymbol{r}')-\boldsymbol{J}(\boldsymbol{r}')\times\nabla G(\boldsymbol{r},\boldsymbol{r}')$、$\nabla\times\boldsymbol{J}(\boldsymbol{r}')=0$ 和格林函数的互易性 $\nabla G(\boldsymbol{r},\boldsymbol{r}')=-\nabla' G(\boldsymbol{r},\boldsymbol{r}')$，式(4-38)变为

$$\hat{n}(\boldsymbol{r})\times\boldsymbol{H}^i(\boldsymbol{r})=\boldsymbol{J}(\boldsymbol{r})-\lim_{\boldsymbol{r}\to S^+}\left[\hat{n}(\boldsymbol{r})\times\int\boldsymbol{J}(\boldsymbol{r}')\times\nabla' G(\boldsymbol{r},\boldsymbol{r}')\mathrm{d}\boldsymbol{r}'\right] \tag{4-39}$$

当 $\boldsymbol{r}$ 从散射体外无限趋近于 $\boldsymbol{r}'$ 时，我们将式(4-39)第二项分为两部分积分，得

$$\hat{n}(\boldsymbol{r})\times\left[\int_{S-\delta S}\boldsymbol{J}(\boldsymbol{r}')\times\nabla' G(\boldsymbol{r},\boldsymbol{r}')\mathrm{d}\boldsymbol{r}'+\int_{\delta S}\boldsymbol{J}(\boldsymbol{r}')\times\nabla' G(\boldsymbol{r},\boldsymbol{r}')\mathrm{d}\boldsymbol{r}'\right] \tag{4-40}$$

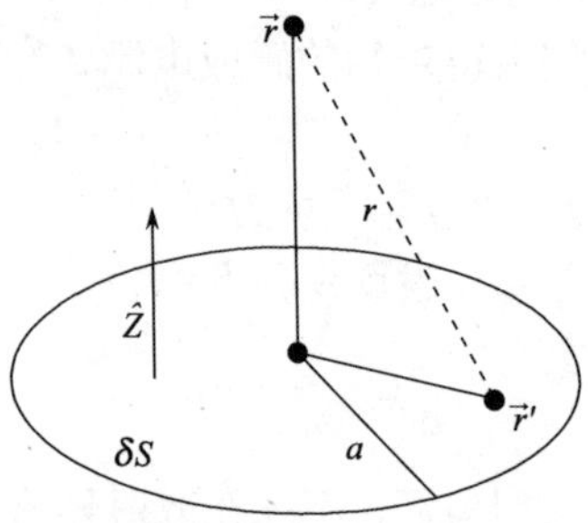

图 4-10　S 面上的小区域

δS 是散射体表面紧邻 $\boldsymbol{r}$、半径为 a 的微小圆形域，如图 4-10 所示。

选择 δS 中心作为局部圆柱坐标系原点，有

$$|\boldsymbol{r}-\boldsymbol{r}'|=\sqrt{(\rho')^2+(z-z')^2} \tag{4-41}$$

于是，小区域 δS 中的格林函数可以近似为

$$G(\boldsymbol{r}-\boldsymbol{r}')=\frac{\mathrm{e}^{-\mathrm{j}k|\boldsymbol{r}-\boldsymbol{r}'|}}{4\pi|\boldsymbol{r}-\boldsymbol{r}'|}\approx\frac{1}{4\pi\sqrt{(\rho')^2+(z-z')^2}},\qquad |\boldsymbol{r}-\boldsymbol{r}'|\ll 1 \tag{4-42}$$

柱坐标系下梯度表示为

$$\nabla'=\frac{\partial}{\partial\rho'}\hat{\boldsymbol{\rho}}+\frac{1}{\rho'}\frac{\partial}{\partial\phi'}\hat{\boldsymbol{\phi}}+\frac{\partial}{\partial z'}\hat{\boldsymbol{z}} \tag{4-43}$$

δS 内 $\hat{n}(\boldsymbol{r})=\hat{\boldsymbol{z}}$ 并且 $\boldsymbol{J}(\boldsymbol{r}')$ 均在 δS 的切向，于是有

$$\hat{\boldsymbol{z}}\times\boldsymbol{J}(\boldsymbol{r}')\times\nabla' G(\boldsymbol{r},\boldsymbol{r}')=\boldsymbol{J}(\boldsymbol{r}')\left[\theta\frac{\partial}{\partial z'}G(\boldsymbol{r},\boldsymbol{r}')\right]=\boldsymbol{J}(\boldsymbol{r}')\frac{z}{4\pi[(\rho')^2+(z-z')^2]^{3/2}} \tag{4-44}$$

由于 δS 很小，我们将 $\boldsymbol{J}(\boldsymbol{r}')$ 近似为常数，且与 $\boldsymbol{J}(\boldsymbol{r}')$ 相等，于是 δS 上的积分方程可以写为

$$\hat{n}(\boldsymbol{r})\times\int_{\delta S}\boldsymbol{J}(\boldsymbol{r}')\times\nabla' G(\boldsymbol{r},\boldsymbol{r}')\mathrm{d}\boldsymbol{r}'=\frac{\boldsymbol{J}(\boldsymbol{r})}{2}\int_0^a\frac{z\rho'}{[(\rho')^2+z^2]^{3/2}}\mathrm{d}\rho' \tag{4-45}$$

这里，为方便起见，假设 $z'=0$，式(4-45)的积分表达式写为

$$\frac{\boldsymbol{J}(\boldsymbol{r})}{2}\left[\frac{z}{|z|}-\frac{z^2}{\sqrt{a^2+z^2}}\right] \tag{4-46}$$

当 z 无限趋近 0 时，式(4-46)变为

$$\lim_{z\to 0}\frac{\boldsymbol{J}(\boldsymbol{r})}{2}\left[\frac{z}{|z|}-\frac{z^2}{\sqrt{a^2+z^2}}\right]=\frac{\boldsymbol{J}(\boldsymbol{r})}{2} \tag{4-47}$$

利用此结果，式(4-39)可写为

$$\hat{n}(\boldsymbol{r})\times\boldsymbol{H}^i(\boldsymbol{r})=\frac{\boldsymbol{J}(\boldsymbol{r})}{2}-\hat{n}(\boldsymbol{r})\times\int_{S-\delta S}\boldsymbol{J}(\boldsymbol{r}')\times\nabla' G(\boldsymbol{r},\boldsymbol{r}')\mathrm{d}\boldsymbol{r}' \tag{4-48}$$

无限小面积δS的贡献就体现在$\boldsymbol{J}(\boldsymbol{r})/2$中了。式(4-48)就是理想导体表面的磁场积分方程。当然，此式只适用于光滑目标。

利用式(4-48)求得未知电流$\boldsymbol{J}(\boldsymbol{r})$后，就可以通过式(4-28)得到任意地方的辐射场了。MFIE 是第二类 Fredholm 积分方程，电流在积分号内、积分号外都有。MFIE 也是由等效原理推导出来的，理论上可以得到和 EFIE 一样的结果，但推导过程的近似，限制了该类方程只能用于闭合体，而不能像 EFIE 一样用于开放体和精细结构。MFIE 中还要对格林函数求梯度，其奇异性高于 EFIE，也会导致计算结果的不同。

3. *混合场积分方程*(Combined Field Integral Equation，CFIE)

将 EFIE 和 MFIE 用于闭合目标，在某些频率上会出现伪解，称为内谐振问题：在目标边界构成的空腔谐振点上，离散 EFIE 和 MFIE 奇异。这是由于 EFIE 和 MFIE 是根据边界条件的切向电场、磁场确定的，而在谐振点上，单一的入射场不足以唯一地确定表面电流。其中一个解决方法是将 EFIE 和 MFIE 进行线性组合，得到混合场积分方程，表示成

$$\text{CFIE}=\alpha\text{EFIE}+\frac{j}{k}(1-\alpha)\text{MFIE} \tag{4-49}$$

α一般取为0.2～0.5。乘系数j/k是为了使 EFIE 和 MFIE 两种方程计算的阻抗元素的值相差不远，减小计算的数值误差。

CFIE 具有与 EFIE 和 MFIE 一样的未知量数目，兼具了 EFIE 高精度和 MFIE 快收敛的优点，同时也受 MFIE 不能用于开放体和尖锐目标的限制。

4.4 应 用 举 例

例 4-1 在静电场中的应用。设正方形导电板，边长为$2a$，位于z=0的平面上，中心点如图 4-11 所示，若导电平板电位$\phi=\phi_0$，试求导电板上的电荷分布。

解 空间任一点的静电势

$$\phi(x,y,z)=\int_{-a}^{a}\mathrm{d}\xi\int_{-a}^{a}\mathrm{d}\eta\frac{\sigma(\xi,\eta)}{4\pi\varepsilon_0 R} \tag{4-50}$$

式中，$R=[(x-\xi)^2+(y-\eta)^2+z^2]^{1/2}$；$\sigma(\xi,\eta)$为待求的面电荷密度。

边界条件：

$$\phi(x,y,0)=\phi_0,\quad |x|\leqslant a,|y|\leqslant a$$

算子方程：

$$\phi_0 = \int_{-a}^{a} \mathrm{d}\eta \int_{-a}^{a} \mathrm{d}\xi \frac{\sigma(\xi,\eta)}{4\pi\varepsilon_0 R} = L\sigma$$

算子：

$$L = \int_{-a}^{a} \mathrm{d}\xi \int_{-a}^{a} \mathrm{d}\eta \frac{1}{4\pi\varepsilon_0 R}$$

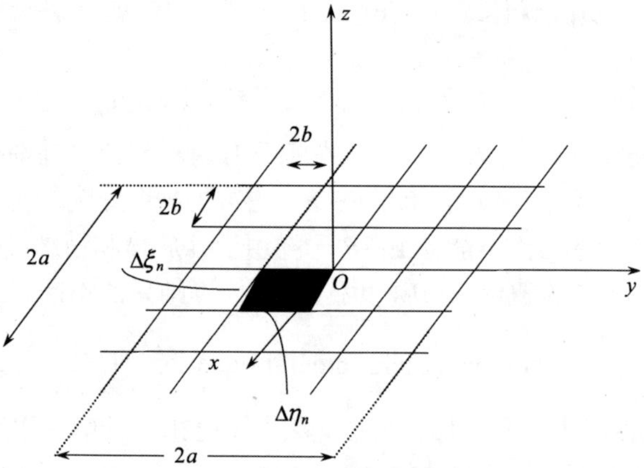

图 4-11　正方形带电导板

(1)利用 MM 法，首先把板分为 N 个均匀小块 ΔS_n，并选基函数为分域脉冲函数。

$$\sigma = \sum_{n=1}^{N} \alpha_n \sigma_n, \quad \sigma_n = \begin{cases} 1, & \text{在}\Delta S_n\text{上} \\ 0, & \text{在其他}\Delta S_m\text{上} \end{cases}$$

(2)激励 $g = \phi_0$ 在观察点 (x_m, y_m) 处 $g_m = \phi_0$。

(3)选权函数 $w_m = \delta(x - x_m)(y - y_m)$，$(x_m, y_m)$ 为 ΔS_m 的中点。

(4)求内积

$$l_{mn} = \langle w_m, L\sigma \rangle = \iint_{\substack{|x|\leqslant a \\ |y|\leqslant a}} \delta(x - x_m)(y - y_m) L\sigma_n \mathrm{d}x\mathrm{d}y$$

$$\begin{aligned} l_{mn} &= \int_{\Delta\xi_n} \mathrm{d}S_\xi \int_{\Delta\eta_n} \delta(x - x_m)(y - y_m) \frac{\sigma(\xi,\eta)}{4\pi\varepsilon_0 [(x-\xi)^2 + (y-\eta)^2]^{1/2}} \mathrm{d}S_\eta \\ &= \int_{\Delta\eta_n} \frac{1}{4\pi\varepsilon_0 \sqrt{(x_m - \xi)^2 + (y_m - \eta)^2}} \mathrm{d}\xi \mathrm{d}\eta \end{aligned} \tag{4-51}$$

l_{mn} 是 ΔS_n 处单位均匀电荷密度（$\sigma_n = 1$）在 ΔS_m 处中心点的电位。

$$g_m = \langle w_m, g \rangle = \iint_{\substack{|x|\leqslant a \\ |y|\leqslant a}} \delta(x - x_m)(y - y_m) \phi_0 \mathrm{d}x\mathrm{d}y = \phi_0 \tag{4-52}$$

$$\boldsymbol{g}_m = \phi_0 \begin{bmatrix} 1 \\ 1 \\ \vdots \\ 1 \end{bmatrix}$$

式(4-51)适用域 $m \neq n$ 时的 l_{mn} 求解，将 ΔS_n 上的电荷视为点电荷，并集中在 ΔS_n 的中心，于是省去式(4-51)的积分过程，得 $l_{mn} \approx \dfrac{b^2}{\pi\varepsilon_0\sqrt{(x_m-\xi)^2+(y_m-\eta)^2}}$。

当 $m=n$ 时($2b=\dfrac{2a}{\sqrt{N}}$)(将 ΔS_n 的中心作为新原点，ξ 和 η 作为新坐标)：

$$l_{nn} = \int_{-b}^{b}\mathrm{d}\xi\int_{-b}^{b}\mathrm{d}\eta\frac{1}{4\pi\varepsilon_0\sqrt{\xi^2+\eta^2}} = \frac{2b}{\pi\varepsilon_0}\ln\left(1+\sqrt{2}\right) \tag{4-53}$$

(5)根据 $\boldsymbol{l}_{mn}\boldsymbol{\alpha}_n = \boldsymbol{g}_n$，可求得 $\boldsymbol{\alpha}_n = \boldsymbol{l}_{mn}{}^{-1}\boldsymbol{g}_n$

$$\sigma = \sum_{n=1}^{N}\boldsymbol{\alpha}_n\sigma_n \text{或} \sigma = \tilde{\boldsymbol{\sigma}}_n\boldsymbol{l}_{mn}{}^{-1}\boldsymbol{g}_m$$

将方板均分为 225 个贴片和 1225 个贴片，得到其电荷密度分布，如图 4-12 所示。可见，电荷主要分布于角落和边缘。加密剖分能得到更好的效果。

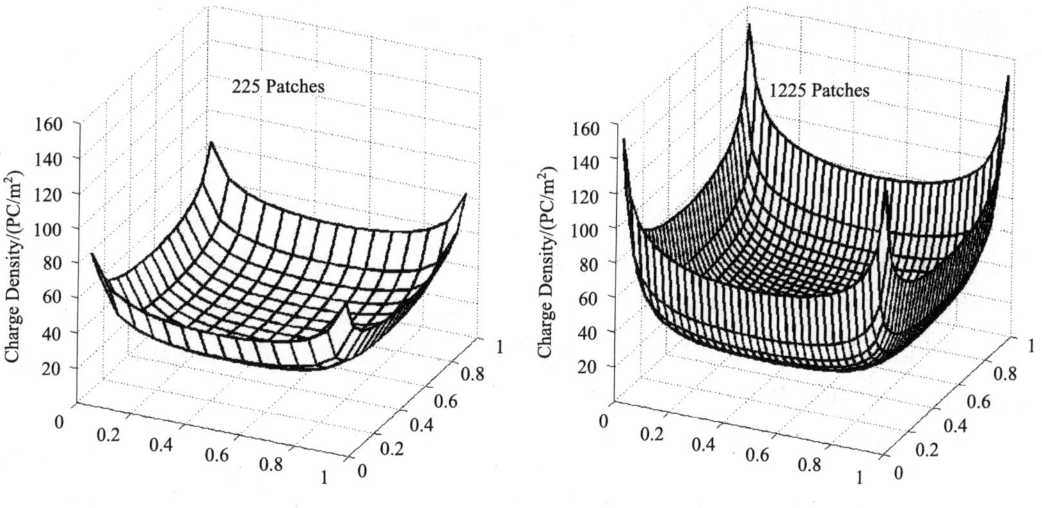

图 4-12　方板上电荷分布图

例 4-2　二维理想导体柱的散射。在均匀线性介质中，如果存在一个障碍物体，则场源 $\boldsymbol{J}$、$\boldsymbol{J}_m$ 产生的入射场 $\boldsymbol{E}^i$、$\boldsymbol{H}^i$ (这是没有障碍物时的场)将使障碍物体内产生极化电流、磁化电流和传导电流；而这些电流作为二次场源将产生二次场，即所谓的散射场 $\boldsymbol{E}^s$、$\boldsymbol{H}^s$。

散射场和入射场就构成空间的总场。散射场取决于物体的形状、大小和结构，以及入射波的频率、极化等。产生电磁散射的物体通常称为目标或散射体。

当辐射源和接收机位于同一点时，称为单站散射；当散射方向不是指向辐射源时，称为双站散射，如图 4-13 所示。目标对辐射源和接收机方向之间的夹角称为双站角γ。因此，前向散射是$\gamma=180^{\circ}$的情况，而单站散射(又称为后向或反向散射)则对应于$\gamma=0^{\circ}$。

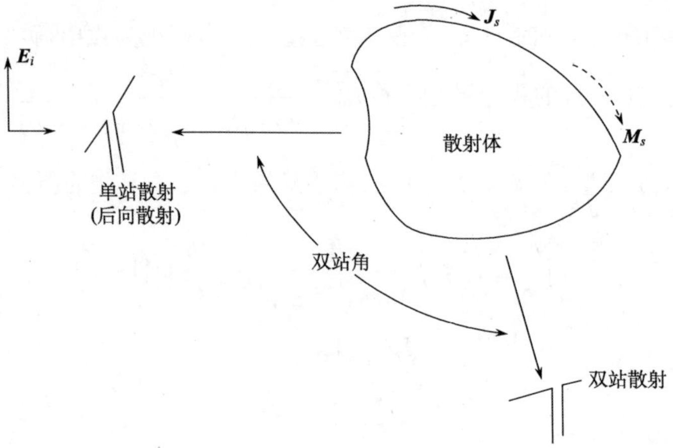

图 4-13　单站和双站散射

用一种假想的面积来定量表征目标散射强弱，这一物理量称为目标对入射雷达波的有效散射截面积，通常称为雷达(散射)截面(Radar Cross Section, RCS)，用σ表示，其理论定义式为

$$\sigma=\lim_{R\to\infty}4\pi R^2\frac{\left|\boldsymbol{E}^s\right|^2}{\left|\boldsymbol{E}^i\right|^2}=\lim_{R\to\infty}4\pi R^2\frac{\left|\boldsymbol{H}^s\right|^2}{\left|\boldsymbol{H}^i\right|^2}$$

式中，$R\to\infty$意味着入射波是平面波，且目标假定为点散射体，在雷达处的散射波也具有平面波的性质。对于三维几何结构，散射场在远区按$1/R$衰减，因此 RCS 计算的分子中出现的R^2抵消了距离的影响，即雷达截面与距离无关。对于二维情况，虽然它在实际问题中很少遇到，但对分析相应的三维问题很有用，此时散射场按离目标的距离呈$1/\sqrt{R}$衰减，因而雷达截面的定义略有区别。

对于二维情况，散射体为无限长柱体，雷达截面σ变为雷达散射宽度σ'，相应的定义式变为$\sigma'=\lim\limits_{\rho\to\infty}2\pi\rho\dfrac{\left|\boldsymbol{E}^s\right|^2}{\left|\boldsymbol{E}^i\right|^2}=\lim\limits_{\rho\to\infty}2\pi\rho\dfrac{\left|\boldsymbol{H}^s\right|^2}{\left|\boldsymbol{H}^i\right|^2}$。

雷达截面是一个标量，单位为m^2，通常以对数形式给出，即相对于$1\mathrm{m}^2$的分贝数(又称分贝平方米，记为 dBsm)，即$\sigma_{\mathrm{dBsm}}=10\lg\sigma$。二维雷达截面$\sigma'$的单位为 m 或 dBm。

设空间有一和z轴平行的长直完纯导体，当外界均匀平面波(TM 波，设电场只有z分量)入射于该导体表面时，如图 4-14 所示，在导体表面感应出面电流$\boldsymbol{J}_s$，则$\boldsymbol{E}_z^i=\mathrm{e}^{-\mathrm{j}k(x\cos\phi^i+y\sin\phi^i)}$，$\phi^i$为入射角；$\boldsymbol{J}_s=\boldsymbol{J}\hat{z}$，于是$\nabla\cdot\boldsymbol{J}=\dfrac{\partial J_z}{\partial z}=0$，代入 EFIE 表达式得

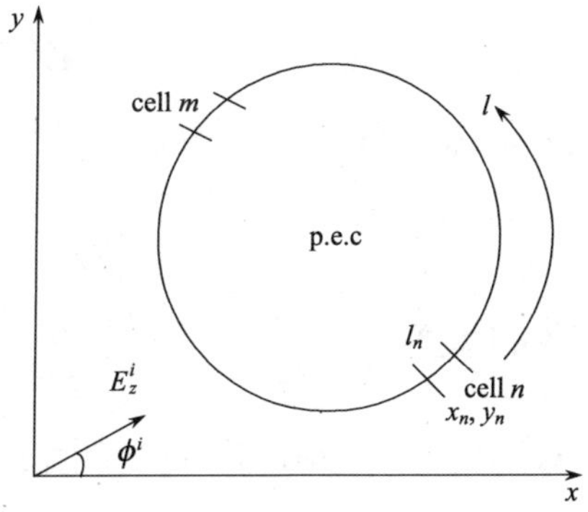

图 4-14 TM 波在理想导体圆柱面散射

$$\boldsymbol{E}^s = \boldsymbol{E}_z^s = -\mathrm{j}\omega\mu\int_l \boldsymbol{J}G\mathrm{d}l' = -\mathrm{j}\omega\mu_0\int_l \boldsymbol{J}_z(l')\frac{H_0^{(2)}(k|\boldsymbol{\rho}-\boldsymbol{\rho}|')}{4\mathrm{j}}\mathrm{d}l' = -\frac{k\eta}{4}\int_l \boldsymbol{J}_z(l')H_0^{(2)}(kR)\mathrm{d}l' \quad (4\text{-}54)$$

根据导体表面边界条件，有 $\hat{n}\times\boldsymbol{E} = \hat{n}\times(\boldsymbol{E}^i + \boldsymbol{E}^s) = 0$，得 $\boldsymbol{E}_z^i = -\boldsymbol{E}_z^s$，于是有

$$\boldsymbol{E}_z^i = \frac{k\eta}{4}\int_l \boldsymbol{J}_z(l)H_0^{(2)}(k|\boldsymbol{\rho}-\boldsymbol{\rho}'|)\mathrm{d}l$$

$\eta = \sqrt{\mu_0/\varepsilon_0} = 120\pi = 377$ 为自由空间中波阻抗；$R = \sqrt{[x(l)-x(l')]^2 + [y(l)-y(l')]^2}$。

下面根据 MoM 的步骤对其进行求解。

(1) 将边界 L 分成 N 个单元，l_n 为每个单元长度，选择脉冲函数作为基函数，即 $J_z(l) \cong \sum_{n=1}^{N} j_n P_n(l)$，$P_n(l) = \begin{cases} 1, & l \in \text{cell } n \\ 0, & \text{其他} \end{cases}$，$l$ 是围线参变量。

于是有 $\boldsymbol{E}_z^i = \dfrac{k\eta}{4}\sum_{n=1}^{N} j_n \int_{l_n} H_0^{(2)}(kR)\mathrm{d}l'$。

(2) 选择权函数 $\delta(l-l_m)$（l_m 表示第 m 个单元的中点，$m = 1,2,\cdots,N$）进行点匹配，可以得到 N 个独立的方程：

$$\boldsymbol{E}_z^i = \frac{k\eta}{4}\sum_{n=1}^{N} j_n \int_{l_n} H_0^{(2)}(kR_m)\mathrm{d}l', \quad m = 1,2,\cdots,N, \quad R_m = \sqrt{(x_m - x)^2 + (y_m - y)^2}$$

(3) 写出矩阵形式得

$$\begin{bmatrix} E_z^i(l_1) \\ E_z^i(l_2) \\ \vdots \\ E_z^i(l_N) \end{bmatrix} = \begin{bmatrix} z_{11} & z_{12} & \cdots & z_{1N} \\ z_{21} & z_{22} & \cdots & z_{2N} \\ \vdots & \vdots & & \vdots \\ z_{N1} & z_{N2} & \cdots & z_{NN} \end{bmatrix} \begin{bmatrix} j_1 \\ j_2 \\ \vdots \\ j_N \end{bmatrix}$$

$\boldsymbol{Z} = [z_{mn}]\ (m,n = 1,2,\cdots,N)$ 称为矩量法的阻抗矩阵，可表示不同单元间的互阻抗。

$z_{mn} = \dfrac{k\eta}{4}\int_{l_n} H_0^{(2)}(kR_m)\mathrm{d}l'$（第 n 个源对第 m 个场的耦合），$E_z^i(l_m) = \mathrm{e}^{-\mathrm{j}k(x_m\cos\phi^i + y_m\sin\phi^i)}$。

当每个单元取得足够小(长度比波长短得多)时，可以采用如下近似

$$z_{mn}=z_{mn}\approx\frac{k\eta}{4}l_nH_0^{(2)}(kR_{mn})R_{mn}=\sqrt{(x_m-x_n)^2+(y_m-y_n)^2},\quad m,n=1,2,\cdots,N,\quad m\neq n$$

$m=n, R_{mn}=0$（场源重合），z_{mn}计算出现奇异。可以采用“渐近展开法”来处理奇异。

当$kR_{mn}\to 0$时，

$$H_0^{(2)}(kR_m)\approx\left[1-\frac{(kR_m)^2}{4}\right]-\mathrm{j}\left\{\frac{2}{\pi}\ln\left(\frac{\gamma kR_m}{2}\right)+\left[\frac{1}{2\pi}-\frac{1}{2\pi}\ln\left(\frac{\gamma kR_m}{2}\right)\right](kR_m)^2\right\}+O[(kR_m)^4] \tag{4-55}$$

式中，$\gamma=1.781072418$。若每个单元足够小，其弯曲度也很小，则可以假定各单元都是平直的，取其中点为坐标原点。

令$|s|=\sqrt{(x_m-x_n)^2+(y_m-y_n)^2}$, $\mathrm{d}l'=\mathrm{d}s$；于是取前两项近似，得

$$\int_{l_m}H_0^{(2)}(kR_m)\mathrm{d}l'=\int_{l_m}\left[1-\mathrm{j}\frac{2}{\pi}\ln\left(\frac{\gamma k|s|}{2}\right)\right]\mathrm{d}s=l_m\left[1-\mathrm{j}\frac{2}{\pi}\ln\left(\frac{\gamma k}{2}\right)\right]-\mathrm{j}\frac{2}{\pi}\int_{-\frac{l_m}{2}}^{\frac{l_m}{2}}\ln|s|\mathrm{d}s$$

$$\int_{-\frac{l_m}{2}}^{\frac{l_m}{2}}\ln|s|\mathrm{d}s=2\int_0^{\frac{l_m}{2}}\ln s\mathrm{d}s=2(s\ln s-s)\Big|_0^{\frac{l_m}{2}}$$

把$\ln s$展成级数$\ln s=(s-1)-\frac{1}{2}(s-1)^2+\frac{1}{3}(s-1)^3-\cdots\ (0<s\leqslant 2)$，则有$\lim\limits_{s\to 0}(s\ln s-s)=0$，于是得

$$2(s\ln s-s)\Big|_0^{\frac{l_m}{2}}=l_m\left[\ln\left(\frac{l_m}{2}\right)-1\right]$$

$$\begin{aligned}\int_{l_m}H_0^{(2)}(kR_m)\mathrm{d}l'&\approx l_m\left[1-\mathrm{j}\frac{2}{\pi}\ln\left(\frac{\gamma k}{2}\right)\right]-\mathrm{j}\frac{2}{\pi}l_m\left[\ln\left(\frac{l_m}{2}\right)-1\right]\\&=l_m\left\{1-\mathrm{j}\frac{2}{\pi}\left[\ln\left(\frac{\gamma kl_m}{4}\right)-1\right]\right\},\quad m=1,2,\cdots,N\end{aligned} \tag{4-56}$$

最后得到

$$z_{mn}\approx\frac{k\eta}{4}\left\{l_m-\mathrm{j}\frac{2}{\pi}l_m\left[\ln\left(\frac{\gamma kl_m}{4}\right)-1\right]\right\},\quad m=1,2,\cdots,N$$

也可以看出，矩量法的阻抗矩阵是满阵，这就决定了该方法基本的计算复杂度以及对方程组的求解方法。

(4) 求解，并得到其雷达散射截面。

由于$H_0^{(2)}(kR)(R\to\infty)\approx\sqrt{\frac{2}{\pi kR}}\mathrm{e}^{-\mathrm{j}\left(kR-\frac{\pi}{4}\right)}$，所以

$$\sigma_{TM}(\phi)=\lim_{\rho\to\infty}2\pi\rho\frac{\left|E^s(\rho,\phi)\right|^2}{\left|E^i\right|^2}=\frac{k\eta^2}{4}\left|\sum_{n=1}^{N}j_nl_n\mathrm{e}^{\mathrm{j}k(x_n\cos\phi+y_n\sin\phi)}\right|^2 \tag{4-57}$$

一个解的精确性及其收敛程度与所采用的近似方法有关，对以上方式的近似解还可作进一步改善，可将l_{mn}中的被积函数用泰勒级数展开，取其主项用解析方法进行积分。

这样能同时改善精确性和当 $N \to \infty$ 时近似解趋于精确解的收敛性。另外，若用三角形函数代替脉冲函数作为基函数，则可将收敛的速度增加一倍。采用三角形函数、伽辽金法匹配可得到更好的效果。

图 4-15 和图 4-16 分别为 TM 波沿 x 方向入射、圆柱半径为 λ 时，EFIE 求解的圆柱电流分布及双站 RCS。此例中，我们将圆柱分为了 180 份，采用了脉冲基、点匹配。

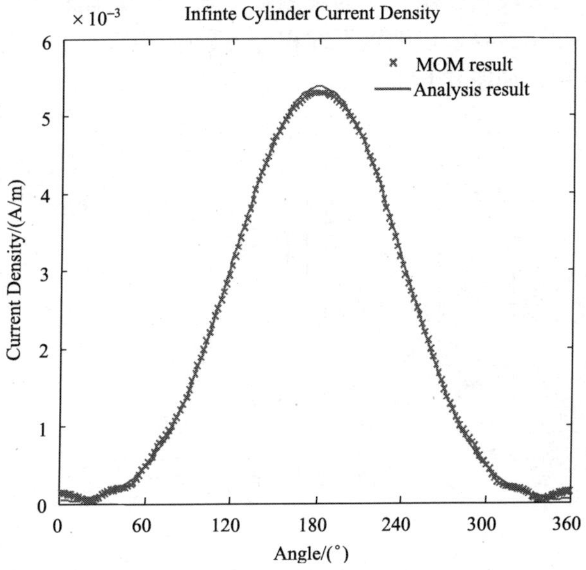

图 4-15 表面感应电流分布

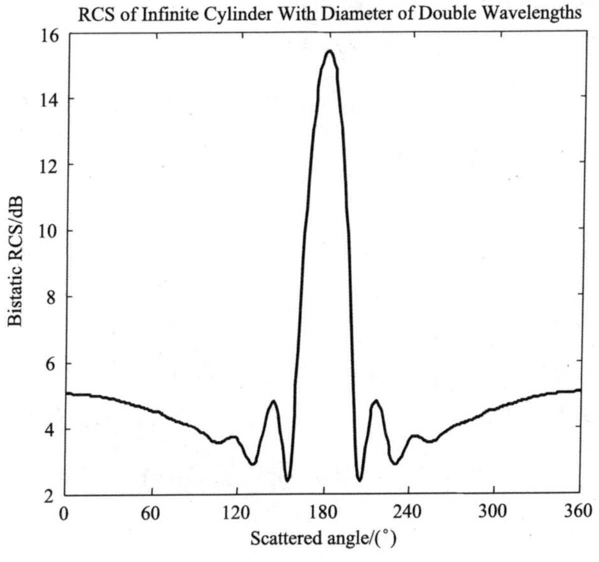

图 4-16 无限长圆柱 TM 波入射下双站 RCS

例 4-3　线天线的辐射。天线和散射体的基本区别在于，天线的激励源在该导体上，而后者的源远离导体。但二者的计算步骤基本是相同的。

描述线天线问题的积分方程一般有 3 种：波克灵顿(Pocklington)积分方程、海伦(Hallen)积分方程、反应(Raction)积分方程。用矩量法求出天线上的电流分布后，便可进一步求取天线的辐射场。选用不同的基权函数，求解过程中计算的复杂程度不同。对于线天线，一般可采用分段正弦函数作为基函数，采用伽辽金法求解，也可选用脉冲基函数及整域基的点匹配法。我们以细直天线积分方程中的 Hallen 方程为例介绍 MoM 在电磁辐射问题中的应用，如图 4-17 所示。

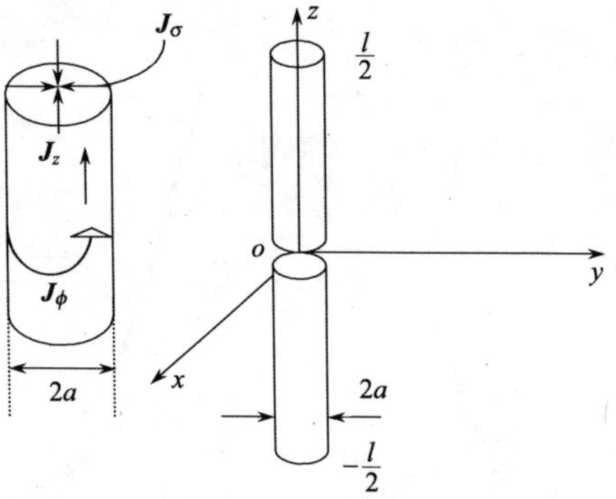

图 4-17　细直天线示意图

令

(1) 线长 $l \gg$ 线径 a；天线由完纯导体组成，则电流仅在它的表面流动。

(2) 天线端面处的 $\boldsymbol{J}_\rho$ 和天线侧面处的 $\boldsymbol{J}_\phi$ 略之不计。

因为 $a \ll \lambda$，所以 $\boldsymbol{J}_\rho$ 贡献小；由于圆对称，则

$$\boldsymbol{J}_\phi = 0$$

$$\frac{\partial}{\partial \phi} = 0$$

(3) J_{sz} 沿导体周界均匀分布，所以 J_{sz} 面的电流分布可视为集中于轴线上的线电流 $I(z) = 2\pi a J_{sz}$。

根据以上假设可知动态矢量位 $\boldsymbol{A}$ 只有 A_z 分量，即 $\boldsymbol{A} = \hat{z} A_z$，利用洛伦兹条件得

$$E_z^s = -\mathrm{j}\omega A_z + \frac{1}{\mathrm{j}\omega\mu_0\varepsilon_0}\frac{\partial^2 A_z}{\partial z^2} \tag{4-58}$$

通常工程上的细直线天线的激励是在天线输入端馈以电压 V，当输入端的间隙很近时，相当于输入端加了一个片电压，即 $E_z^i = V\delta(z)$。则此时矢量位函数 $\boldsymbol{A}$ 的波函数为

$$\frac{\mathrm{d}^2 A_z}{\mathrm{d}z^2} + k^2 A_z = -\mathrm{j}\omega\mu_0\varepsilon_0 V\delta(z) \tag{4-59}$$

边界条件为

$$E_z^i = -E_z^s$$

A_z 的通解为

$$\frac{\mathrm{d}^2 A_z}{\mathrm{d}z^2}+k^2 A_z=0$$

选 $A_{z1}=B\cos kz$（因为细天线对称性）。

A_z 的特解为

$$\frac{\mathrm{d}^2 A_z}{\mathrm{d}z^2}+k^2 A_z=-\mathrm{j}\omega\mu_0\varepsilon_0 V\delta(z) \tag{4-60}$$

利用一维格林函数 $G(z,z')=\frac{-\mathrm{j}}{2k}\mathrm{e}^{-\mathrm{j}k|z-z'|}$ 可求得 A_z 在式(4-60)和辐射条件下的特解为 $A_{z2}=\sqrt{\varepsilon_0\mu_0}\frac{V}{2}\mathrm{e}^{-\mathrm{j}k|z|}$。

于是

$$A_z=A_{z1}+A_{z2}=B\cos kz+\sqrt{\mu_0\varepsilon_0}\frac{V}{2}\mathrm{e}^{-\mathrm{j}k|z|} \tag{4-61}$$

$$A_z=\mu_0\int I(z')G(R,R')\mathrm{d}z' \tag{4-62}$$

$$R=\sqrt{a^2+(z-z')^2}$$

由式(4-61)和式(4-62)不难得到

$$\int_{-\frac{l}{2}}^{\frac{l}{2}} I(z')\frac{\mathrm{e}^{-\mathrm{j}kR}}{4\pi R}\mathrm{d}z'=\frac{1}{\eta_0}\frac{V}{2}\left[\cos k|z|-\mathrm{j}\sin k|z|\right]+B'\cos kz \tag{4-63}$$

式中，$B'=\frac{B}{\mu_0}$；$\eta_0=\sqrt{\frac{\varepsilon_0}{\mu_0}}$（波阻抗）。

将式(4-63)的同类项合并，则

$$\int_{-\frac{l}{2}}^{\frac{l}{2}} I(z')\frac{\mathrm{e}^{-\mathrm{j}k\sqrt{a^2+\left(z-z'\right)^2}}}{4\pi\sqrt{a^2+\left(z-z'\right)^2}}\mathrm{d}z'=-\frac{\mathrm{j}}{\eta_0}\frac{V}{2}\sin k|z|+C\cos kz \tag{4-64}$$

式中，$C=\frac{1}{\eta_0}\frac{V}{2}+\frac{B}{\mu_0}$。式(4-64)即为 Hallen 方程。

写出算子方程

$$\int_{-\frac{l}{2}}^{\frac{l}{2}} I(z')\frac{\mathrm{e}^{-\mathrm{j}kR}}{4\pi R}\mathrm{d}z'-C\cos kz=-\frac{\mathrm{j}}{\eta_0}\frac{V}{2}\sin k|z| \tag{4-65}$$

(1)选基函数：

$$I(z')=\sum_{n=1}^{N}B_n I_n$$

$$I_n=\sin\left[\frac{2\pi n\left(\frac{l}{2}-|z'|\right)}{\lambda}\right]=\sin\left[kn\left(\frac{l}{2}-|z'|\right)\right]$$

式中，I_n 为整域基函数，因为从物理概念上可判断出 $I(z')$ 是近似正弦分布，所以 I_n 选

sin 形式，同时满足在 $|z'| = \pm\frac{l}{2}$ 时，$I(z')=0$。当天线尺寸为 $\frac{l}{2}=0.395\lambda \sim 0.75\lambda$ 时，上述基函数不满足边界条件。例如，当 $\frac{l}{2}$ 接近 0.5λ 时，$I(z')$ 为零值，即馈电处的电流为零，这不符合边界条件，必须将基函数展开。

当 $N=2$ 时，算子方程展开为

$$B_1\int_{-\frac{l}{2}}^{\frac{l}{2}}\sin\left[k\left(\frac{l}{2}-|z'|\right)\right]G(z,z')\mathrm{d}z' + B_2\int_{-\frac{l}{2}}^{\frac{l}{2}}\sin\left[2k\left(\frac{l}{2}-|z'|\right)\right]G(z,z')\mathrm{d}z' - C\cos kz = -\frac{\mathrm{j}}{\eta_0}\frac{V}{2}\sin k|z| \tag{4-66}$$

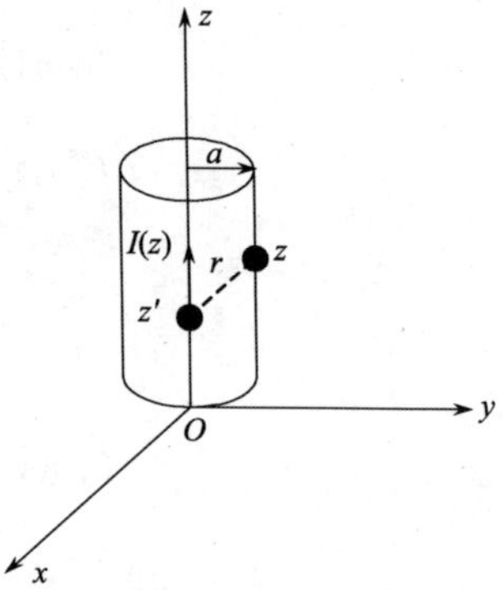

图 4-18　示意图

式中，B_1、B_2 和 C 为待定系数；V 为激励；$I(z')$ 为响应，如图 4-18 所示。

(2) 选权函数 $W_m=\delta(z-z_m)$ 点匹配法。

为确定 B_1、B_2、C 三个系数，应选 3 个观察点处作内积，不妨以 $l=\frac{\lambda}{2}$ 为例，给出 $z_m=0$、$\frac{\lambda}{8}$ 和 $\frac{\lambda}{4}$ 3 个观察点。

(3) 求内积。

$$g_m = < W_m, -\frac{\mathrm{j}V}{2\eta_0}\sin k|z| >$$

$$g_1 = < \delta(z-0), -\frac{\mathrm{j}V}{2\eta}\sin\frac{2\pi}{\lambda}|z| > = 0$$

$$g_2 = < \delta\left(z-\frac{\lambda}{8}\right), -\frac{\mathrm{j}V}{2\eta_0}\sin\frac{2\pi}{\lambda}|z| > = -\frac{\mathrm{j}V}{2\eta}\sin\left(\frac{2\pi}{\lambda}\frac{\lambda}{8}\right) = -\frac{\mathrm{j}V}{2\eta_0}\frac{1}{\sqrt{2}}$$

$$g_3 = < \delta\left(z-\frac{\lambda}{4}\right), -\frac{\mathrm{j}V}{2\eta_0}\sin\frac{2\pi}{\lambda}|z| > = -\frac{\mathrm{j}V}{2\eta_0}$$

$$l_{mn} = < W_m, LI_n >$$

当 $z_m=0$、$\frac{\lambda}{8}$ 和 $\frac{\lambda}{4}$ 时求相应的 l_{mn}，于是对应的相关矩阵为

$$\begin{bmatrix} \int_{-\frac{\lambda}{4}}^{\frac{\lambda}{4}}\cos k|z'|G(0,z')\mathrm{d}z' & \int_{-\frac{\lambda}{4}}^{\frac{\lambda}{4}}\sin 2k|z'|G(0,z')\mathrm{d}z' & 1 \\ \int_{-\frac{\lambda}{4}}^{\frac{\lambda}{4}}\cos k|z'|G\left(\frac{\lambda}{8},z'\right)\mathrm{d}z' & \int_{-\frac{\lambda}{4}}^{\frac{\lambda}{4}}\sin 2k|z'|G\left(\frac{\lambda}{8},z'\right)\mathrm{d}z' & \frac{1}{\sqrt{2}} \\ \int_{-\frac{\lambda}{4}}^{\frac{\lambda}{4}}\cos k|z'|G\left(\frac{\lambda}{4},z'\right)\mathrm{d}z' & \int_{-\frac{\lambda}{4}}^{\frac{\lambda}{4}}\sin 2k|z'|G\left(\frac{\lambda}{4},z'\right)\mathrm{d}z' & 0 \end{bmatrix}\begin{bmatrix} B_1 \\ B_2 \\ -C \end{bmatrix} = \begin{bmatrix} 0 \\ -\frac{\mathrm{j}V}{2\eta_0}\frac{1}{\sqrt{2}} \\ -\frac{\mathrm{j}V}{2\eta_0} \end{bmatrix} \tag{4-67}$$

解式 (4-67)，可得 B_1、B_2 和 C 值，代入 $I(z')$ 可给出半波振子 $\left(l=\frac{\lambda}{2}\right)$ 上的电流分布。图 4-19 就是 $a/\lambda = 7.022\times 10^{-3}$ 的情况下，半波振子的电流实部及虚部的分布曲线。

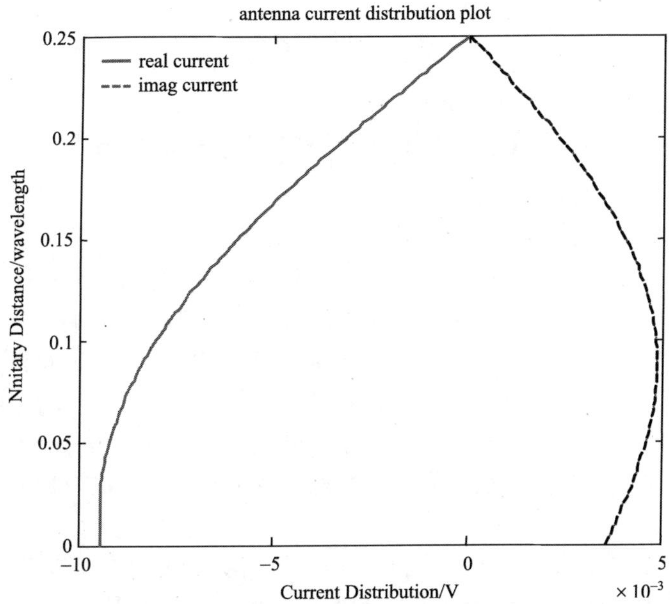

图 4-19 半波天线的电流分布

习 题

1. 用矩量法求解微分方程 $\begin{cases} -\dfrac{d^2\varphi}{dx^2}=1+4x^2 \\ \varphi(0)=\varphi(1)=0 \end{cases}$，并比较数值解与精确解。

2. 推导一维和二维情况下的格林函数。

3. 证明伽辽金法匹配时，EFIE 得到的阻抗矩阵是对称的。

4. 将例 4-2 中的电流换成物理光学电流，即 $\boldsymbol{J}=2\hat{n}\times\boldsymbol{H}^i$，比较计算结果并尝试解释原因。

5. 利用 MFIE 编程计算 TE 波入射时，半径为 1 波长的无限长圆柱双站 RCS。

6. 利用 Hallen 方程计算全波振子（$l=\lambda$）的电流分布，并作图。取 $a/\lambda=7.022\times10^{-3}$，

$$I(z')=A\sin[k(h-|z'|)]+B\left[\cos(kz')-\cos\left(k\frac{l}{2}\right)\right]+C\left[\cos\left(\frac{1}{2}kz'\right)-\cos\left(k\frac{l}{4}\right)\right]。$$

第 5 章 快速算法及混合方法

本章简要介绍电磁学数值方法中很重要的两个方面：快速算法和混合方法。快速算法是指在求解矩阵方程或求解通过矩量法能离散成矩阵方程的积分方程时能降低计算复杂度的算法，即减少计算时间和内存需求的算法。正如我们在第 4 章中看到的，通过矩量法离散积分方程得到的阻抗元素矩阵是满阵，这是需要巨大的时间和内存来生成、存储和求解的，尤其当矩阵维数增加时，所需的时间和内存更以指数增加。对于这种矩阵方程，快速算法不仅能减少计算时间和内存需求，而且使矩量法有能力计算更大、更复杂的问题。本章简要介绍 3 种快速算法：快速多极子方法、自适应积分方程方法、自适应交叉近似方法。

混合方法是在求解复杂电磁问题时，如涂层目标、印刷电路板及微带天线的辐射散射分析、进气道和复杂导体表面开缝的散射求解等，将两种或多种方法结合在一起提高求解效率和计算精度的技术，因为单独采用微分方程方法或积分方程方法求解，效率往往不高。正如前面介绍的，每种方法都有其优缺点，混合方法就是在将不同的方法结合时尽量保留其优点而去掉缺点的方法。混合方法有很多，大致可分为体积分方程方法和表面积分方程方法混合、微分方程方法和积分方程方法混合、高频方法和积(微)分方程方法混合、解析方法和数值方法混合及时域方法和频域方法混合等。本章简要介绍两种混合方法，一种是微分方程方法和积分方程方法相结合的有限元边界积分法，另一种是积分方程方法和高频方法相结合的矩量法——物理光学法。

5.1 快速算法简介

差分法和有限元法离散偏微分方程，得到的离散矩阵是稀疏阵，而求解积分方程的矩量法由于使用了格林函数，因而得到的离散方程是满阵。求解满阵导致高计算复杂度，这也是限制矩量法求解能力的主要原因。采用高斯消元法和 LU 分解法直接求解矩阵方程，其算子运算量为 $O(N^3)$，所需内存为 $O(N^2)$，N 为矩阵维数。这样高的计算复杂度严重限制了矩量法的应用。如果采用迭代方法求解矩阵方程，因为每步迭代通常要计算一次或两次矩阵-矢量相乘，所以每迭代步的算子运算量为 $O(N^2)$，而所需的内存仍为 $O(N^2)$。因此，采用迭代法计算，总的时间为 $O(N_{\text{iter}}N^2)$，N_{iter} 为收敛到指定精度所需要的迭代步数。如果 N_{iter} 小于 N，且方程右端项不变，则迭代法快于 LU 分解。而求解方程的右端项每变一次，迭代法就要重复一次。因此，很长一段时间内，矩量法仅限于求解一维、二维和很小的三维问题。若计算复杂度为 $O(N^3)$ 或 $O(N^2)$，所需的计算时间和计算内存随计算未知量成指数增长，远远超过了现有计算机能提供的承载能力。

目前，对于直接方法的计算复杂度并没有太大的改进，而采用一些特殊的技术，每步迭代的计算时间和所需内存都能极大地减少。这些以降低计算复杂度为特征的特殊技术就称为快速算法，其对于处理大尺寸问题具有很重要的意义。共轭梯度-快速傅里叶变换(CG-FFT)是计算电磁学史上发展出的第一种快速算法。但是，该方法采用矩形网格对目标剖分，严重限制了其应用。当然，由于其相对简单，所以仍不失为一种最有效的快速算法。自适应积分方法(AIM)和预修正快速傅里叶变换(Precorrected-FFT，PFFT)方法允许采用任意形状网格对目标建模分析，克服了这一缺点。AIM 和 PFFT 方法均将不均匀的网格映射到均匀的网格中以便于 FFT 的应用，关键是将 MoM 生成的矩阵分为近区组和远区组。它们在求解平面结构和非均匀介质结构目标时能将计算复杂度降低到 $O(N\log N)$。但它们在求解非平面结构和均匀介质结构目标时达不到此高效率，因为此时多采用表面积分方程，映射得到的网格节点存在于三维空间，计算复杂度为 $O(N^{1.5}\log N)$。于是，快速多极子方法应运而生。在此基础上的多层快速多极子方法(MLFMA)能将计算复杂度降低到 $O(N\log N)$。其中一个重要的概念仍是将 MoM 生成的矩阵分为近区组和远区组，再应用平面波展开加速矩矢相乘计算。从某种意义上说，FMM 可以看成任意网格上的 FFT。CG-FFT、AIM、FMM 均依赖于积分方程本身来降低计算复杂度，而自适应交叉近似(ACA)方法用于积分方程时，仅需要对阻抗矩阵元素本身进行处理而与其产生过程无关。

5.1.1　快速多极子方法

快速多极子方法(Fast Multipole Method，FMM)于 1989 年由美国的 Rokhlin 首先提出，被用于高效求解二维声波问题的亥姆赫兹方程。20 世纪 90 年代中期，Song 和 Lu 等用 FMM 求解了三维导体的散射问题，并提出了用于计算电磁散射的二维和三维的多层快速多极子方法(Multilevel Fast Multipole Algorithm，MLFMA)。20 世纪 90 年代后期，伊利诺伊大学教授周永祖和 Demaco 公司联合推出了基于 FMM 和 MLFMA 的 FISC (Fast Illinois Solver Code) 软件，并用于精确高效地计算电大复杂目标的电磁散射。据称该软件当时已能求解高达 800 万未知量的散射问题，从而使多层快速多极子方法在处理复杂电大尺寸目标电磁散射方面的能力得到了举世公认。FMM 被评为 20 世纪的十大算法之一。

快速多极子方法的数学基础是矢量加法定理，即利用加法定理处理积分方程中的格林函数。通过在角谱空间中展开，利用平面波进行算子对角化，最终将密集阵与矢量的相乘计算转化为几个稀疏阵与该矢量的相乘运算。

快速多极子方法的基本原理是：将散射体表面上离散得到的子散射体分组(图 5-1 所示)。任意两个子散射体间的互耦根据它们所在组的位置关系而采用不同的方法计算。当它们是相邻组时，采用直接数值计算；而当它们为非相邻组时，则采用聚合—转移—配置方法计算。对于一个给定的场点组，首先将它的各个非相邻组内所有子散射体的贡献“聚合”到组中心(类似于电话网中的交换机)表达；再利用矢量加法定理将其“转移”至场点组的组中心表达；最后将该中心“配置”到该组内各子散射体。对于散射体表面上的 N 个子散射体，直接计算它们的互耦时，每个子散射体都是一个散射中心，即为一个单极子，共需数值计算量为$O(N^2)$，如图 5-2 所示；而应用这种快速多极子方法，任意两个子散射体的互耦由它们所在组的组中心联系。各个组中心就是一个多极子，其数值计算量只为$O(N^{1.5})$，如图 5-3 所示。对于源点组来说，该组中心代表组内所有子散射体在其非相邻组产生的贡献；对于场点组来说，该组中心代表了来自该组的所有非相邻组的贡献，从而大大减少了散射中心的数目，如图 5-4 所示，i和j为子散射体，m'和m分别为各自的组中心。FMM 原理流程图如图 5-5 所示。

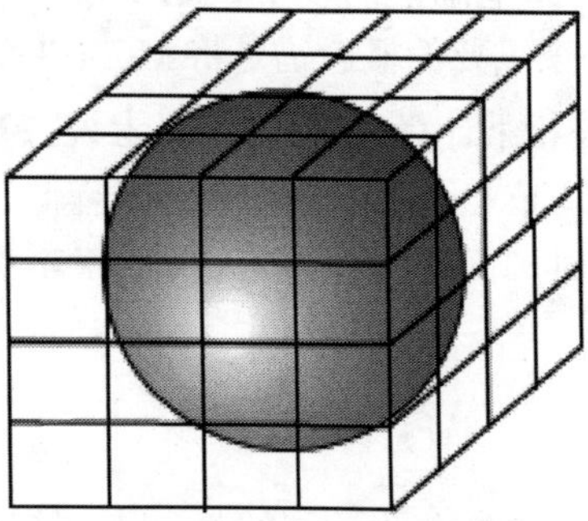

图 5-1　导体散射目标的分块

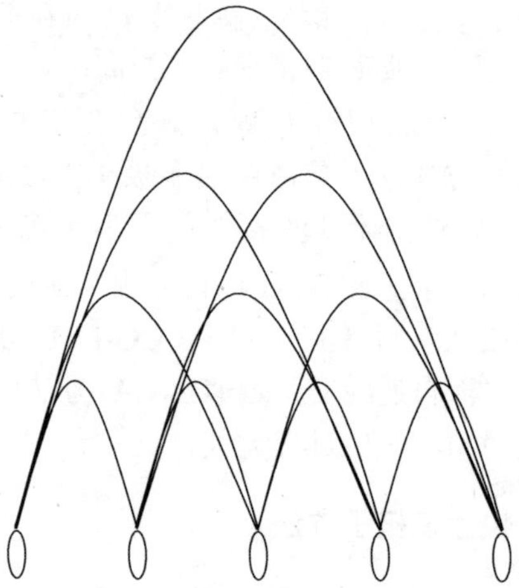

图 5-2　N个未知量直接相互耦合“连接”数是N^2量级

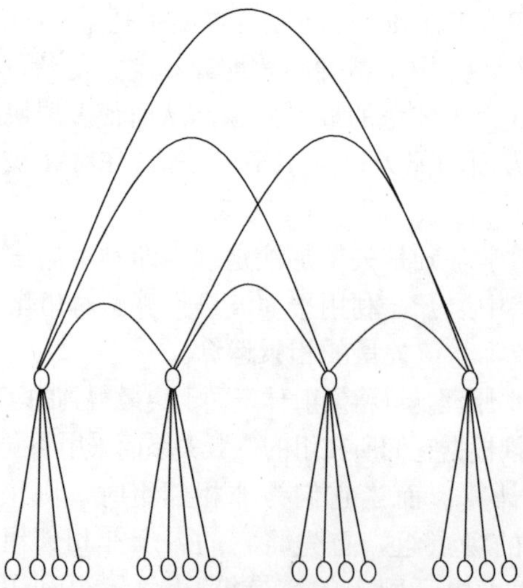

图 5-3　“交换机”的引入减少了电流单元间直接的耦合“连接”数

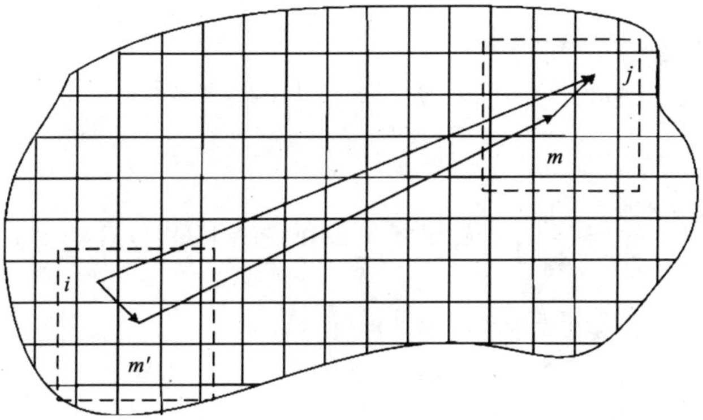

图 5-4　三维导电目标散射的快速多极子分析(虚线框表示分组)

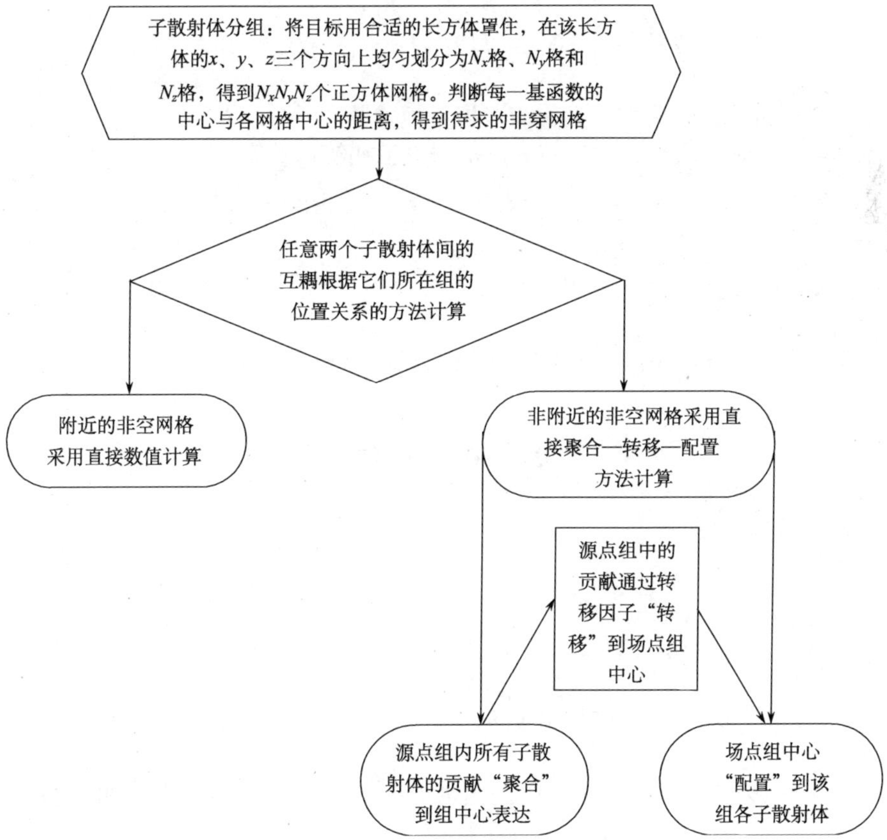

图 5-5　FMM 原理流程图

由加法定理，标量格林函数可以展开为

$$\frac{\mathrm{e}^{-\mathrm{j}k|\boldsymbol{r}+\boldsymbol{d}|}}{|\boldsymbol{r}+\boldsymbol{d}|}=-\mathrm{j}k\sum_{l=0}^{\infty}(-1)^l(2l+1)j_l(kd)h_l^{(1)}(kr)P_l\left(\hat{d}\cdot\hat{r}\right),\quad d<r \tag{5-1}$$

式中，$j_l(kd)$为球贝塞函数；$h_l^{(1)}(kr)$为第一类球汉克尔函数；$P_l\left(\hat{d}\cdot\hat{r}\right)$为勒让德函数。

把基本恒等式

$$4\pi(-\mathrm{j})^l j_l(kd)P_l(\hat{d}\cdot\hat{r})=\int \mathrm{d}^2\hat{k}\mathrm{e}^{-\mathrm{j}\boldsymbol{k}\cdot\boldsymbol{d}}P_l(\hat{k}\cdot\hat{r}) \tag{5-2}$$

代入式(5-1)得到

$$\begin{aligned}\frac{\mathrm{e}^{-\mathrm{j}k|\boldsymbol{r}+\boldsymbol{d}|}}{|\boldsymbol{r}+\boldsymbol{d}|}&=\frac{-\mathrm{j}k}{4\pi}\int \mathrm{d}^2\hat{k}\mathrm{e}^{-\mathrm{j}\boldsymbol{k}-\boldsymbol{d}}\sum_{l=0}^{\infty}(-\mathrm{j})^l(2l+1)h_l^{(1)}(kr)P_l(\hat{k}\cdot\hat{r})\\&\approx\frac{-\mathrm{j}k}{4\pi}\int \mathrm{d}^2\hat{k}\mathrm{e}^{-\mathrm{j}\boldsymbol{k}-\boldsymbol{d}}T_L(\hat{k}\cdot\hat{r})\end{aligned} \tag{5-3}$$

式中

$$\int \mathrm{d}^2\hat{k}=\int_0^{2\pi}\int_0^{\pi}\sin(\theta)\mathrm{d}\theta\mathrm{d}\phi \tag{5-4}$$

$$T_L(\hat{k}\cdot\hat{r})=\sum_{l=0}^{L}(-\mathrm{j})^l(2l+1)h_l^{(1)}(kr)P_l(\hat{k}\cdot\hat{r}) \tag{5-5}$$

L为无穷求和的截断项数，又称为多极子模式数。

在图 5-4 中，对于场点$\boldsymbol{r}_j$与源点$\boldsymbol{r}_i$，根据矢量初等运算有

$$\begin{aligned}\boldsymbol{r}_{ji}&=\boldsymbol{r}_j-\boldsymbol{r}_i=\boldsymbol{r}_j-\boldsymbol{r}_m+\boldsymbol{r}_m-\boldsymbol{r}_{m'}+\boldsymbol{r}_{m'}-\boldsymbol{r}_i\\&=\boldsymbol{r}_{jm}+\boldsymbol{r}_{mm'}-\boldsymbol{r}_{im'}\end{aligned} \tag{5-6}$$

远区组满足$|\boldsymbol{r}_{mm'}|>|\boldsymbol{r}_{jm}-\boldsymbol{r}_{im'}|$，所以有

$$\frac{\mathrm{e}^{-\mathrm{j}kr_{ji}}}{r_{ji}}=\frac{-\mathrm{j}k}{4\pi}\int \mathrm{d}^2\hat{k}\mathrm{e}^{-\mathrm{j}\boldsymbol{k}\cdot(\boldsymbol{r}_{jm}-\boldsymbol{r}_{im'})}\alpha_{mm'}(\hat{r}_{mm'}\cdot\hat{k}),\quad |\boldsymbol{r}_{mm'}|>|\boldsymbol{r}_{jm}-\boldsymbol{r}_{im'}| \tag{5-7}$$

$$\alpha_{mm'}=\sum_{l=0}^{L}(-\mathrm{j})^l(2l+1)h_l^{(1)}(kr_{mm'})P_l(\hat{r}\cdot\hat{k}) \tag{5-8}$$

对于并矢格林函数

$$\bar{\boldsymbol{G}}(\boldsymbol{r}_j,\boldsymbol{r}_i)=\left(\bar{\boldsymbol{I}}-\frac{1}{k^2}\nabla\nabla'\right)\frac{\mathrm{e}^{-\mathrm{j}k|\boldsymbol{r}_j-\boldsymbol{r}_i|}}{|\boldsymbol{r}_j-\boldsymbol{r}_i|} \tag{5-9}$$

其在角谱空间的表达式为

$$\bar{\boldsymbol{G}}(\boldsymbol{r}_j,\boldsymbol{r}_i)=\frac{-\mathrm{j}k}{4\pi}\int \mathrm{d}^2\hat{k}(\bar{\boldsymbol{I}}-\hat{k}\hat{k})\mathrm{e}^{-\mathrm{j}\boldsymbol{k}\cdot(\boldsymbol{r}_{jm}-\boldsymbol{r}_{im'})}\alpha_{mm'}(\hat{r}_{mm'}\cdot\hat{k}) \tag{5-10}$$

式中，$\alpha_{mm'}$为转移因子，代表远区组间组中心的转换作用；$\int \mathrm{d}^2\hat{k}$是谱空间单位球面上的二重积分，可用高斯求积法计算，积分点数为$K_L=2L^2$，$L\approx kD$，D为子散射体的最大尺寸。

我们以三维导体目标的矢量散射问题的电场积分方程为例说明 FMM 的数值实现。对于

$$\hat{t}\cdot\int_S \bar{\boldsymbol{G}}(\boldsymbol{r},\boldsymbol{r}')\cdot\boldsymbol{J}(\boldsymbol{r}')\mathrm{d}S'=-\frac{4\pi\,\mathrm{j}}{k\eta}\hat{t}\cdot\boldsymbol{E}^i(\boldsymbol{r}) \tag{5-11}$$

式中，$\bar{\boldsymbol{G}}(\boldsymbol{r},\boldsymbol{r}')$ 为并矢格林函数，$\bar{\boldsymbol{G}}(\boldsymbol{r},\boldsymbol{r}')=\left(\bar{\boldsymbol{I}}-\dfrac{1}{k^2}\nabla\nabla'\right)g(\boldsymbol{r},\boldsymbol{r}')=\left(\bar{\boldsymbol{I}}-\dfrac{1}{k^2}\nabla\nabla'\right)\dfrac{\mathrm{e}^{-\mathrm{j}kR}}{R}$，$R=|\boldsymbol{r}-\boldsymbol{r}'|$；$\eta$ 为自由空间的波阻抗（$\eta=120\pi$）；$\boldsymbol{E}^i(\boldsymbol{r})$ 为入射场；$\boldsymbol{J}(\boldsymbol{r}')$ 为待求电流。

用基函数 $\boldsymbol{j}_i$、权函数 $\boldsymbol{t}_j$ 离散混合场积分方程，可得到线性代数方程组为

$$\sum_{i=1}^{N} A_{ji}a=F_j,\quad j=1,2,\cdots,N \tag{5-12}$$

式中

$$A_{ji}=\int_s \mathrm{d}s\boldsymbol{t}_j(\boldsymbol{r})\cdot\int_s \mathrm{d}s'\bar{\boldsymbol{G}}(\boldsymbol{r},\boldsymbol{r}')\cdot\boldsymbol{j}_i(\boldsymbol{r}') \tag{5-13}$$

$$F_j=-\frac{4\pi\mathrm{j}}{k\eta}\int_s \mathrm{d}s\boldsymbol{t}_j(\boldsymbol{r})\cdot\boldsymbol{E}^i(\boldsymbol{r}) \tag{5-14}$$

利用式(5-10)与式(5-13)，可得矩阵与矢量相乘的 FMM 表达式为

$$\begin{aligned}\sum_{i=1}^{N} A_{ji}a_i=&\sum_{m'\in\mathrm{NG}}\sum_{i\in G_{m'}}A_{ji}a_i+\frac{-\mathrm{j}k}{4\pi}\int \mathrm{d}^2\hat{k}\,\boldsymbol{V}_{fmj}(\hat{k})\\&\times\sum_{m'\in\mathrm{FG}}\alpha_{mm'}(\hat{k}\cdot\hat{r}_{mm'})\sum_{i\in G_{m'}}\boldsymbol{V}^*_{sm'i}(\hat{k})a_i,\quad j\in G_m\end{aligned} \tag{5-15}$$

式中，NG(Near Group)代表来自附近组的贡献；FG(Far Group)代表来自远组即非附近组的贡献；$\boldsymbol{V}_{sm'i}(\hat{k})$、$\boldsymbol{V}_{fmj}(\hat{k})$ 分别为聚合因子、配置因子；*表示共轭运算。具体表达如下

$$\boldsymbol{V}_{sm'i}(\hat{k})=\int_s \mathrm{d}s'\mathrm{e}^{-\mathrm{j}\boldsymbol{k}\cdot\boldsymbol{r}_{im'}}\boldsymbol{j}_i(\boldsymbol{r}_{im'}) \tag{5-16}$$

$$\boldsymbol{V}_{fmj}(\hat{k})=\int_s \mathrm{d}s\,\mathrm{e}^{-\mathrm{j}\boldsymbol{k}\cdot\boldsymbol{r}_{jm}}(\bar{\boldsymbol{I}}-\hat{k}\hat{k})\cdot\boldsymbol{t}_j(\boldsymbol{r}_{jm}) \tag{5-17}$$

转移因子 $\alpha_{mm'}(\hat{k}\cdot\hat{r}_{mm'})$ 的表达见式(5-8)。

传统矩量法与快速多极子方法计算工作量对比如表 5-1 所示。

表 5-1　传统矩量法与快速多极子方法计算工作量对比

直接计算方法		$O(N^2)$
快速多极子方法 当 $K_L\sim M$，$M\sim\sqrt{N}$， 计算量为 $O(N^{1.5})$	聚合	$O(NK_L)$
	转移	$O(N^2/M^2K_L)$
	配置	$O(NK_L)$
	附近组	$O(NM)$

注：N 为未知量个数，M 为每组子散射体个数，K_L 为角谱空间积分点数

计算一个半径为 1m 的导电球在不同频率平面波照射下的双站水平极化 RCS，如图 5-6 所示。采用混合场积分方程计算。采用了均匀网格分组，所需的存储量少于 $O(N^{1.5})$ 量级。

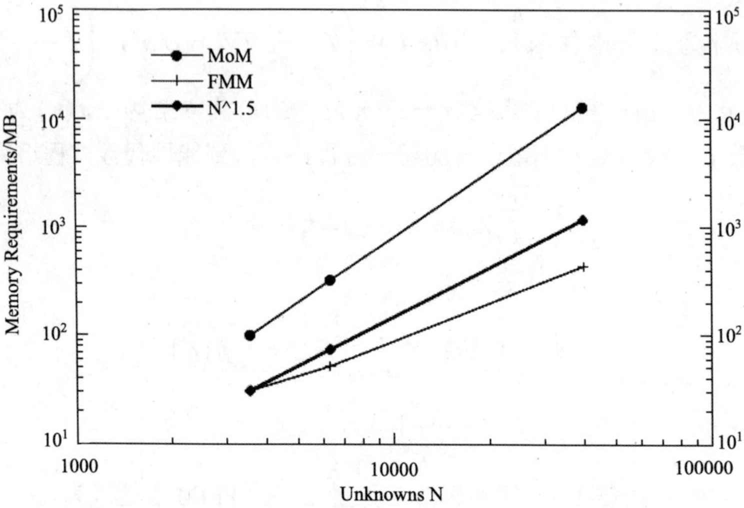

图 5-6　矩量法与快速多极子法所需存储量的对比(计算导电球双站 RCS)

图 5-7 也给出了这两种方法计算 ka=2.9(a 为球半径)时的对比结果。图中显示两者吻合得很好。图 5-8(a)、图 5-8(b) 分别给出了矩量法和快速多极子法所需的总 CPU 时间、每次迭代所需 CPU 时间的对比。图中显示：快速多极子法的计算效率远远优于矩量法。

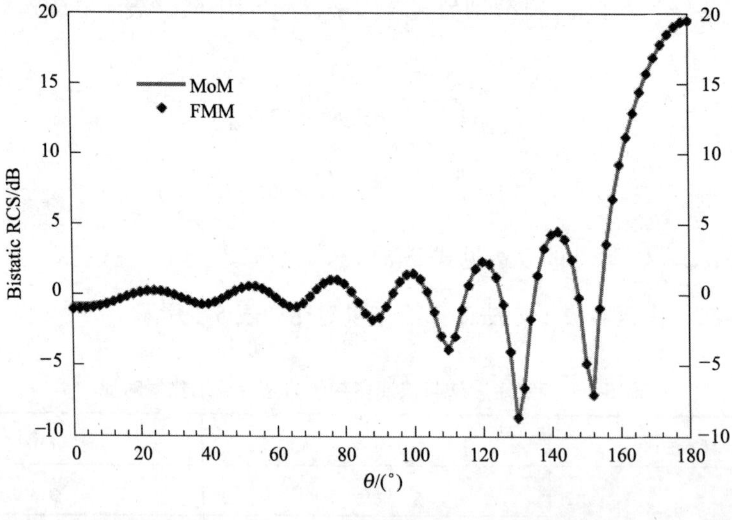

图 5-7　用矩量法与快速多极子法计算(导电球 ka=2.9 双站 RCS(水平极化))

多层快速多极子方法是快速多极子方法在多层级结构中的推广。对于 N 体互耦，多层快速多极子法采用多层分区计算，即对于附近区强耦合量直接计算；对于非附近区耦合量则用多层快速多极子方法实现。多层快速多极子方法基于树形结构计算，其特点是逐层聚合、逐层转移、逐层配置、嵌套递推。对于三维情况，用一个正方体将求解区域包围，每个子正方体再细分为 8 个更小的子正方体。显然，对于二维、三维情况，第 i 层子正方形和子正方体的数目分别为 4^i、8^i。这种分层级结构如图 5-9 所示。对于散射问

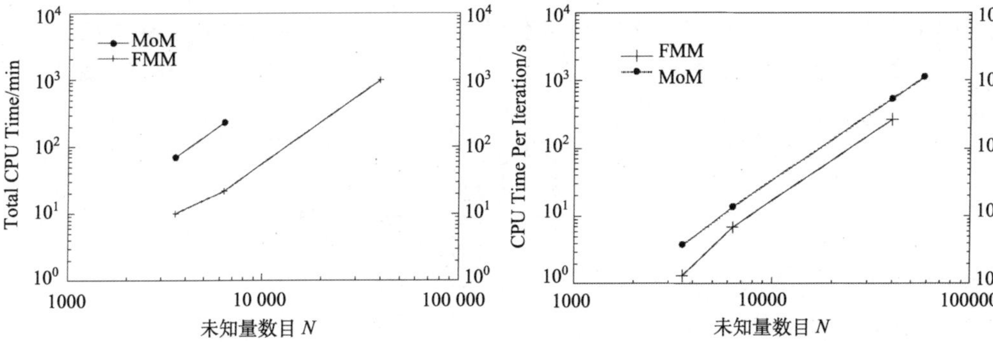

(a) MoM与FMM所需总CPU时间对比　　(b) MoM与FMM每次迭代所需CPU时间对比

图 5-8

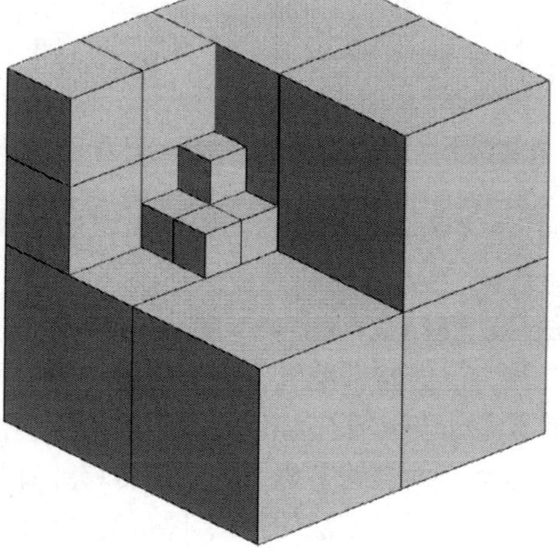

图 5-9　三维多层快速多极子方法中的分层结构图

题，最细层的每个正方形或正方体的边长为半个波长左右，由此可以确定求解一个给定尺寸的目标散射时多层快速多极子方法所需的层数。

为方便阐述多层快速多极子方法的原理，事先对几个重要术语进行说明。它们是非空组、父层与父组、子层与子组、远亲组与近邻组。

在对一个给定目标完成多层分组之后，首先就是判断空组和非空组。对于最细层的每一个正方体，通过判断该中心与每一个基函数中心的距离，可得到不包含基函数的空组和包含基函数的非空组。

记当前所在层为第 l 层，则由它所细分的更细层为第 $l+1$ 层。第 l 层是第 $l+1$ 层的父层，第 $l+1$ 层是第 l 层的子层，在父层上的非空组为父组，它们所对应的子层上的非空组为其子组。

远亲组是其父组的附近组的子组且又是该层该组的非附近组。近邻组为该层该组的附近组。对于给定的某一层某一非空组，凡是在该层上与该组有公共顶点的非空组均为其附近组。对于二维情形，非空组 M 的附近组最多为 9 个，其远亲数目最多为 27 个；对于三维情形，非空组 M 的附近组最多为 27 个，其远亲数目最多为 189 个，如图 5-10 所示。

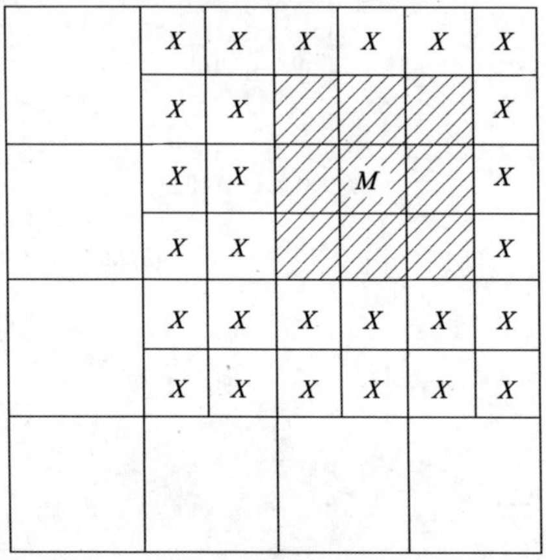

图 5-10　二维情况中远亲组与近邻组示意图(假设所有组均为非空组)

对于非空组 M，图中含 X 的正方形是它的远亲组，图中含阴影线的正方形是其近邻组。

多层快速多极子方法(MLFMA，如图 5-11 所示)是快速多极子方法的多层扩展。快速多极子法的基本步骤是聚合、转换和配置。多层快速多极子方法除上述操作之外，还有父层、子层的层间递推计算。与快速多极子方法不同，多层快速多极子方法的转移计算在各层各组的远亲组间进行，而快速多极子方法的转移计算在非附近组件进行。与快速多极子方法相似，多层快速多极子方法的直接计算部分则在最细层各非空组的近邻组间进行。

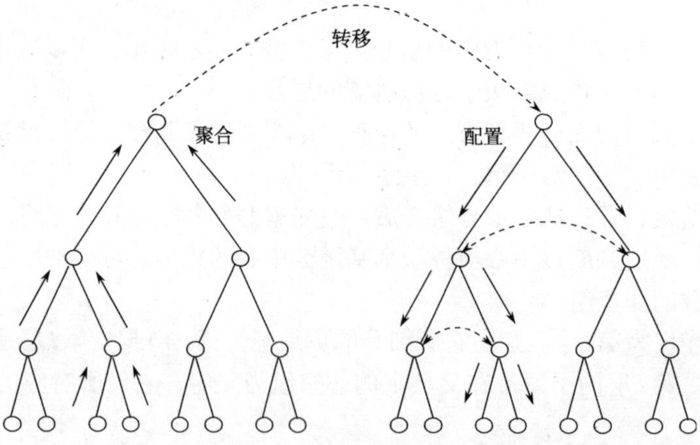

图 5-11　MLFMA 的计算过程树形结构

基于以上分层级结构，多层算法由上行过程、下行过程两部分组成。上行过程分为最细层的多极展开、子层到父层的多极聚合。上行过程一般在多极聚合到第二层后，经远亲转移计算转向下行过程。下行过程则分为父层到子层的多极配置、同层间远亲组的转移和最高层的部分场展开。

我们采用了快速勒让德展开法的多层快速多极子方法与快速多极子方法分别计算不同电尺寸的导电球：$ka = 9.2、15、35.0、50.265(a = 1.464\lambda、2.387\lambda、5.570\lambda、8\lambda)$ 的水平极化双站 RCS(如图 5-12 所示)，a 为球半径，用混合场积分方程(CFIE)计算。在迭代过程中，未知量数目分别为 3520、6320、39800、57600。图 5-13 分别给出了总 CPU 时间、每次迭代所需 CPU 时间的对比曲线。

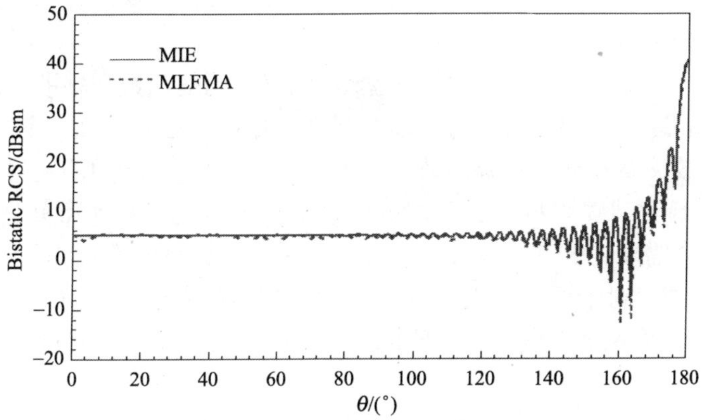

图 5-12　直径为 19 个波长的金属球体的双站水平极化 RCS，MLFMA 计算结果与 MIE 解析结果对比

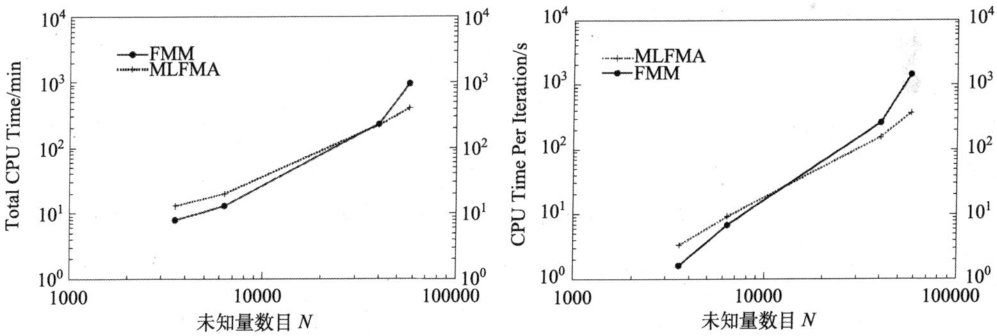

图 5-13　计算不同电尺寸的导电球的双站 RCS 的总 CPU 时间及每次迭代时间：FMM 和 MLFMA 计算

从图 5-13 可以看出：当未知量数目 $N > 35000$ 时，采用快速多极子方法计算所花的总 CPU 时间(矩阵填充时间与迭代求解时间之和)将远大于采用多层快速多极子方法所花的 CPU 时间。当 $N > 15000$ 时，采用多层快速多极子方法计算时每次迭代所花的 CPU 时间少于用快速多极子方法计算时每次迭代所花的 CPU 时间，即说明此时采用多层快速多极子方法计算矩阵-矢量相乘更高效。但由于多层快速多极子方法在矩阵填充上花费

CPU 时间多于快速多极子方法，因此，当$15000 < N < 35000$时，多层快速多极子方法所需的总 CPU 时间要比快速多极子方法多一些。因此，对于$N > 35000$的散射问题的求解，采用多层快速多极子方法计算更高效，并且这种高效性随着电尺寸的增大而越明显。

5.1.2 自适应积分方程

自适应积分方程方法(Adaptive Integral Method，AIM)是 Bleszynski 等在 1994 年、1996 年提出的。AIM 是一种基于耦合区域划分的矩阵稀疏化技术，是积分方程方法的高效算法。该方法既保证了结果的精度，又拓展了传统方法如矩量法的求解范围，使原先不能求解的一些问题得以解决。AIM 已成功用于求解任意形状的平面结构和三维目标的电磁散射问题：微带电路和有限大天线阵列的分析、快速电容模型的建模与计算、时域 AIM 求解表面积分方程等领域。

自适应积分方法的基本原理是建立两套基函数(原始基函数和辅助基函数)分别计算阻抗矩阵的近区和远区互耦阻抗。对于远区互耦的计算，首先对每一个矩量法展开的基函数通过电流等效关系建立辅助基函数，辅助基函数是定义在均匀的网格点上的点电流，然后通过辅助基函数计算阻抗元素。对应于辅助基函数的格林函数矩阵具有特普利茨(Toeplitz)特性，只需要存储其一行和一列元素。另外，格林函数矩阵与矢量相乘可以通过 FFT 来加速计算。对于近区互耦，则仍然采用精确的方法计算。对于面散射体和体散射体 AIM 的计算复杂度分别为$O(N^{1.5}\log N)$和$O(N\log N)$，存储量分别为$O(N^{1.5})$和$O(N)$。

下面简单介绍 AIM 求解的主要步骤：建立辅助基函数，建立阻抗矩阵和矩阵-矢量的快速相乘。

1. 建立辅助基函数

采用辅助基函数(Auxiliary Basis Functions)计算远区的阻抗元素实际上是用一组近似的等效点电流来代替原始目标的电流分布。这种等效的电流分布要求在足够远处产生相同的场。如果我们选择这样的等效点电流分布在均匀的矩形网格的格点上，那么矩阵与矢量相乘就可以采用 FFT 来加速。

矩量法离散积分方程得到矩阵方程$\boldsymbol{ZI}=\boldsymbol{V}$。对于电场积分方程(EFIE)，阻抗元素可写成如下形式

$$Z_{mn}=\mathrm{j}\omega\mu_0\int_{T_m}\int_{T_n}\left[\boldsymbol{f}_m(\boldsymbol{r})\cdot\boldsymbol{f}_n(\boldsymbol{r}')-\frac{1}{k_0}\nabla\cdot\boldsymbol{f}_m(\boldsymbol{r})\nabla'\cdot\boldsymbol{f}_n(\boldsymbol{r}')\right]G(\boldsymbol{r},\boldsymbol{r}')\mathrm{d}\boldsymbol{r}'\mathrm{d}\boldsymbol{r} \tag{5-18}$$

将目标用一个合适的矩形罩住，在x、y、z方向上分别选取a_1、a_2、a_3作为格点间距，均匀划分得到一系列的格点。记格点的个数为N_{grid}。选择每$(M+1)^3$个格点作为一个小长方体，M为展开阶数。这样，根据每个原始基函数与这一系列小长方体中心的距离，将其分配到距其最近的长方体中，每个小长方体包含一组原始基函数，并且对应于这$(M+1)^3$个格点上的点电流。

将格点u表示为δ函数，构成辅助基函数

$$\hat{\psi}_n(\boldsymbol{r}) = \sum_{u \in c_n} \Lambda_{nu} \delta^3(\boldsymbol{r} - \boldsymbol{u}) \tag{5-19}$$

图 5-14 所示是一个圆形的平板，采用三角形对目标表面进行剖分，建立原始基函数，如 RWG 基函数。用一系列均匀的格点将目标罩住，并选择 9 个格点建立小的长方形。根据基函数与小长方形中心的距离将每个基函数分配到小长方形中。

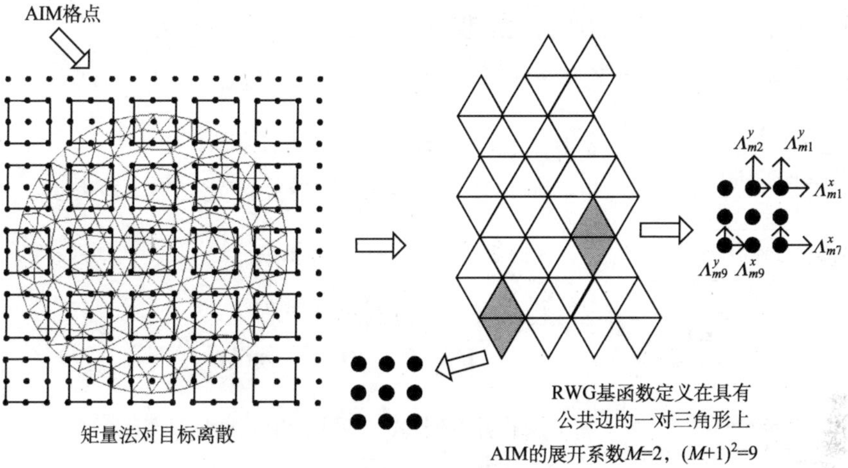

图 5-14　辅助基函数示意图

2. 建立阻抗矩阵

对原始基函数 $\boldsymbol{f}_n(\boldsymbol{r})$ 和基函数的散度 $\nabla \cdot \boldsymbol{f}_n(\boldsymbol{r})$，分别建立定义在格点上的辅助基函数和辅助基函数的散度，分别对应不同的电流系数 Λ_{nu} 和 Λ_{nu}^d 。记原始基函数的个数为 N，格点的个数为 N_{grid}。辅助基函数的具体形式为

$$\boldsymbol{f}_n(\boldsymbol{r}) \approx \hat{\psi}_n(\boldsymbol{r}) = \sum_{u \in c_n} \delta(x - x_{nu})\delta(y - y_{nu})\delta(z - z_{nu})[\Lambda_{nu}^x \hat{x} + \Lambda_{nu}^y \hat{y} + \Lambda_{nu}^z \hat{z}] \tag{5-20}$$

$$\nabla \cdot \boldsymbol{f}_n(\boldsymbol{r}) \approx \nabla \cdot \hat{\psi}_n(\boldsymbol{r}) = \sum_{u \in c_n} \delta(x - x_{nu})\delta(y - y_{nu})\delta(z - z_{nu})\Lambda_{nu}^d \tag{5-21}$$

式中，x_{nu}、y_{nu}、z_{nu} 分别是第 c_n 个长方体上第 u 个格点的位置坐标。将式(5-20)、式(5-21)代入式(5-18)，采用伽辽金方法可以得到由辅助基函数计算的阻抗元素为

$$Z_{mn} = \mathrm{j}\omega u_0 \sum_{u=1}^{(M+1)^3} \sum_{v=1}^{(M+1)^3} [(\Lambda_{mu} \cdot \Lambda_{nv}) - \frac{1}{k_0^2}(\Lambda_{mu}^d \cdot \Lambda_{nv}^d)] G(\boldsymbol{r}_u, \boldsymbol{r}_v') \tag{5-22}$$

式中，$G(\boldsymbol{r}_u, \boldsymbol{r}_u')$ 为格点 u,v 的格林函数。将上式写成矩阵形式为

$$\boldsymbol{Z}_{\text{AIM}}^{\text{total}} = \sum_i \boldsymbol{\Lambda}_i \boldsymbol{G} \boldsymbol{\Lambda}_i^{\text{T}} \tag{5-23}$$

式中，$\boldsymbol{\Lambda}_i$ 称为转移矩阵，其维数为 $N \times N_{\text{grid}}$；$\boldsymbol{\Lambda}_i^{\text{T}}$ 是 $\boldsymbol{\Lambda}_i$ 的转置矩阵，维数为 $N_{\text{grid}} \times N$；$\boldsymbol{G}$ 为格林函数矩阵，维数为 $N_{\text{grid}} \times N_{\text{grid}}$；则得到的阻抗矩阵 $\boldsymbol{Z}_{\text{AIM}}^{\text{total}}$ 的维数是 $N \times N$ 。

$\boldsymbol{Z}_{\text{AIM}}^{\text{total}}$ 不能精确计算场源较近的阻抗元素，因此选择耦合距离 d_{near} 将耦合区分离为近

区和远区。

对辅助基函数建立的阻抗矩阵为

$$\boldsymbol{Z}_{\text{AIM}}^{\text{total}} = \boldsymbol{Z}_{\text{AIM}}^{\text{near}} + \boldsymbol{Z}_{\text{AIM}}^{\text{far}} \tag{5-24}$$

对原始基函数建立的阻抗矩阵为

$$\boldsymbol{Z} = \boldsymbol{Z}^{\text{near}} + \boldsymbol{Z}^{\text{far}} \tag{5-25}$$

在远场区 $\boldsymbol{Z}_{\text{AIM}}^{\text{far}} \approx \boldsymbol{Z}^{\text{far}}$，因此自适应积分方法的阻抗矩阵可写为

$$\boldsymbol{Z} = \boldsymbol{Z}^{\text{near}} + \boldsymbol{Z}^{\text{far}} \approx \boldsymbol{Z}^{\text{near}} + \boldsymbol{Z}_{\text{AIM}}^{\text{far}} = \boldsymbol{Z}^{\text{near}} - \boldsymbol{Z}_{\text{AIM}}^{\text{near}} + \boldsymbol{Z}_{\text{AIM}}^{\text{total}} = \boldsymbol{R} + \sum_i \boldsymbol{\Lambda}_i \boldsymbol{G} \boldsymbol{\Lambda}_i^{\text{T}} \tag{5-26}$$

式中，$\boldsymbol{Z}^{\text{near}}$直接计算。

图 5-15 给出 AIM 阻抗矩阵建立的流程图。

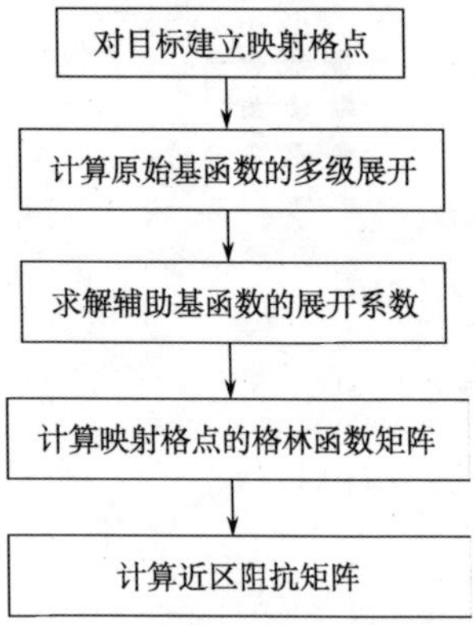

图 5-15　AIM 阻抗矩阵建立流程

3. 矩阵-矢量的快速相乘

由式(5-26)得到矩阵方程

$$\boldsymbol{V} = \boldsymbol{ZI} \approx \boldsymbol{RI} + \sum_i \boldsymbol{\Lambda}_i \boldsymbol{G} \boldsymbol{\Lambda}_i^{\text{T}} \boldsymbol{I} \tag{5-27}$$

迭代求解上式。采用 FFT 来加速矩阵与矢量相乘

$$\boldsymbol{V} = \boldsymbol{ZI} \approx \boldsymbol{RI} + \sum_i \boldsymbol{\Lambda}_i \text{FFT}^{-1}\{\tilde{\boldsymbol{G}}\text{FFT}(\boldsymbol{\Lambda}_i^{\text{T}} \boldsymbol{I})\} \tag{5-28}$$

具体步骤如下。

(1) 计算 $\hat{\boldsymbol{I}} = \boldsymbol{\Lambda}^{\text{T}} I$。建立原始电流分布与格点电流分布间的等效关系。将未知电流矢量$\boldsymbol{I}$从原始基函数的表达转换到辅助基函数表达。

(2) 计算 $\tilde{\boldsymbol{I}} = \text{FFT}(\boldsymbol{I})$。计算格点电流未知矢量分布的离散傅里叶变换。

(3) 计算 $\tilde{\boldsymbol{V}} = \tilde{\boldsymbol{G}}\tilde{\boldsymbol{I}}$。$\tilde{\boldsymbol{G}}$ 为格林函数矩阵$\boldsymbol{G}$的离散傅里叶变换矩阵。若采用伽辽金方法，$\boldsymbol{G}$是对称的多层特普利茨矩阵，因此只需要存储第一行的元素。因此，$\tilde{\boldsymbol{G}}$ 也为对角矩阵。

(4) 计算 $\hat{\boldsymbol{V}} = \text{FFT}^{-1}(\tilde{\boldsymbol{V}})$。这一步得到矩阵$\boldsymbol{G}$和矢量$\hat{\boldsymbol{I}}$的乘积。

(5) 计算 $\boldsymbol{V}^{\text{far}} = \boldsymbol{\Lambda}\hat{\boldsymbol{V}}$。将格点电流描述的远场变换回原始基函数描述的场。

(6) 计算 $\boldsymbol{V}^{\text{near}} = \boldsymbol{Z}^{\text{near}}\boldsymbol{I}$。即采用 MoM 的原始基函数精确计算近耦合区。

(7) 得到阻抗矩阵与矢量的乘积，$\boldsymbol{V} = \boldsymbol{V}^{\text{far}} + \boldsymbol{V}^{\text{near}}$。

在式(5-27)中，$\boldsymbol{R}$ 和 $\boldsymbol{\Lambda}_i$ 是稀疏矩阵，可以压缩存储。$\boldsymbol{\Lambda}_i$ 的维数为 $N \times N_{\text{grid}}$，第i行的非零元素为第i个基函数对应的辅助基函数的格点个数，因此其非零元素个数为$N \times (M+1)^3$。格林函数矩阵$\boldsymbol{G}$是多层特普利茨矩阵，$\tilde{\boldsymbol{G}}$ 是其傅里叶变换，并且是对角矩阵。特普利茨矩阵的卷积特性使辅助电流分布产生的远区场可以用 FFT 计算，这样加速了矩阵与矢量相乘。

图 5-16～图 5-18 分别给出了采用 MoM 和 AIM(格点间距选择0.05λ，展开阶数$M=3$，近区耦合$d_{\text{near}}=0.4\lambda$)计算 x-y 平面内正方形金属平板的双站 RCS(入射波$\theta^i=45°$，$\phi^i=0°$，垂直极化)的存储量，矩阵填充CPU时间和每次迭代CPU时间的对比。

可以看出,AIM 计算二维平面结构目标,其存储量和计算复杂度分别为 $O(N)$ 和 $O(N\log N)$,而传统的矩量法存储量的复杂度为 $O(N^2)$ ，求解矩阵方程的计算复杂度为 $O(N^2)$ 。

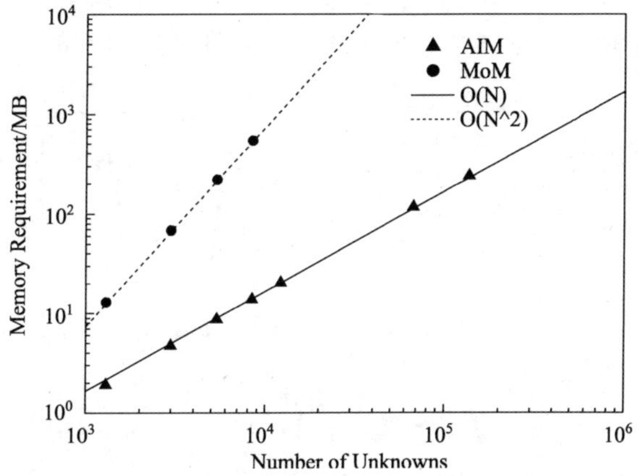

图 5-16　MoM 和 AIM 存储量的对比

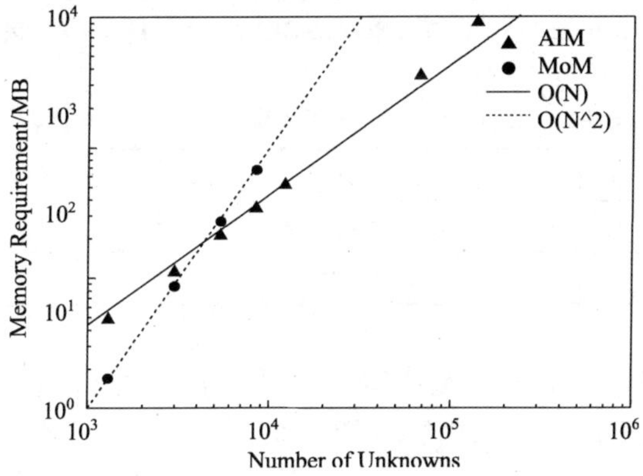

图 5-17　MoM 和 AIM 矩阵填充 CPU 时间对比

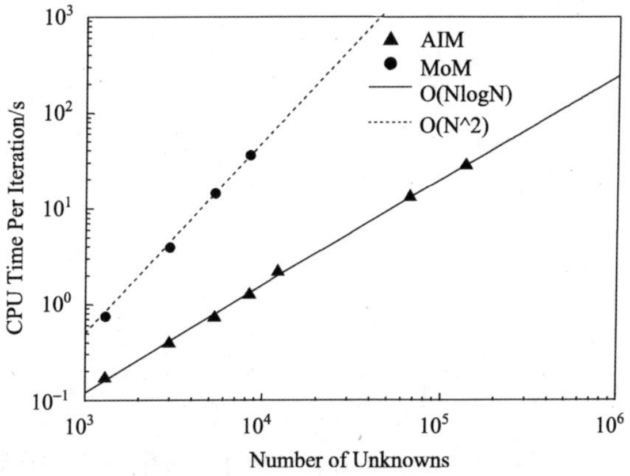

图 5-18　MoM 和 AIM 每次迭代 CPU 时间对比

下面计算一个位于 x-y 平面、$5\lambda\times5\lambda$ 的导体平板的双站 RCS。平面波入射角 $\theta^i=45°$, $\phi^i=0°$，垂直极化。未知量为 8429，迭代收敛误差控制选择 0.01。AIM 计算参数选择为：展开系数 $M=3$，格点间隔为 0.05λ，近区耦合 $d_{\text{near}}=0.4\lambda$。AIM 和 MoM 的计算结果如图 5-19 所示，表 5-2 给出了内存需求和计算时间的比较。

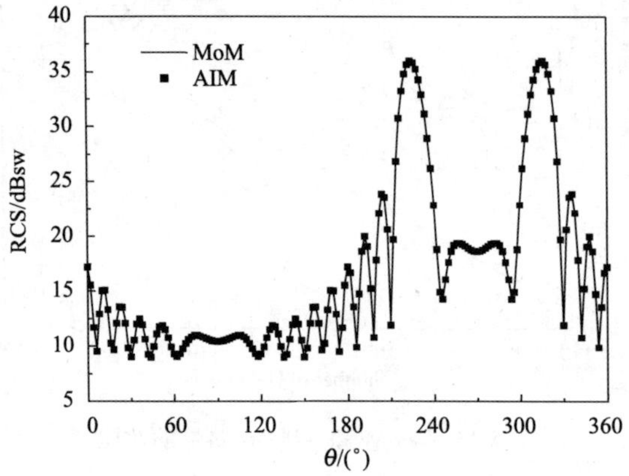

图 5-19　$5\lambda\times5\lambda$ 金属方板双站 RCS，$\theta^{\text{inc}}=45°$，垂直极化

表 5-2　AIM 和 MoM 内存需求、总求解时间比较

未知量为 8429	内存/MB	总求解 CPU 时间/s
AIM	13.8	446
MoM	524	3066

图 5-20 和图 5-21 分别给出了 AIM(格点间距选择 0.07λ，展开阶数 $M=2$，近区耦合 $d_{\text{near}}=0.3\lambda$)计算金属球水平极化双站 RCS 的存储量和每次迭代的时间曲线。可以看出，AIM 计算三维结构的目标，其内存需求和计算复杂度分别小于 $O(N^{1.5})$ 和 $O(N^{1.5}\log N)$ 的量级。

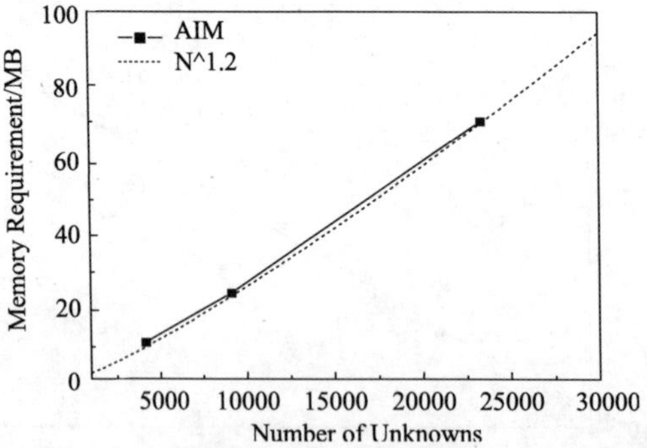

图 5-20　AIM 计算导电球双站 RCS(水平极化)所需的存储量

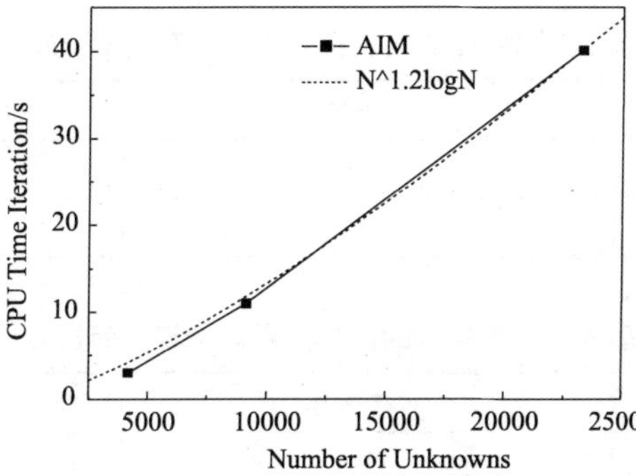

图 5-21　AIM 计算导电球双站 RCS(水平极化)的每次迭代时间

图 5-22 是 $5.0\lambda \times 1.0\lambda \times 0.6\lambda$ 的长方体，计算其在 $\theta^i = 0^\circ$、$\phi^i = 0^\circ$ 平面波入射下的双站 RCS。迭代收敛误差控制选择 0.01，未知量为 5838。图 5-23 是水平极化的计算结果，AIM 计算的展开系数 $M = 2$，格点间隔为 0.05λ，近区耦合 $d_{\text{near}} = 0.3\lambda$。图 5-24 是垂直极化的计算结果，格点间隔为 0.08λ，近区耦合 $d_{\text{near}} = 0.4\lambda$。表 5-3 和表 5-4 分别给出 AIM 和 MoM 计算所需内存和计算时间的比较。可以看出，AIM 极大地减小了内存需求，并且提高了求解效率。

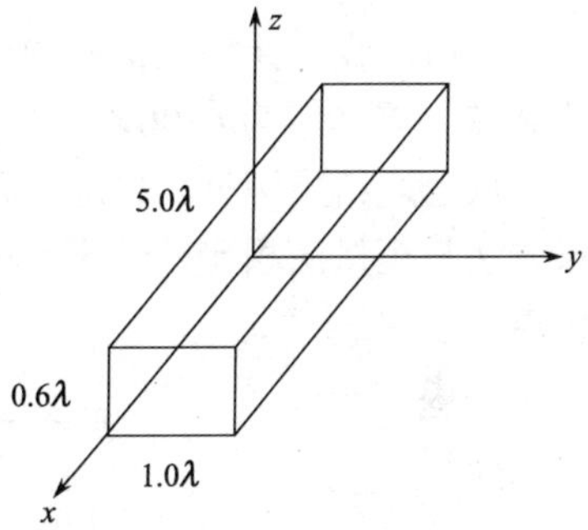

图 5-22　$5.0\lambda \times 1.0\lambda \times 0.6\lambda$ 的长方体

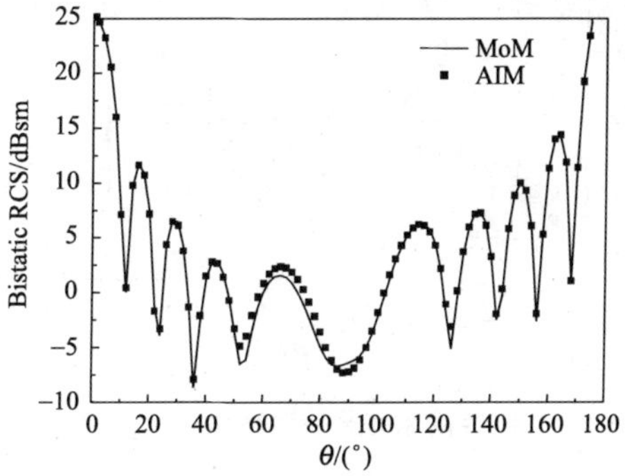

图 5-23　长方体双站 RCS(水平极化)

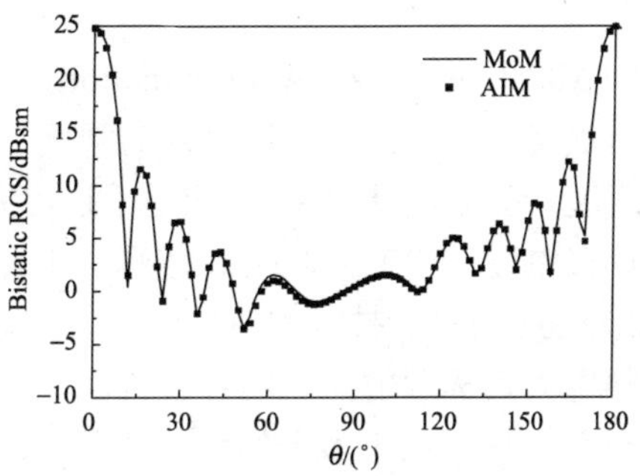

图 5-24　长方体双站 RCS(垂直极化)

表 5-3　图 5-23 的内存需求、计算时间比较

未知量为 5838	内存/MB	总求解 CPU 时间/s
AIM	13.1	816
MoM	260.1	1723

表 5-4　图 5-24 的内存需求，计算时间比较

未知量为 5838	内存/MB	总求解 CPU 时间/s
AIM	13.7	1165
MoM	260.1	1406

最后，我们计算了 $d=0.25238\text{m}$ NASA 杏仁核在 3GHz 平面波照射下的水平极化单站 RCS，未知量为 6300，并与测量值进行比较，结果吻合较好，如图 5-25 所示。

从上述结果可见，自适应积分方法完全可用于复杂三维导电目标的散射特性分析。该方法与矩量法相比，计算速度更快，所需存储量更少，同时保持了计算结果精度高的优点。

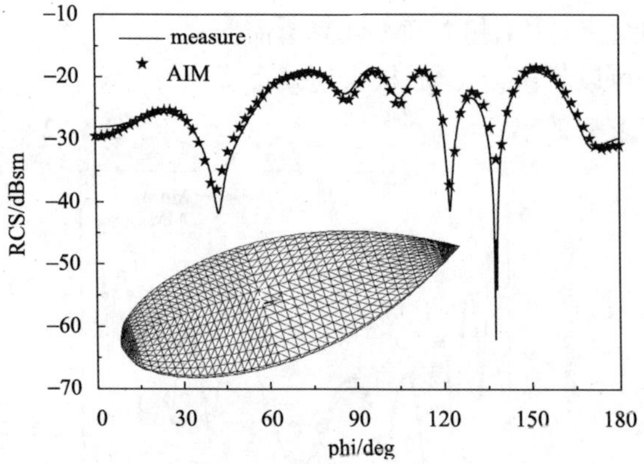

图 5-25　NASA 杏仁核在 3GHz 平面波照射下水平的极化单站 RCS

5.1.3　自适应交叉近似方法

自适应交叉近似方法(Adaptive Cross Approximation，ACA)是 Saarland 大学的 Bebendorf 教授于 1999 年首次提出。它主要是应用在边界元方法求解积分方程上，来加快边界系数矩阵块的填充速度。近几年，已经广泛应用于边界元的计算中。2005 年，Lee 教授首次将该技术应用在计算电磁散射的问题上。之后， Canning 等也相继在矩阵局部化(Impedance Matrix Localization，IML)技术中应用这一方法。2007 年，Shaeffer 将自适应交叉近似技术应用于求解电大目标散射问题的各个方面，取得了良好效果。

自适应交叉近似技术目前已被应用于多个领域，如图像压缩、雷达反转成像等。它的优势在于：

(1) 同 MoM 一样，不需要对积分内核应用加法定理，这样可以应用于相对复杂的积分内核的电场散射计算；

(2) 当目标电尺寸较大时，相对远区子散射间的相互耦合较小，阻抗矩阵元素的存储和计算时间复杂度可以降为 $O(N^{3/4}\log(N))$。

1. 数学原理

ACA 的数学原理是利用线性相关性来对低秩矩阵进行压缩。对于电磁散射问题中的源点与场点，当它们之间相距较远时，可以认为到达场点处的波近似是球面波，如图 5-26 (a) 所示。

阻抗矩阵中包含很多近似低秩矩阵块，这些近似低秩矩阵块可以由两个小矩阵来表达：$\boldsymbol{Z}_b=\boldsymbol{U}_b\cdot\boldsymbol{V}_b$，它们的结构如图 5-26 (b) 所示。这样就可以大大降低计算量以及存储量。

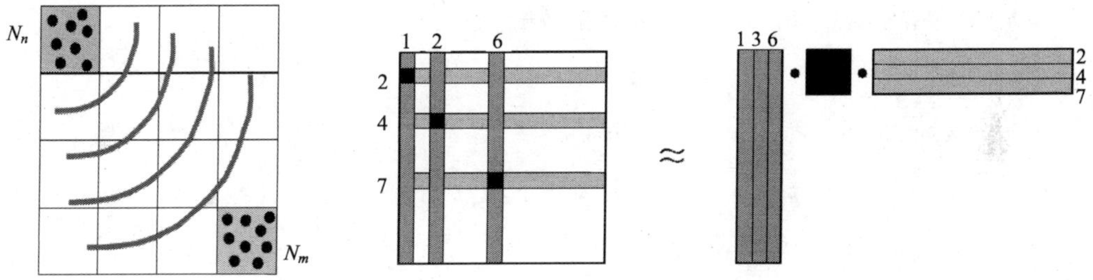

(a) 源三角形及观察点的几何关系　(b) ACA方法矩阵压缩形式示意图

图 5-26

对于 $m\times n$ 的矩阵块 $\boldsymbol{Z}^{m\times n}$，我们旨在得到它的近似矩阵 $\tilde{\boldsymbol{Z}}^{m\times n}$，通过 ACA 方法得到两个矩阵 $\boldsymbol{U}^{m\times r}$ 和 $\boldsymbol{V}^{r\times n}$，从而

$$\tilde{\boldsymbol{Z}}^{m\times n}=\boldsymbol{U}^{m\times r}\boldsymbol{V}^{r\times n}=\sum_{i=1}^{r}u_i^{m\times 1}v_i^{1\times n} \tag{5-29}$$

式中，r 是 $\boldsymbol{Z}^{m\times n}$ 的有效秩。

近似矩阵与原矩阵之间的近似程度可以用如下方式描述

$$\left\|\boldsymbol{R}^{m\times n}\right\|=\left\|\boldsymbol{Z}^{m\times n}-\tilde{\boldsymbol{Z}}^{m\times n}\right\|\leqslant\varepsilon\left\|\boldsymbol{Z}^{m\times n}\right\| \tag{5-30}$$

式中，$\boldsymbol{R}^{m\times n}$ 是误差矩阵；$\|\cdot\|$ 为矩阵的 Frobenus 范数。

在计算目标电磁散射中，矩阵块的有效秩 $r<\min(m,n)$，所以对于 $m\times n$ 的矩阵块，应用 ACA 算法只需要计算和存储它的 $(m+n)\times r$ 个元素就可以描述整个矩阵块。从而应用 ACA 方法可以大大降低计算量和存储量。

2. 算法描述

在整体描述算法之前，我们首先定义一些变量：

$I=[I_1,I_2,\cdots,I_r]$ 为矩阵 $\boldsymbol{Z}^{m\times n}$ 中被选择计算的行；$J=[J_1,J_2,\cdots,J_r]$ 为矩阵 $\boldsymbol{Z}^{m\times n}$ 中被

选择计算的列；u_k 为矩阵 $\boldsymbol{U}$ 的第 k 列；v_k 为矩阵 $\boldsymbol{V}$ 的第 k 行；$\hat{R}(I_1,:)$ 为矩阵 $\hat{\boldsymbol{R}}$ 的第 I_1 行；$\hat{\boldsymbol{R}}(:,J_1)$ 为矩阵 $\hat{\boldsymbol{R}}$ 的第 J_1 列；$\tilde{\boldsymbol{Z}}^{(k)}$ 为矩阵 $\tilde{Z}$ 的第 k 次迭代值。

自适应交叉近似(ACA)算法描述如下。

自适应交叉近似(ACA)算法

初始步骤：

(1)初始化 $I_1=1$，$\tilde{Z}=0$；

(2)初始化误差矩阵的第 1 行 I_1：$\hat{\boldsymbol{R}}(I_1,:)=\boldsymbol{Z}(I_1,:)$；

(3)查找第 1 个列号 J_1：$\left|\tilde{\boldsymbol{R}}(I_1,J_1)\right|=\max\left(\left|\tilde{\boldsymbol{R}}(I_1,j)\right|\right)$，$j=1,\cdots,n$；

(4) $v_1=\tilde{\boldsymbol{R}}(I_1,:)/\tilde{\boldsymbol{R}}(I_1,J_1)$；

(5)初始化误差矩阵的第 1 列 J_1：$\hat{\boldsymbol{R}}(:,J_1)=\boldsymbol{Z}(:,J_1)$；

(6) $u_1=\tilde{\boldsymbol{R}}(:,J_1)$；

(7) $\left\|\tilde{\boldsymbol{Z}}^{(1)}\right\|^2=\left\|\tilde{\boldsymbol{Z}}^{(0)}\right\|^2+\|u_1\|^2\cdot\|v_1\|^2$；

(8)查找下一个行号 I_2：$\left|\tilde{\boldsymbol{R}}(I_2,J_1)\right|=\max\left(\left|\tilde{\boldsymbol{R}}(i,J_1)\right|\right)$，$i=1,\cdots,m$；

第 k 步迭代：

(1)更新误差矩阵第 k 行　$\hat{\boldsymbol{R}}(I_k,:)=\boldsymbol{Z}(I_k,:)-\sum\limits_{s=1}^{k-1}(u_s)_{I_k}v_s$；

(2)查找第 k 个列号 J_k：$\left|\tilde{\boldsymbol{R}}(I_k,J_k)\right|=\max\left(\left|\tilde{\boldsymbol{R}}(I_k,j)\right|\right)$，$j\neq J_1,J_2,\cdots,J_{k-1}$；

(3) $v_k=\tilde{\boldsymbol{R}}(I_k,:)/\tilde{\boldsymbol{R}}(I_k,J_k)$；

(4)更新误差矩阵的第 k 列 J_k：$\hat{\boldsymbol{R}}(:,J_k)=\boldsymbol{Z}(:,J_k)-\sum\limits_{s=1}^{k-1}(v_s)_{J_k}u_s$；

(5) $u_k=\tilde{\boldsymbol{R}}(:,J_k)$；

(6) $\left\|\tilde{\boldsymbol{Z}}^{(k)}\right\|^2=\left\|\tilde{\boldsymbol{Z}}^{(k-1)}\right\|^2+2\sum\limits_{s=1}^{k-1}\left|u_s^{\mathrm{T}}u_k\right|\cdot\left|v_kv_s^{\mathrm{T}}\right|+\|u_k\|^2\cdot\|v_k\|^2$；

(7)确定是否终止迭代：如果 $\|u_k\|\cdot\|v_k\|<\varepsilon\left\|\tilde{\boldsymbol{Z}}^{(k)}\right\|$，终止迭代；

(8)查找第 $k+1$ 个行号 I_{k+1}：$\left|\tilde{\boldsymbol{R}}(I_{k+1},J_k)\right|=\max\left(\left|\tilde{\boldsymbol{R}}(i,J_k)\right|\right)$，$i\neq I_1,I_2,\cdots,I_{k-1}$。

---

3. 误差分析

为了更好地了解自适应交叉近似算法，下面给出该算法的数学模型。

假设 e_i 为单位矩阵 $\boldsymbol{I}^{n\times n}$ 的第 i 列，e_j^{T} 为单位矩阵 $\boldsymbol{I}^{m\times m}$ 的第 j 行，那么该算法可以表述为：初始化 $\tilde{\boldsymbol{Z}}^{(0)}=0$，$\boldsymbol{R}^{(0)}=\boldsymbol{Z}-\tilde{\boldsymbol{Z}}^{(0)}=\boldsymbol{Z}$。下面通过 ACA 算法更新近似矩阵 $\tilde{\boldsymbol{Z}}^{(k)}$。

假设在第 k 步迭代中，被选择出的行号和列号为 I_k、J_k，那么

$$\boldsymbol{R}^{(k)}=\boldsymbol{R}^{(k-1)}-\gamma_{k-1}\boldsymbol{R}^{(k-1)}\cdot e_{J_{k-1}}\cdot e_{I_{k-1}}^{\mathrm{T}}\cdot\boldsymbol{R}^{(k-1)}\tag{5-31}$$

$$\gamma_{k-1}=\frac{1}{\boldsymbol{R}^{(k-1)}(I_{k-1},J_{k-1})}\tag{5-32}$$

$$u_k=\boldsymbol{R}^{(k)}\cdot e_{J_k}\tag{5-33}$$

$$u_k = \gamma_k e_{I_k}^{\mathrm{T}} \cdot \boldsymbol{R}^{(k)} \tag{5-34}$$

不失一般性，令 $I_k = J_k = k \ (k = 1, 2, \cdots, k-1, k)$ 那么

$$\boldsymbol{R}^{(k)} = (I - \gamma_{k-1}\boldsymbol{R}^{(k-1)} \cdot e_{J_{k-1}} \cdot e_{I_{k-1}}^{\mathrm{T}}) \cdot \boldsymbol{R}^{(k-1)} = \boldsymbol{L}_k \cdot \boldsymbol{R}^{(k-1)} \tag{5-35}$$

式中

$$\boldsymbol{L}_k = \begin{bmatrix} 1 & & & & & \\ & \ddots & & & & \\ & & 1 & & & \\ & & & 0 & & \\ & & & -\dfrac{e_{k+1}^{\mathrm{T}} \cdot R_{k-1} \cdot e_k}{e_k^{\mathrm{T}} \cdot R_{k-1} \cdot e_k} & 1 & \\ & & & \vdots & & \ddots & \\ & & & -\dfrac{e_m^{\mathrm{T}} \cdot R_{k-1} \cdot e_k}{e_k^{\mathrm{T}} \cdot R_{k-1} \cdot e_k} & & & 1 \end{bmatrix} \tag{5-36}$$

比较 $\boldsymbol{L}_k$ 与高斯矩阵，可以发现它们只有在 (k,k) 位置上不同，所以在一定程度上 ACA 算法与列主元 LU 分解相似。

近似矩阵 $\tilde{\boldsymbol{Z}}^{(k)}$ 的误差为

$$\boldsymbol{R}^{(k)} = \boldsymbol{Z} - \tilde{\boldsymbol{Z}}^{(k-1)} \tag{5-37}$$

$$\tilde{\boldsymbol{Z}}^{(k-1)} = \boldsymbol{U}^{m\times(k-1)} \cdot \boldsymbol{V}^{(k-1)\times n} \tag{5-38}$$

式中，$(k-1)$ 表示迭代次数或有效秩。

因此引入矩阵范数来定义 ACA 算法的终止条件：$\left\|\boldsymbol{R}^{(k)}\right\| \leqslant \xi \left\|\boldsymbol{Z}\right\|$。但是，如果要准确计算出 $\left\|\boldsymbol{R}^{(k)}\right\|$ 和 $\left\|\boldsymbol{Z}\right\|$，需要准确得到矩阵 $\boldsymbol{Z}$。对于 ACA 算法来说，由于只是得到 $\boldsymbol{Z}$ 的部分元素，所以需要通过近似矩阵 $\tilde{\boldsymbol{Z}}$ 来代替 $\boldsymbol{Z}$。

因此定义如下终止条件

$$\left\|\boldsymbol{R}^{(k)}\right\| = \left\|\boldsymbol{Z} - \tilde{\boldsymbol{Z}}^{(k)}\right\| \approx \left\|\boldsymbol{U}_k\right\| \left\|\boldsymbol{V}_k\right\| \tag{5-39}$$

$$\left\|\boldsymbol{Z}\right\| \approx \left\|\tilde{\boldsymbol{Z}}^{(k)}\right\| = \left\|\boldsymbol{U}_k \cdot \boldsymbol{V}_k\right\| \tag{5-40}$$

从算法的描述中我们可以看到，这种方法的优势在于只需要知道矩阵中的部分元素，就可以描述整个矩阵。它的存储复杂度为 $O(r(m+n))$，其中 r 为迭代的最大步数，也就是矩阵块的有效秩；CPU 的计算复杂度为 $O(r^2(m+n))$。

4. 数值结果

为对比矩量法与自适应交叉近似方法，我们计算了一个导电球在不同频率平面波照射下的双站水平极化 RCS，分别计算了 $ka = 5.03$、7.45、10.0、12.57 的情况。k 为自由空间波数，a 为球半径。对于上述 4 种情况采用平面三角形剖分，构造 RWG 基函数，未知量分别为 2709、5799、10434、16827。图 5-27 给出了均匀网格分组自适应交叉近似方法与传统矩量法所需内存的对比。从图中可见，自适应交叉近似方法对内存的需求

远远低于矩量法。

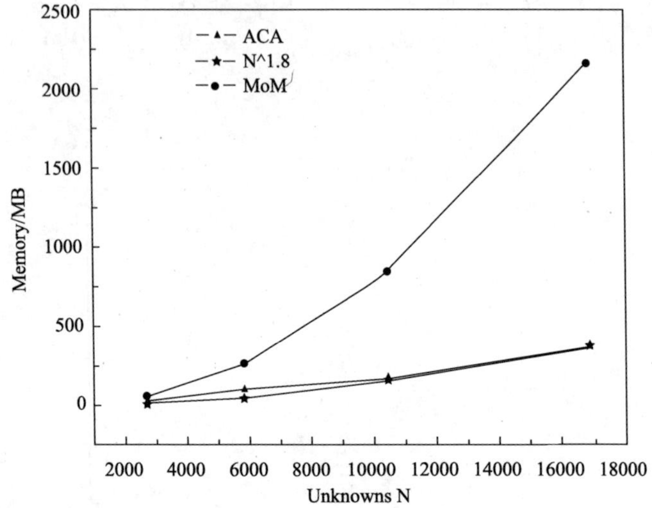

图 5-27　MoM 与 ACA 的内存对比

图 5-28(a)和图 5-28(b)分别给出了均匀网格分组自适应交叉近似方法和矩量法计算 $ka=12.57$ 的球的双站 RCS 时填充阻抗矩阵所需的总 CPU 时间、每次迭代所需 CPU 时间的对比。图 5-28 充分说明了自适应交叉近似方法不但节省存储，而且大大加速了矩阵与矢量相乘计算。

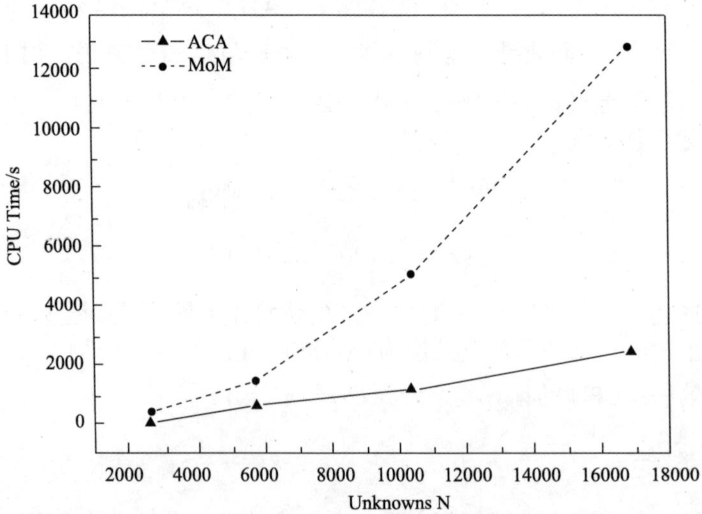

(a) MoM与ACA矩阵填充时间

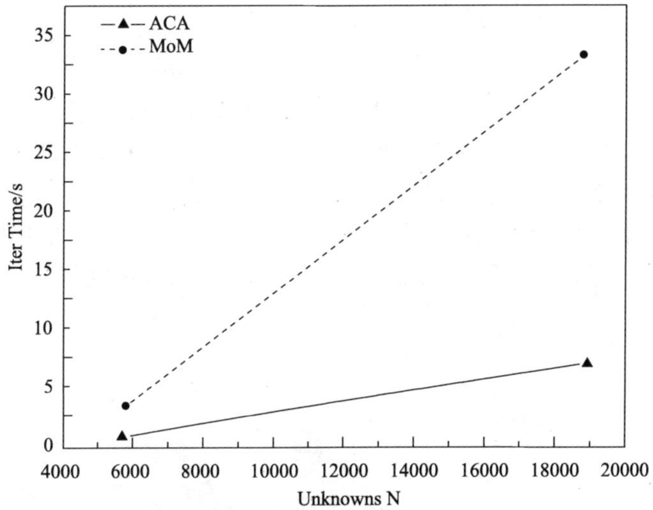

(b) MoM与ACA每一次迭代时间

图 5-28

图 5-29 给出了在频率为 1.5GHz 的平面波照射下，半径为 1m 的金属球的双站 RCS 计算结果。

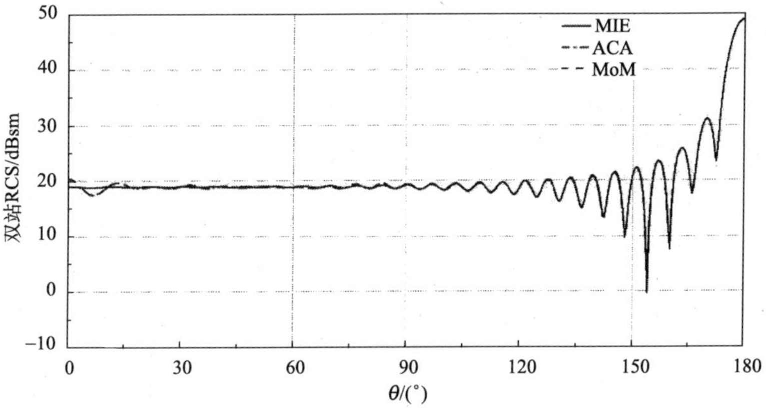

图 5-29　金属球在频率为 1.5GHz 下 HH 极化双站 RCS 结果

我们采用曲面三角形贴片模拟球形表面，离散得到 46588 个三角形贴片，三角形单元的平均边长为 0.025m。分别采用 CRWG 基函数展开感应电流，并用混合场积分方程和矩量法求解，未知量数目为 69882 个。图中实线曲线为 MIE 级数解析结果，作为数值结果对比参考。在三条曲线中，数值计算结果都与解析解吻合得很好。

最后我们计算一个实际目标——F117。该飞机机长 20.08m，机高 3.78m，翼展 13.20m。入射频率为 100MHz，入射波 $\theta^i=90°$，$\varphi^i=0°$，目标的电尺寸达到 6.67 个波长。扫描平面为 xOy 面，在 0°～360°内共 721 个扫描点。求解的是水平极化 RCS，采用 EFIE，迭代方法采用的是 CG，ACA 门限为 0.001，迭代收敛门限为 0.01。采用 ACA 计算的压缩率为 90.5%。图 5-30 给出了计算结果以及电流的分布情况。

为了提高 ACA 的计算能力，还可以将该方法与其他方法相结合，如结合 LDL 分解方法，实现了基于 ACA 压缩处理后的直接求解，快速有效地求解多右端项以及迭代收敛性差等电磁散射问题。依据偶极子空间辐射原理，还出现了局部多层自适应交叉近似方法，使其计算复杂度可以降低为原来的 1/4。其主要思路在于随着等效电流源之间距离的变大，其互耦变弱，因而基于误差一致性处理，给出了局部 ACA 压缩误差控制。还可以与 MLFMA 结合，作用区域主要在 MLFMM 计算复杂度高的部分，使计算复杂度进一步降低。

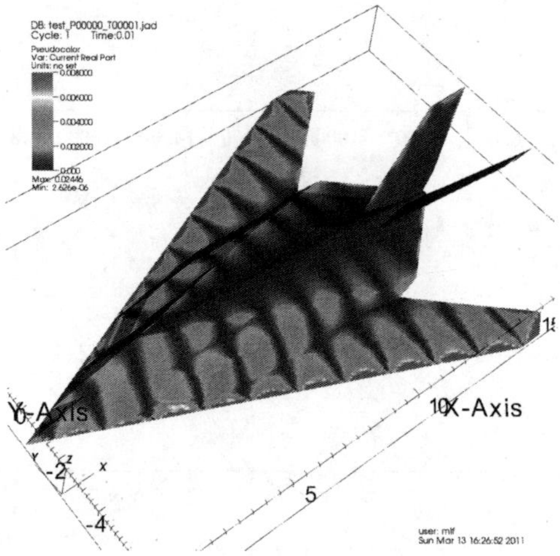

(a) F117在100MHz下HH极化鼻锥方向的入射电流分布

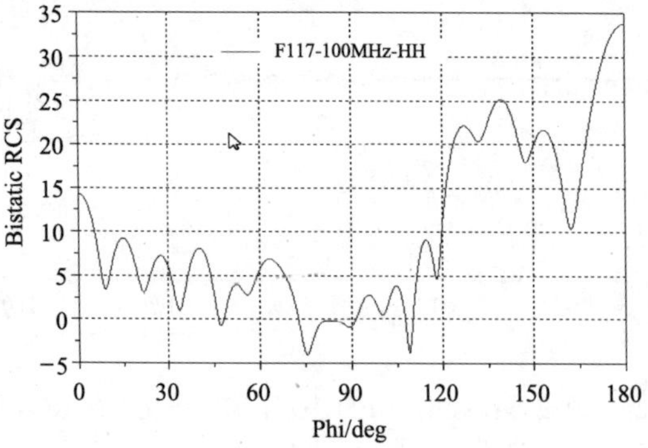

(b) 单站RCS结果

图 5-30

5.2　混合方法简介

前面介绍的 3 种最基本的电磁场数值方法——有限差分法、有限元法和矩量法都是独立通用的方法，能各自独立解决广泛的电磁问题。但每种方法均有其优缺点，对于复杂的电磁问题，若单用一种方法求解，虽能求解，但绝非最佳，可能存在精度不高或效率低下等缺陷。若能针对问题特征，集各法所长，往往能构思出精确高效兼备的求解方案，这就是混合法。准确来说，混合法不是一种具体的方法，而是一种特殊的技巧，是一种寻求最佳解决问题的思路。我们这里说的混合法是按求解区域不同，采用不同的方法。另一种是将求解问题的维数分离，不同维用不同方法。

5.2.1　有限元边界积分

在电磁散射和辐射问题中，都要涉及开放的无限区域。有限元法有一个相对简单的公式，产生稀疏的带状矩阵，可以高效地存储和求解。当单独使用时，要求离散区域扩展到离源的一定距离才能使用吸收边界条件。不幸的是，这些近似边界条件的精度依赖于特定的问题，且求解区域仍很大。积分方程通过使用适当的格林函数，可以使离散区域保持到最小。但对复杂结构难以实现模拟，且形成满秩矩阵，处理需要过多的存储空间和计算时间。为了克服积分方程和有限元法的缺点，同时保留它们的优点，人们发展了有限元-边界积分法。这种方法的一般原理是引入一个包围结构或非均匀目标的虚构边界。在这个边界内部，有限元方法被用来给出场的公式；反之，在外部区域，场用边界积分表达。这两个区域中的场在虚构边界上通过场的连续性耦合起来，以得到一个内部的边界场解的耦合方程组。我们以无限大导电平面上的二维开口腔体散射问题来说明。

无限大导电平面上的二维开口腔体散射问题的示意图如图 5-31 所示。激励为平面波照射，腔体外部空间为均匀的，而内部区域可以为均匀和非均匀的介质填充。对于这类问题，我们可以用边界积分描述腔体外部区域的场，用有限元方法给出腔体内场的公式；然后，在腔体开口处应用场的连续性条件，再把两个区域中的场耦合起来以求解外部区域的散射场和腔体内部的耦合场。下面对 E_z 极化情况给出问题的计算公式。上述二维腔体问题，所要求解的场方向已知，只需要得到它的幅度和相位，可以选用简单的标量有限元求解。

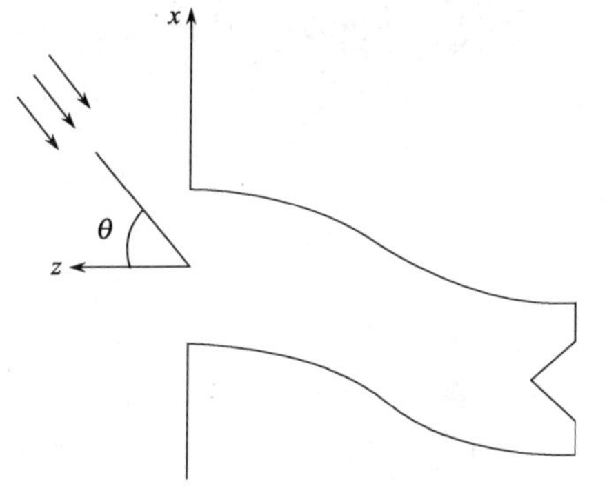

图 5-31　无限大导电平面上的二维开口腔体

对于 E_z 极化的情形。无限大导电平面上半空间的场满足如下亥姆霍兹方程

$$\nabla^2 E_z(\boldsymbol{\rho}) + k_0^2 E_z(\boldsymbol{\rho}) = \mathrm{j}k_0 Z_0 J_z(\boldsymbol{\rho}), \quad \boldsymbol{\rho} \in \Omega_\infty \tag{5-41}$$

式中，Ω_∞ 表示导电平面上方的区域。为了导出 E_z 的积分表达式，引入半空间电型格林函数

$$G_e(\boldsymbol{\rho},\boldsymbol{\rho}') = \frac{1}{4\mathrm{j}} H_0^{(2)}(k_0|\boldsymbol{\rho}-\boldsymbol{\rho}'|) - \frac{1}{4\mathrm{j}} H_0^{(2)}(k_0|\boldsymbol{\rho}-\boldsymbol{\rho}'_i|) \tag{5-42}$$

式中，$\boldsymbol{\rho}'_i$ 为源点 $\boldsymbol{\rho}$ 的镜像位置。它满足索末菲辐射条件和如下微分方程

$$\nabla^2 G_e(\boldsymbol{\rho},\boldsymbol{\rho}') + k_0^2 G_e(\boldsymbol{\rho},\boldsymbol{\rho}') = -\delta(\boldsymbol{\rho}-\boldsymbol{\rho}') \tag{5-43}$$

用 G_e 乘以式(5-41)并在 Ω_∞ 区域上积分，并应用第二格林标量定理得到

$$\iint_{\Omega_\infty} E_z\left(\nabla^2 G_e + k_0^2 G_e\right)\mathrm{d}\Omega + \oint_{\Gamma_\infty}\left(G_e\frac{\partial E_z}{\partial n} - E_z\frac{\partial G_e}{\partial n}\right)\mathrm{d}\Gamma = \mathrm{j}k_0 Z_0\iint_{\Omega_s} J_z G_e \mathrm{d}\Omega \tag{5-44}$$

式中，Ω_s 表示有电流源 J_s 的区域；Γ_∞ 表示包围 Ω_∞ 的路径。将式(5-43)代入式(5-44)得

$$E_z = \oint_{\Gamma_\infty}\left(G_e\frac{\partial E_z}{\partial n} - E_z\frac{\partial G_e}{\partial n}\right)\mathrm{d}\Gamma - \mathrm{j}k_0 Z_0\iint_{\Omega_s} J_z G_e \mathrm{d}\Omega \tag{5-45}$$

积分路径 Γ_∞ 由沿 x 轴从 $-\infty$ 到 ∞ 的线积分和沿半径趋于无限大的半圆上的线积分组成。由于 E_z 和 G_e 都满足索末菲辐射条件，所以对于所有源在离源点有限距离内的情况，半圆的线积分为零。同时由于 G_e 在 $y=0$ 的平面上为零，并且 E_z 在除去开口以外的导电平面上为零，则式(5-45)简化为

$$E_z = \int_{\Gamma_a}\left(E_z\frac{\partial G_e}{\partial n}\right)_{y=0}\mathrm{d}\Gamma - \mathrm{j}k_0 Z_0\iint_{\Omega_s} J_z G_e \mathrm{d}\Omega \tag{5-46}$$

式中，Γ_a 表示腔体开口的线段。把式(5-42)代入式(5-46)，得到

$$\begin{aligned} E_z(\boldsymbol{\rho}) = &-\frac{k_0 Z_0}{4}\iint_{\Omega_s} J_z(\boldsymbol{\rho}')H_0^{(2)}(k_0|\boldsymbol{\rho}-\boldsymbol{\rho}'|)\mathrm{d}\Omega' + \frac{k_0 Z_0}{4}\iint_{\Omega_s} J_z(\boldsymbol{\rho}')H_0^{(2)}(k_0|\boldsymbol{\rho}-\boldsymbol{\rho}_i'|)\mathrm{d}\Omega' \\ &+\frac{\mathrm{j}}{2}\int_{\Gamma_a} E_z(x')\frac{\partial}{\partial y}H_0^{(2)}(k_0|\boldsymbol{\rho}-x'\hat{x}|)\mathrm{d}x' \end{aligned} \tag{5-47}$$

上式右边第一项可以认为是源 J_z 在自由空间中产生的场，记作 E_z^{inc}；第二项可以认为是位于源镜像位置 $-J_z$ 产生的场，记作 E_z^{ref}；第三项则表示开口扰动产生的场。则式(5-47)写作

$$E_z(\boldsymbol{\rho}) = E_z^{\text{inc}}(\boldsymbol{\rho}) + E_z^{\text{ref}}(\boldsymbol{\rho}) + \frac{\mathrm{j}}{2}\int_{\Gamma_a} E_z(x')\frac{\partial}{\partial y}H_0^{(2)}(k_0|\boldsymbol{\rho}-x'\hat{x}|)\mathrm{d}x' \tag{5-48}$$

这就是需要得到的边界积分公式。如果求得了口径处的电场 $E_z(x')$，就可以利用该式求得导电平面上方任意点处的场。

下面用有限元方法导出腔内场的计算公式，并用它来求出口径场分布。腔内的场的定解问题为

$$\begin{cases} \dfrac{\partial}{\partial x}\left(\dfrac{1}{\mu_r}\dfrac{\partial E_z}{\partial x}\right) + \dfrac{\partial}{\partial y}\left(\dfrac{1}{\mu_r}\dfrac{\partial E_z}{\partial y}\right) + k_0^2\varepsilon_r E_z = 0, & \rho\in\Omega \\ \left.\dfrac{\partial E_z}{\partial y}\right|_{y=0^+} = -2\mathrm{j}k_0 Z_0 H_x^{\text{inc}}(x) - \dfrac{\mathrm{j}}{2}\left(k_0^2 + \dfrac{\partial^2}{\partial x^2}\right)\displaystyle\int_{\Gamma_a} E_z(x')H_0^{(2)}(k_0|x-x'|)\mathrm{d}x', & \text{在 } \Gamma_a \text{上} \\ E_z = 0, & \text{在腔壁上} \end{cases} \tag{5-49}$$

式中，Ω 表示腔体内部区域。由于在 $y=0$ 处有 $\dfrac{\partial E_z^{\text{inc}}}{\partial y} = \dfrac{\partial E_z^{\text{ref}}}{\partial y} = -\mathrm{j}k_0 Z_0 H_x^{\text{inc}}(x)$，所以 Γ_a 上的边界条件可以将式(5-48)对 y 求偏导并利用场的连续性条件获得。根据变分原理，式(5-49)的等效变分问题为

$$\begin{cases}\delta F(E_z)=0 \\ E_z=0, \quad \text{在腔体壁上}\end{cases} \tag{5-50}$$

式中

$$\begin{aligned}F(E_z)=&\frac{1}{2}\iint_{\Omega}\left[\frac{1}{\mu_r}\left(\frac{\partial E_z}{\partial x}\right)^2+\frac{1}{\mu_r}\left(\frac{\partial E_z}{\partial y}\right)^2-k_0^2\varepsilon_r E_z^2\right]\mathrm{d}\Omega \\ &+\frac{\mathrm{j}}{4}\int_{\Gamma_a}\left[E_z(x)\left(k_0^2+\frac{\partial^2}{\partial x^2}\right)\int_{\Gamma_a}E_z(x')H_0^{(2)}(k_0|x-x'|)\mathrm{d}x'\right]\mathrm{d}x \\ &+2\mathrm{j}k_0Z_0\int_{\Gamma_a}E_z(x)H_x^{\mathrm{inc}}(x)\mathrm{d}x\end{aligned} \tag{5-51}$$

为了离散上述泛函，把腔内区域Ω细分成 M 个小面元；口径处Γ_a被分成M_s个小线段。则第e个单元内的场和第s个线段上的场分别作如下展开

$$E_z^e(x,y)=\sum_{i=1}^{n}N_i^e(x,y)\Phi_i^e=\boldsymbol{\Phi}^{e\mathrm{T}}\boldsymbol{N}^e, \quad \text{腔内的场} \tag{5-52}$$

$$E_z^s(x,y)=\sum_{i=1}^{S}N_i^s(x,y)\Phi_i^s=\boldsymbol{\Phi}^{s\mathrm{T}}\boldsymbol{N}^s, \quad \text{口径处的场} \tag{5-53}$$

式中，$N_i^e(x,y)$为腔内单元的插值函数；n为该单元内插值函数的个数；Φ_i^e则表示单元e上节点的场；$N_i^s(x,y)$为口径上的插值函数；Φ_i^s表示线段s上节点的场。把式(5-52)和式(5-53)代入式(5-51)中，得到

$$F=\frac{1}{2}\sum_{e=1}^{M}\boldsymbol{\Phi}^{e\mathrm{T}}\boldsymbol{K}^e\boldsymbol{\Phi}^e+\frac{1}{2}\sum_{s=1}^{M_s}\sum_{t=1}^{M_s}\boldsymbol{\Phi}^{s\mathrm{T}}\boldsymbol{P}^{st}\boldsymbol{\Phi}^t-\sum_{s=1}^{M_s}\boldsymbol{\Phi}^{s\mathrm{T}}\boldsymbol{b}^s \tag{5-54}$$

式中，矩阵$\boldsymbol{K}^e$由下式给出

$$\boldsymbol{K}^e=\iint_{\Omega^e}\left\{\frac{1}{\mu_r^e}\left[\frac{\partial \boldsymbol{N}^e}{\partial x}\left(\frac{\partial \boldsymbol{N}^e}{\partial x}\right)^{\mathrm{T}}+\frac{\partial \boldsymbol{N}^e}{\partial y}\left(\frac{\partial \boldsymbol{N}^e}{\partial y}\right)^{\mathrm{T}}\right]-k_0^2\varepsilon_r^e\boldsymbol{N}^e\boldsymbol{N}^{e\mathrm{T}}\right\}\mathrm{d}x\mathrm{d}y \tag{5-55}$$

式中，Ω^e表示第e个单元的面域。矩阵$\boldsymbol{P}^{st}$则由下式给出

$$\boldsymbol{P}^{st}=\frac{\mathrm{j}}{2}\int_{\Gamma^s}\left[\boldsymbol{N}^s(x)\left(k_0^2+\frac{\partial^2}{\partial x^2}\right)\cdot\int_{\Gamma^t}\boldsymbol{N}^s(x')^{\mathrm{T}}H_0^{(2)}(k_0|x-x'|)\mathrm{d}x'\right]\mathrm{d}x \tag{5-56}$$

式中，Γ^s表示第s段；Γ^t表示第t段。最后，向量$\boldsymbol{b}^s$由下式给出

$$\boldsymbol{b}^s=-2\mathrm{j}k_0Z_0\int_{\Gamma^s}\boldsymbol{N}^sH_x^{\mathrm{inc}}\mathrm{d}x \tag{5-57}$$

将局部矩阵整合为全局矩阵，则式(5-57)可写为

$$F=\frac{1}{2}\boldsymbol{\Phi}^{\mathrm{T}}\boldsymbol{K}\boldsymbol{\Phi}+\frac{1}{2}\boldsymbol{\Phi}^{\mathrm{T}}\boldsymbol{P}\boldsymbol{\Phi}-\boldsymbol{\Phi}^{\mathrm{T}}\boldsymbol{b} \tag{5-58}$$

按照里茨方法，将F对每个节点场微分，即对$\boldsymbol{\Phi}$微分，再令其为零得到线性方程组如下

$$(\boldsymbol{K}+\boldsymbol{P})\boldsymbol{\Phi}-\boldsymbol{b}=\boldsymbol{0} \tag{5-59}$$

强加腔壁处的边界条件后，求解该线性方程组，就可以得到$\boldsymbol{\Phi}$，也就是得到了腔体内部的场；如果从中取口径场部分，再用式(5-48)就可以求得导电面上方任意点的电场，式(5-48)右边最后一项则对应散射场的表达。

首先计算了一个λ宽，0.25λ深的矩形沟槽在E_z极化的场，垂直照射下，其口径场的幅度分布和相位分布。一组数据对应沟槽内没有介质的情况；一组数据则对应槽中用$\varepsilon_r = 4.0 - 1.0\text{j}, \mu_r = 1$的介质填充的情况。计算结果如图 5-32 和图 5-33 所示，图中 epsr 和 miur 分别表示ε_r和μ_r。

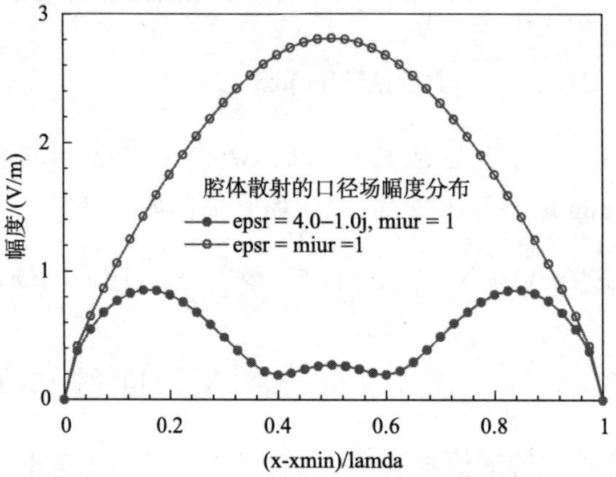

图 5-32　λ宽，0.25λ深的矩形沟槽口径场幅度分布

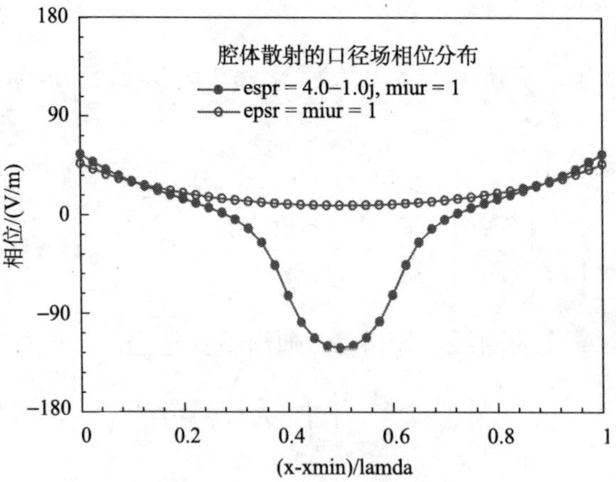

图 5-33　口径场相位分布

三维与二维情况的思路一样，要用边界积分表示导电面上的场，而有限元方法用来描述腔体内部的场，最后在腔体开口处应用场的连续性条件，把两个区域中的场耦合起来。

我们计算了尺寸为$0.7\lambda \times 0.1\lambda \times 1.73\lambda$的矩形口径腔体在入射角$\theta$为$40^\circ$时，$\varphi$向扫描$0^\circ$～$90^\circ$所得的$\theta$-$\theta$极化、$\varphi$-$\varphi$极化以及交叉极化的单站 RCS。其结果如图 5-34 和图 5-35 所示，图中圆点和方框为矩量法的计算结果，线则为有限元法的计算结果。

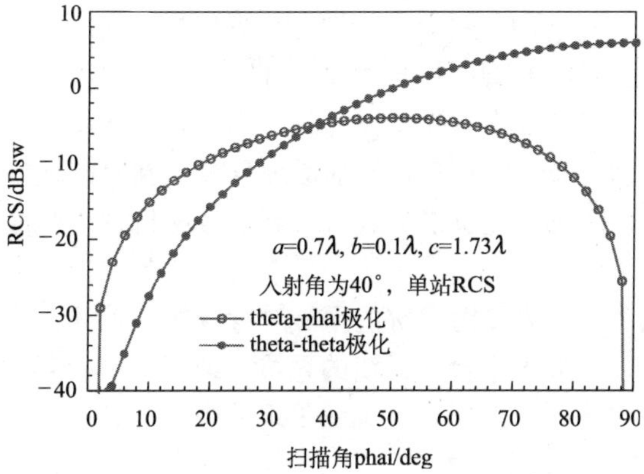

图 5-34　矩形腔 θ-θ 极化和 θ-φ 极化单站 RCS

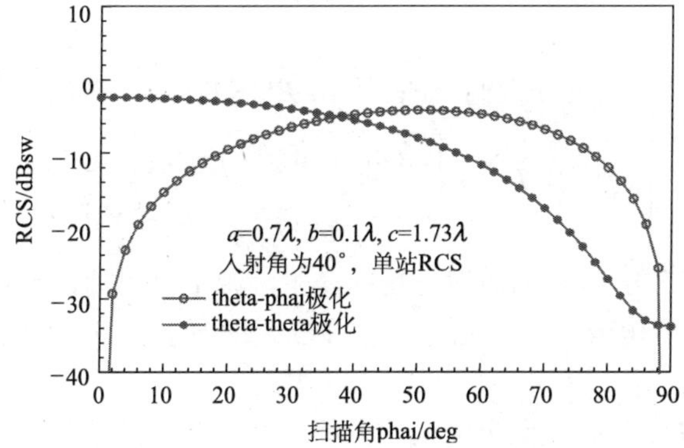

图 5-35　φ-φ 极化和 φ-θ 极化单站 RCS

5.2.2　矩量法与物理光学法

我们知道，高频方法是求解目标电磁特性的一类近似方法。高频方法由于采用局部场原理而不考虑目标部位间的电磁互耦关系，因而具有计算速度快、所需计算机存储量少的优点，被广泛用于分析各类超电大尺寸目标的电磁散射特性。但高频方法普遍存在的缺陷是：①解的精度在一定程度上受到限制，因为目标宏观上的电大尺寸与细节上的电小尺寸并存使高频方法在细节方面所贡献的精度大大降低；②当散射体数量较多、结构较复杂时，射线寻迹及遮挡判断非常麻烦，在这些情况下，往往要忽略各种高次值、反射场及爬行波，进一步导致精度下降；③一些关键散射部位的电磁互耦关系被有意忽略以降低计算量，但也带来了计算误差。因此，为节约计算资源、加速求解时间，又兼顾数值方法的精确性，很早便有人根据实际需要将高频方法与数值方法混合使用，已经较成熟的方法有 MoM-PO(Physical Optical，物理光学法)、FEM-PO、MLFMA-UTD(一致绕射理论)等。这里以大型平台上天线的辐射为例，简单介绍 MoM-PO。

物理光学的出发点是斯特拉顿-朱兰成(Stratton-Chu)散射场积分方程，并根据高频场的局部性原理，完全忽略目标各部分之间的相互影响，而仅根据入射场独立地近似确定表面感应电流。因此，PO 可以快速、有效地计算理想导体目标的表面电流。但是这种近似是有条件的，其只适用于电大尺寸、表面光滑的、局部之间耦合作用较弱的导体目标。当目标存在较多边缘、劈尖或耦合作用较强时，物理光学法计算结果将会产生很大的误差，甚至是错误的。物理光学法从其近似的原理分析，其只能较好地反映导体目标对电磁波镜面反射的效果，即物理光学法只具有对高频散射机理中镜面反射作用进行描述的能力。

采用该混合方法时，首先要对求解的区域进行分区。首先，将贡献大、必须精确求解的区域归为 MoM 区，如大平台上天线的天线、馈电端口及其他不连续区域，其余平坦、电大的部分归于 PO 区，如平台上大而平坦的中、远区。在此两个区域上，分别定义待求感应电流 $\boldsymbol{J}_S^{\text{MoM}}$ 、$\boldsymbol{J}_S^{\text{PO}}$ 。

结合 PO 方法的要求为：①在区内的单元上施加几何光学条件，即认为在不被 MoM 区直接照亮(几何上可见)的部分，感应电流为零；②忽略区内单元之间的互耦；则电流表达式变为

$$\begin{cases}\hat{n}\times[\boldsymbol{E}(\boldsymbol{J}_S^{\text{MoM}})+\boldsymbol{E}(\boldsymbol{J}_S^{\text{PO}})+\boldsymbol{E}^i]=0, & \text{EFIE}\\ \boldsymbol{J}_S^{\text{MoM}}+\boldsymbol{J}_S^{\text{PO}}=\begin{cases}2\hat{n}\times\left[\boldsymbol{H}\left(\boldsymbol{J}_S^{\text{MoM}}\right)+\boldsymbol{H}^i\right], & \text{亮}\\ 0, & \text{暗}\end{cases}\end{cases} \tag{5-60}$$

式中，第一式表明 EFIE 区表面散射电场的产生，源不仅包括该区自身的感应电流，还包括来自 PO 区的感应电流。对于天线问题，PO 区的照射源仅来源于 MoM 区，即 $\boldsymbol{H}^i$ 一般不存在。

MoM 区基于 EFIE，联立两个区域的方程，并施行基函数展开、权函数测试，便可得到以下方程组

$$\begin{bmatrix}\boldsymbol{Z}_{\text{MoM}}^{\text{MoM}} & \boldsymbol{Z}_{\text{PO}}^{\text{MoM}}\\ \boldsymbol{P}_{\text{MoM}}^{\text{PO}}-\boldsymbol{Z}_{\text{MoM}}^{\text{PO}} & \boldsymbol{P}_{\text{PO}}^{\text{PO}}\end{bmatrix}\begin{bmatrix}\boldsymbol{I}_{\text{MoM}}\\ \boldsymbol{I}_{\text{PO}}\end{bmatrix}=\begin{bmatrix}\boldsymbol{V}_{\text{MoM}}\\ \boldsymbol{V}_{\text{PO}}\end{bmatrix} \tag{5-61}$$

式中，$\boldsymbol{P}_{\text{MoM/PO}}^{\text{PO}}$ 矩阵为基权函数群之间的投影矩阵；$\boldsymbol{Z}_{\text{MoM/PO}}^{\text{MoM/PO}}$ 、$\boldsymbol{I}_{\text{MoM/PO}}$ 、$\boldsymbol{V}_{\text{MoM/PO}}$ 则分别为自/互阻抗、电流、激励矩阵。

若将 PO 区矩阵再根据亮区 (L)、暗区 (S) 划分，则式 (5-61) 可变为

$$\begin{cases}\boldsymbol{Z}_{\text{MoM}}^{\text{MoM}}\cdot\boldsymbol{I}_{\text{MoM}}+\boldsymbol{Z}_{\text{PO-L}}^{\text{MoM}}\cdot\boldsymbol{I}_{\text{PO-L}}+\boldsymbol{Z}_{\text{PO-S}}^{\text{MoM}}\cdot\boldsymbol{I}_{\text{PO-S}}=\boldsymbol{V}_{\text{MoM}}\\ \left(\begin{bmatrix}\boldsymbol{P}_{\text{MoM}}^{\text{PO-L}}\\ \boldsymbol{P}_{\text{MoM}}^{\text{PO-S}}\end{bmatrix}-\begin{bmatrix}\boldsymbol{Z}_{\text{MoM}}^{\text{PO-L}}\\ \boldsymbol{Z}_{\text{MoM}}^{\text{PO-S}}\end{bmatrix}\right)\boldsymbol{I}_{\text{MoM}}+\begin{bmatrix}\boldsymbol{P}_{\text{PO-L}}^{\text{PO-L}} & \boldsymbol{P}_{\text{PO-S}}^{\text{PO-L}}\\ \boldsymbol{P}_{\text{PO-L}}^{\text{PO-S}} & \boldsymbol{P}_{\text{PO-S}}^{\text{PO-S}}\end{bmatrix}\begin{bmatrix}\boldsymbol{I}_{\text{PO-L}}\\ \boldsymbol{I}_{\text{PO-S}}\end{bmatrix}=\boldsymbol{V}_{\text{PO}}\end{cases} \tag{5-62}$$

在 PO 的暗区，显然有 $\boldsymbol{Z}_{\text{MoM}}^{\text{PO-S}}=0$；若该区采用点匹配法，则式 (5-62) 中进一步有：$\boldsymbol{P}_{\text{MoM}}^{\text{PO-S}}=0$ ，$\boldsymbol{P}_{\text{PO-S}}^{\text{PO-L}}=0$ ，$\boldsymbol{P}_{\text{MoM}}^{\text{PO-L}}=0$ ，$\boldsymbol{P}_{\text{PO-L}}^{\text{PO-S}}=0$ 。于是，该式最终变为

$$\begin{cases}\boldsymbol{Z}_{\text{MoM}}^{\text{MoM}}\cdot\boldsymbol{I}_{\text{MoM}}+\boldsymbol{Z}_{\text{PO-L}}^{\text{MoM}}\cdot\boldsymbol{I}_{\text{PO-L}}=\boldsymbol{V}_{\text{MoM}}\\ -\boldsymbol{Z}_{\text{MoM}}^{\text{PO-L}}\cdot\boldsymbol{I}_{\text{MoM}}+\boldsymbol{P}_{\text{PO-L}}^{\text{PO-L}}\cdot\boldsymbol{I}_{\text{PO-L}}=\boldsymbol{V}_{\text{PO}}\end{cases} \tag{5-63}$$

可以通过双重迭代求得电流。如果用于天线辐射，$\boldsymbol{V}_{\text{PO}}$ 为零，则可利用直接法或迭代法求解 (5-63) 第一式得到 MoM 区电流 $\boldsymbol{J}_S^{\text{MoM}}$ ，再代入第二式，通过一次矩矢相乘便

可得到 PO 区电流 $\boldsymbol{J}_S^{\mathrm{PO}}$。若 PO 区测试采用点匹配技术，则 $\boldsymbol{P}_{\mathrm{PO\text{-}L}}^{\mathrm{PO\text{-}L}}$ 化为单位矩阵，而矩阵求逆不需要额外计算量。

我们通过两个实例来展示 MoM-PO 在平台天线问题应用的有效性及局限性。

1) 局部锥形曲面上的敌我识别天线

该模型主要对弹载或机载飞行器表面倒 L 形敌我识别天线进行仿真，如图 5-36 所示。具体参数为：h=0.025m、b=0.050m、D_1=0.36m、D_2=0.32m、H_1=0.12m、H_2=0.36m，工作频率为 1.0GHz。

除天线之外，按照单元公共边中心与馈电点距离对分别属于 MoM 区、PO 区的锥面进行划分，考查了以 0.2λ、0.8λ 为界的两种情况，所得结果还与纯矩量法 MoM 数值进行了对比，如图 5-37 所示。由图可知，以 0.2λ 距离为界的 MoM-PO 结果主瓣较 MoM 精确结果略宽，而后瓣相差较大、达 10dB 以上，将载体表面的 MoM 区扩大到 0.8λ 以上时方向图与精确值基本吻合。

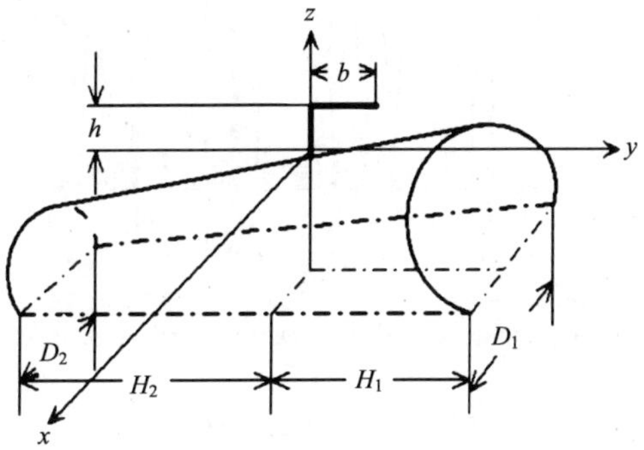

图 5-36　锥形曲面上的倒 L 天线

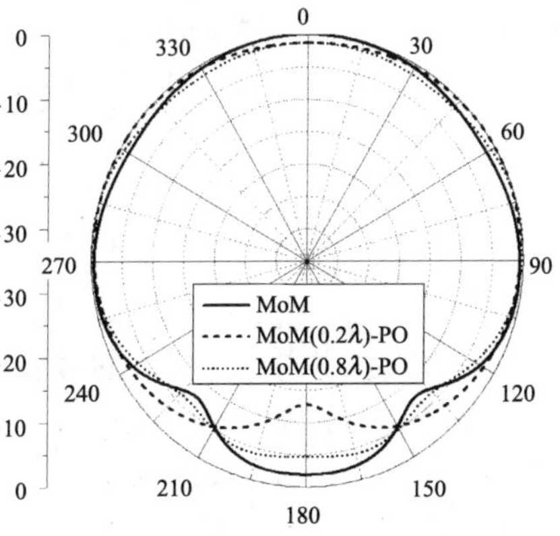

图 5-37　MoM-PO 与纯 MoM 结果的比较(dB)

2) 导电屏前方的偶极半波振子

导电屏尺寸为 5λ×3λ，位于 xOz 面，充当平板反射器的作用；偶极半波振子中心馈电，在 x=0、y=0.75λ 处沿 z 轴方向放置。此处研究了 3 种电磁模型的计算结果：①天线及反射器均归入 MoM 区，即采用纯 MoM 方法；②平板反射器归于 PO 区，而 MoM 区仅包括天线；③平板边缘 0.3λ 宽度的范围及振子归于 MoM 区，其他部分记入 PO 区。

同样考查了 φ=45° 平面内的主极化及交叉极化方向图，如图 5-38 所示。3 种模型对应的主极化方向图吻合良好，只是在后瓣有略微差异。显著的区别主要在交叉极化方面：纯 MoM 方法能够在形状及幅度上清晰准确地反映交叉极化的走势；而在反射器完全归入 PO 区的 MoM-PO 方法的结果中，该参数在−40dB 以下，完全无法体现；将反射器边缘部分归入 MoM 区后，能够得到一个对称的交叉极化电平曲线，然而其与真实值依然相差很远。

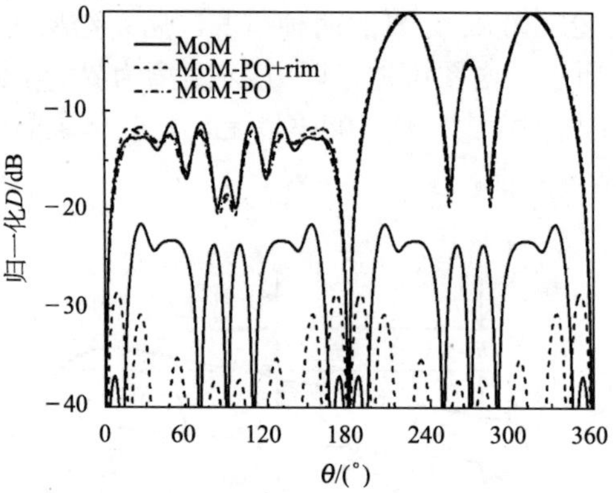

图 5-38　平板反射器天线 φ=45° 平面主极化与交叉极化

MoM-PO 是一种对开、闭域载体均适用的高效混合方法。在电大、平滑载体的情况下，能准确地预估天线的输入阻抗、主极化波束的最大指向及 3dB 宽度，然而在旁瓣、后瓣、交叉极化等参数方面则可能存在一定的误差。这些误差一般是由于无法计及边缘绕射、忽略了平台中/远端内部单元的互耦，因几何光学条件的引入而导致部分平台被归入“绝对暗区”造成的；在中小尺寸载体下，即使主瓣也往往不能得到正确结果，除非平台的大部分都归于 MoM 区。

5.3　加速计算手段

自 20 世纪 90 年代至今，计算机技术得到了极大的发展，同时各类电磁数值算法也得到了广泛而深入的研究，使得复杂电磁场问题的求解成为可能。但是随着电磁场与微波技术的不断发展，电磁波的频率越来越高，研究对象的电尺寸也随之增加，因此一些学者围绕电大尺寸物体的电磁散射特性的分析展开了研究，随之涌现了一些快速算法。但这些快速算法仍远远不能满足工程需求，因此将快速算法与并行技术结合起来成为求解电大尺寸问题的有效途径。

并行计算，也称为高性能计算，则是从计算机技术出发，通过增加硬件设施等计算资源，把待求解的问题在多个处理器上并行求解。目前，并行计算机的主流是集群系统(Cluster)。自 20 世纪 90 年代中期以来，随着个人计算机(PC)的普及，高性价比、高性能的集群系统得到了广泛使用。

而并行程序的实现有基于 OpenMP 的数据共享的方式，也有基于 MPI(Message Passing Interface)通信的方式。OpenMP 通过数据共享来实现进程间数据的交换，具有以下优势：①小规模系统的价格比大数目处理器的多处理机便宜很多；②代码更简单，更易开发和维护。目前有些并行系统的编译器提供了通过 OpenMP 的自动并行功能，但只适用于共享存储的并行机器，可移植性差。MPI 适合于在多机环境中应用，更易于对存储层次进行控制。我们可以将两种并行方式结合使用，实现优势互补，既保持了很高的并行效率，又具有容易移植、扩充性强的优点。既能有效地利用系统资源，如降低内存、带宽，减少传输延迟等，又减少了节点内部额外的 MPI 通信；且 OpenMP 使算法有了更好的动态负载平衡。

近年来，一种新的并行处理系统开始引起人们的关注，即图形处理单元(Graphics Processing Unit, GPU)。GPU 原本是显卡上专用于图形处理的芯片，为了实时处理大量的多边形，GPU 内部集成了数百个并行处理器，其计算效率比 CPU 高得多。因此，不少学者开始将 GPU 应用于通用计算，取得了很好的效果。实现了有限元求解，流体偏微分方程求解，快速傅里叶变换甚至小波变换等。电子科技大学的聂在平教授领导的课题组首次将 GPU 应用到加速求解积分方程方面。目前已经实现了用 GPU 加速矩量法(MoM)计算，加速率达到了 30 倍。

课 程 设 计

选作以下任意题目，完成课程设计报告。

报告内容主要包括：

(1) 算法原理分析；

(2) 题目分析，即该电磁场边值问题的求解公式；

(3) 离散化场域，给出网格划分的详细图示及文字说明；

(4) 程序框图；

(5) 编程计算；

(6) 按题目要求图示结果，并讨论；

(7) 研究网格粗细对结果的影响；

(8) 按学术论文格式写出综合设计报告。

1. 求课程设计图1所示传输线主模(TEM 模，$E_z=0$，$H_z=0$)的横截面电磁场分布及特性阻抗。设 $a=2\text{mm}$，$b=5\text{mm}$，导体轴电位为 1，外边界电位为 0。

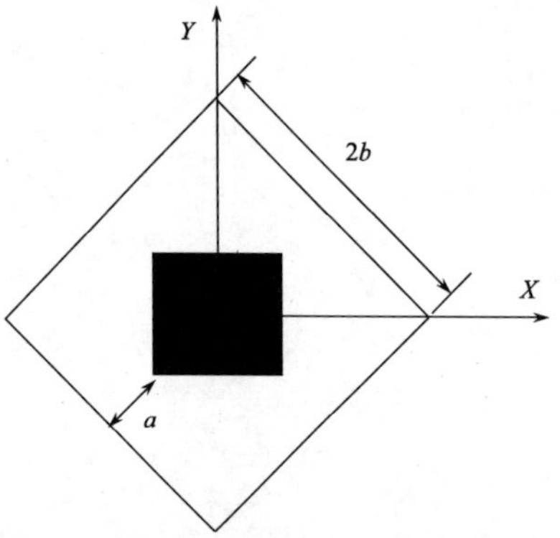

课程设计图 1　方同轴线

注：可以选用有限差分法(FDM)或有限元法(FEM)计算。

2. 用有限差分法求课程设计图2所示单脊金属加载矩形波导的基模场分布与截止频率。设 $a=10.16\text{mm}$，$b=5.588\text{mm}$，$c=3.048\text{mm}$，$d=5.08\text{mm}$，导体轴电位为1，外边界电位为0。

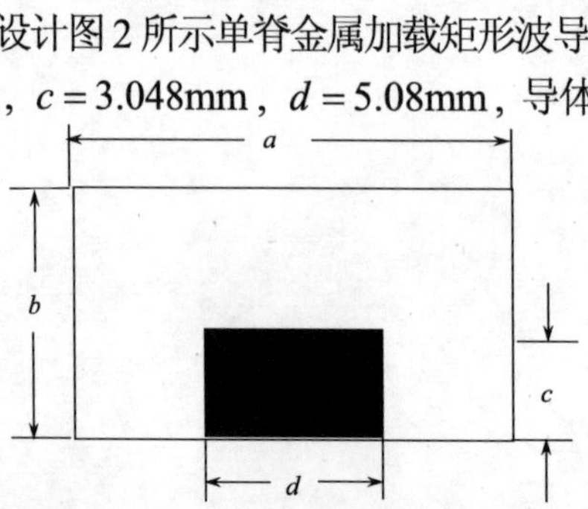

课程设计图 2　单脊金属加载矩形波导

注：可以选用有限差分法(FDM)或有限元法(FEM)计算。

3. 在课程设计题 2 中，将金属加载部分改为介质加载，$\varepsilon_r = 8$，结果会怎样？

4. 如课程设计图 3 所示的两个圆形导电轴，导电轴半径 $a = 2\text{mm}$，两导电轴中心间距 $b = 5\text{mm}$。假设导电轴的电位为 1。计算空间电场分布及导体间的电容值。

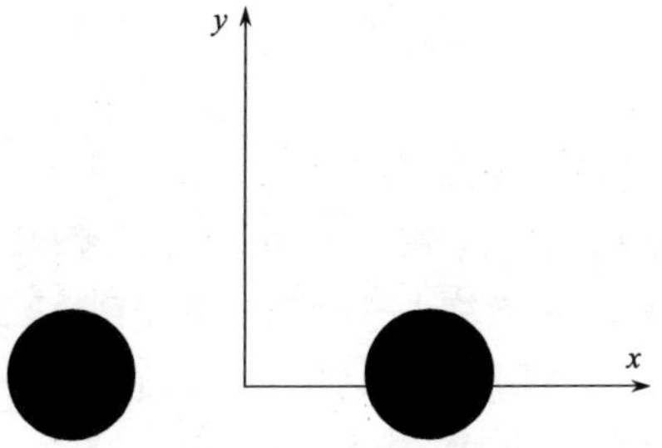

课程设计图 3　平行圆轴示意图

注：用矩量法计算。

5. 线天线的 Pocklington 方程计算，如课程设计图 4 所示。

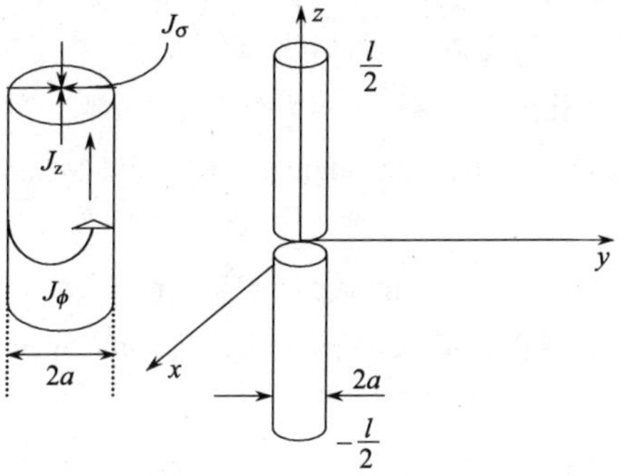

课程设计图 4　细直天线示意图

注：用矩量法计算。

6. 偶极子天线馈以高斯脉冲如课程设计图 5 所示，仿真其在自由空间的场分布。

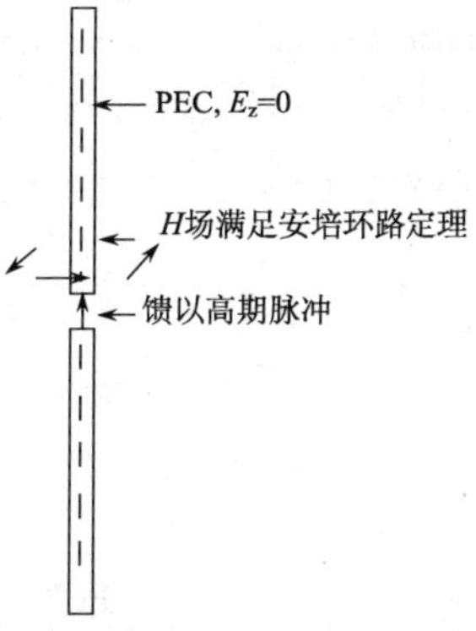

课程设计图 5　偶极子天线示意图

注：用时域有限差分法计算。

参考文献

陈嘉玉. 1993. 电磁场数值方法. 成都：电子科技大学.

葛德彪，闫玉波. 2005. 时域有限差分法. 西安：西安电子科技大学出版社.

胡俊. 2000. 复杂目标矢量电磁散射的高效算法——快速多极子算法及其应用. 成都：电子科技大学.

金建铭. 1998. 电磁场有限元方法. 王建国，译. 西安：西安电子科技大学出版社.

吕英华. 2006. 计算电磁学的数值方法. 北京：清华大学出版社.

麻连凤. 2011. 积分方程求解复杂目标电磁散射问题的关键技术研究. 成都：电子科技大学.

秦毅. 2003. 腔体和含腔目标电磁散射与耦合的有限元方法研究. 成都：电子科技大学.

王秉中. 2002. 计算电磁学. 北京：科学出版社.

王晓峰. 2006. 三维目标电磁散射的自适应积分方法研究. 成都：电子科技大学.

周永祖. 1992. 非均匀介质中的场与波.聂在平，柳清伙，译. 北京：电子工业出版社.

宗显政. 2008. 平台与天线的一体化电磁建模及工程实践研究. 成都：电子科技大学.

Andronov I V, Molinet F, Bouché D. 2005. Asymptotic and Hybrid Methods in Electromagnetic. London: Institution of Electrical Engineers.

Balanis C A. 2012. Advanced Engineering Electromagnetic.New York: John Wiley & Sons,Inc.

Bondeson A, Rylander T, Ingelström P. 2005. Computational Electromagnetic. New York: Springer Science Business Media, Inc.

Chew W C, Jin J M, Michielssen E, et al. 2001. Fast and Efficient Algorithms in Computational Electromagnetics. Boston: Artech House .

Claycomb J R. 2010. Applied Electromagnetics Using QuickField and MATLAB. Sudbury: Jones & Bartlett Publishers.

Garg R. 2008. Analytical and Computational Methods in Electromagnetic. Boston: Artech House.

Gibson W C. 2008. The Method of Moment in Electromagnetics. London: Taylor & Francis Group.

Jin J M. 2010. Theory and Computation of Electromagnetic Fields. New York: John Wiley & Sons, Inc.

Krawczyk A, Wiak S, Dolezel I. 2008. Advanced Computer Techniques in Applied Electromagnetic.Oxford: IOS Press.

Miller E K, Medgyesi-Mitschang L N, Newman E H. 1992. Computational Electromagnetics: Frequency-domain Method of Moments. New York: IEEE Press.

Sadiku M N O. 2009. Numerical Techniques in Electromagnetics with MATLAB. London: Taylor & Francis Group.

Sullivan D M. 2000. Electromagnetic Simulation Using The FDTD Method. London: Institute of Electrical and Electronics Engineers.

Taflove A, Hagness S C. 2005. Computational Electrodynamics: The Finite-difference Time-domain Method. Boston: Artech House.

Volakis J L, Chatterjee A, Kempel L C. 1998. Finite Element Method for Electromagnetics: Antennas, Microwave Circuits, and Scattering Applications. Oxford: Oxford University Press.

Volakis J L. 2006. Frequency Domain Hybrid Finite Element Methods for Electromagnetic. San Rafael: Morgan & Claypool Publishers.

Warnick K F. 2011. Numerical Methods for Engineering: An Introduction Using MATLAB and Computational Electromagnetics Examples. Raleigh: SciTech Publishers.

Yu W H. 2011. Advanced FDTD Methods: Parallelization, Acceleration, and Engineering Applications. Boston: Artech House.

附录　程序示例(MATLAB)

1. 本程序用FDM求解矩形电容(45°斜分介质)的电位分布

```
clear;clc;
% 常量赋值
M=input('单边节点数:');
N=M;
count=input('最大迭代次数:');
tol=10e-5;  % 迭代误差
V0=10;      % 上侧电位
V1=0;       % 下侧电位
R=2;        % 介质参数比

factor=2/(1+sin(pi/(N-1))) % 超松弛因子

% 初始化场量
U=zeros(M,N);
% 上侧
for j=1:N;  % 槽上侧不包括角点。i向下是增加(从左上角开始,i行,j列)
   U(1,j)=V0;
end;
% 下侧
for j=2:N-1;  % 槽下侧不包括角点
   U(M,j)=V1;
end;
% 中间
for i=2:M-1
   for j=2:N-1
   U(i,j)=V0-(V0-V1)*(i-1)/(M-1);
   end
end

% 迭代
k=0;
while k<count
   err=0;
   for i=2:M-1;     %行循环
```

```
        for j=1:N    %列循环
            temp=U(i,j);
            if j==1
                RES=1/4*(U(i+1,j)+2*U(i,j+1)+U(i-1,j))-U(i,j);
            else if  j==N
                RES=1/4*(U(i+1,j)+2*U(i,j-1)+U(i-1,j))-U(i,j);
            else if j==i  %对角线
                 RES=1/2/(1+R)*(U(i+1,j)+U(i,j+1)+R*(U(i-1,j)+U(i,j-1)))-U(i,j);
            else
                 RES=1/4*(U(i+1,j)+U(i,j+1)+U(i-1,j)+U(i,j-1))-U(i,j);
            end
         end
       end
            U(i,j)=U(i,j)+factor*RES;
            err=err+abs(temp-U(i,j));
        end
    end
    k=k+1;
    if(err<tol)
        break;
    end
end
contour(U,10)
```

2. 本程序用 FDTD 求一维情况下，高斯脉冲在自由空间中传播碰到 PEC 边界的情况

```
clear;clc;
% 定义物理常数
eps0=8.8541878e-12;       % 真空中的介电常数
mu0=4e-7 * pi;            %真空中的磁导率
c0=299792458;             %真空中的光速

% 网格信息
D=1;                      % 仿真区长度
Nx=100;                   % 单元数
Dx=D/Nx ;                 % 单元步长
x=0:Dx:D;
Nt=200;                   % 时间步数
Dt=Dx/c0;                 % 时间步长

%源信息
```

```
t0=20.0;                    % 入射脉冲中心
spread=6.0;                 % 入射脉冲宽度

% 为场赋初值
Ex = zeros(Nx+1,1);
Hy = zeros(Nx,1);

% 时间循环
for T = 1:Nt;
    % 源处的场
    pulse=exp(-((T-t0)/spread)^2);
    Ex(1)=pulse;

    % 更新电场值
    Ex(2:Nx-1)= Ex(2:Nx-1)-(Dt /eps0)*(diff(Hy(1:Nx-1))/Dx);

    % 反射面处的场
    Ex(Nx)=0;

    % 更新磁场值
    Hy = Hy -(Dt/mu0)*(diff(Ex,1,1)/Dx);

    %作图
     plot(x,Ex);
     ylim([-1.5 1.5]);
     xlabel('x');
     ylabel('Ex');
     drawnow
end
```

3. 本程序用 FDTD 求解矩形腔谐振频率

```
clear;clc;
% 常数赋值
eps0 = 8.8541878e-12;                   % 真空中的介电常数
mu0 = 4e-7 * pi;                        % 真空中的磁导率
c0 = 299792458;                         % 真空中的光速

% 参数初始化
Lx = 0.05; Ly = 0.04; Lz = 0.03;        % 腔尺寸(米)
Nx = 25; Ny = 20; Nz = 15;              % 每边网格数
Cx = Nx / Lx;                           % 网格长度的倒数
```

```
Cy = Ny / Ly;
Cz = Nz / Lz;
Nt = 8192;                          % 时间步数
Dt = 1/(c0*norm([Cx Cy Cz]));       % 时间步长
% 矩阵初始化
Ex = zeros(Nx , Ny+1, Nz+1);
Ey = zeros(Nx+1, Ny , Nz+1);
Ez = zeros(Nx+1, Ny+1, Nz );
Hx = zeros(Nx+1, Ny , Nz );
Hy = zeros(Nx , Ny+1, Nz );
Hz = zeros(Nx , Ny , Nz+1);

% 时间信号
Et = zeros(Nt,3);
% 初始化场，选为某点的脉冲
Ex(5,3,12)= 1;
Ey(5,3,12)= 1;
Ez(5,3,12)= 1;

sumx=zeros(1,901);
sumy=zeros(1,901);
sumz=zeros(1,901);
fre=1:0.01:10;
fre=fre*10^9;

for n = 1:Nt;
    % 更新各点处的H值
    Hx = Hx +(Dt/mu0)*(diff(Ey,1,3)*Cz - diff(Ez,1,2)*Cy);
    Hy = Hy +(Dt/mu0)*(diff(Ez,1,1)*Cx - diff(Ex,1,3)*Cz);
    Hz = Hz +(Dt/mu0)*(diff(Ex,1,2)*Cy - diff(Ey,1,1)*Cx);
    % 更新除边界外的E值
    Ex(:,2:Ny,2:Nz)= Ex(:,2:Ny,2:Nz)+(Dt
/eps0)*(diff(Hz(:,:,2:Nz),1,2)*Cy - diff(Hy(:,2:Ny,:),1,3)*Cz);
    Ey(2:Nx,:,2:Nz)= Ey(2:Nx,:,2:Nz)+(Dt
/eps0)*(diff(Hx(2:Nx,:,:),1,3)*Cz - diff(Hz(:,:,2:Nz),1,1)*Cx);
    Ez(2:Nx,2:Ny,:)= Ez(2:Nx,2:Ny,:)+(Dt
/eps0)*(diff(Hy(:,2:Ny,:),1,1)*Cx - diff(Hx(2:Nx,:,:),1,2)*Cy);
% 选择某点的傅里叶变换
  sumx=sumx+Ex(11,7,10)*exp(-i*fre*2*pi*n*Dt);
  sumy=sumy+Ey(11,7,10)*exp(-i*fre*2*pi*n*Dt);
  sumz=sumz+Ez(11,7,10)*exp(-i*fre*2*pi*n*Dt);
end
```

```
E_f = sqrt(abs(sumx).^2+abs(sumy).^2+abs(sumz).^2);

plot(fre,E_f);
```

4. 本程序用标量 FEM 计算方同轴线间电位分布

```
function main
clc;clear;
% 常数赋值
eps0=8.854e-12;                    % 真空中的介电常数
U=1;                               % 内外导体间电压差

% 读入从ANSYS中导出的数据文件
no2xy=load('node.dat');            % 每个点的xy坐标
el2no=load('elem.dat');            % 每个单元的三个顶点编号
noIn=load('noIn.dat');             % 内边界节点编号
noEx=load('noEx.dat');             % 外边界节点编号

noNum=size(no2xy,1);               % 节点数
elNum=size(el2no,1);               % 单元数

K=zeros(noNum);
P=zeros(noNum,1);

% 计算总体系数矩阵K
for elIdx=1:elNum
    no=el2no(elIdx,:);
    xy=no2xy(no,:);                % 得到每个三角形三点的xy坐标
    K_el=CmpElMtx(xy);
    K(no,no)=K(no,no)+K_el;
end

% 处理强加边界条件
no_known=union(noIn,noEx);         % 已知电位量总编号，去掉重复的，并按升序排列
no_all=1:noNum;                    % 所有节点编号
no_ess=setdiff(no_all,no_known);   % 未知电位量节点编号，按升序排列存到no_ess中
K_right=K(no_ess,no_known);        % 已知电位量前的系数
K_ess=K(no_ess,no_ess);            % 剩下要求解的未知量前的系数
P=P(no_ess);
phi=zeros(length(no_all),1);       % 所有节点phi
phi(noIn)=U*ones(length(noIn),1);  % 为内边界节点电位赋值
phi_known=phi(no_known);           % 已知节点电位
```

```
% 直接求解有限元方程
phi_ess=K_ess\(P-K_right*phi_known);

%作图
phi=zeros(length(no_all),1);
phi(no_known)=phi_known;
phi(no_ess)=phi_ess;
trisurf(el2no,no2xy(:,1),no2xy(:,2),phi,'FaceColor','interp');

% 子程序，计算每个单元的系数矩阵
function Ke=CmpElMtx(xy)% xy为该三角形单元每个节点的坐标

% 三角形的三边矢量
s1=xy(3,:)-xy(2,:);
s2=xy(1,:)-xy(3,:);
s3=xy(2,:)-xy(1,:);

Atot=0.5*(s2(1)*s3(2)-s2(2)*s3(1)); % 计算三角形单元总面积，矢量叉乘
% 检查三角形面积是否为负
if(Atot<0)
   error('The nodes of the element given in wrong order')
end

% 计算中间矩阵(形函数转变来的)Se
Se1=[-s1(2);s1(1)];
Se2=[-s2(2);s2(1)];
Se3=[-s3(2);s3(1)];
Se=[Se1 Se2 Se3];

% 计算该三角形单元的矩阵系数
for i=1:3
   for j=1:3
      Ke(i,j)=Se(:,i)'*Se(:,j)/(4*Atot);
   end
end
```

5. 本程序用 MoM-EFIE 求解无限长圆柱散射

```
clc;clear;
% 常数赋值
Z=120*pi;                                  % 真空中的波阻抗
wavelength=1;                              % 波长
k=2*pi/wavelength;                         % 波数
```

```
EULER=1.781072418;                                    % 欧拉常数

amplitude=1;                                          % 电场振幅
a=wavelength;                                         % 圆柱半径=波长
anglemin=pi/90;                                       % 最小离散角度步长
count=2*pi/anglemin;                                  % 选配点数

circlelength=a*anglemin;                              % 弧长

% 坐标定位(角度)
anglevalue=0;                                         %  角度初值
for i=1:count;
   anglevalue=anglevalue+anglemin;                    %  角度递增
   point(i)=anglevalue;                               %  角度赋值
end;

% 计算阻抗矩阵l_mn
for m=1:count     % 场点循环
   for n=1:count  % 源点循环
      if(m==n)% 奇异点处理
      l_mn(m,n)=(1-(2*j/pi)*(log(EULER*k*circlelength/(4))-1))*circlele
      ngth*(k*Z/4);
      else
         fieldpoint=point(m);                         % 场点
         currentpoint=point(n);                       % 源点
         kR=2*k*a*abs(sin((currentpoint-fieldpoint)/2));
         Hankl2=besselj(0,kR)-j*bessely(0,kR);
         l_mn(m,n)=(circlelength*k*Z/4)*Hankl2; % 调用积分函数求解阻抗矩阵l_mn
      end
   end
end

% 计算激励矩阵g_m
for i=1:count;
   g_m(i)=amplitude*exp(-j*k*a*cos(point(i)));       % 往x方向传播的TM波
end;

% 求解电流分布
currentresult=l_mn\g_m.';                             % 矩阵除法

% RCS求解
ii=0;                                                 %  矩阵下标
```

```
for si=-pi:pi/180:pi;                                % 散射角
    ii=ii+1;
    sum=0;                                           % 求和初值
    for seg=1:count;
      sum=sum+currentresult(seg,1)*circlelength*exp( j*k*( a*cos(point
(seg))*cos(si)+a*sin(point(seg))*sin(si)));
    end
    rcs(ii)=abs(sum).^2*k*Z^2/4;                     % RCS计算
end;

rcs=10*log10(rcs*k/(2*pi));                          % 归一化RCS

% 图形显示
figure(1)
plot([0:1:360],rcs(1:361),'black','LineWidth',2);
xlabel('Scattered angle(/^{。})');                    % y坐标轴
ylabel('Bistatic RCS(dB)');                          % x坐标轴
title('RCS of Cylinder With Diameter of Double Wavelengths');  % 图题
```

6. 本程序用 MoM 实现海伦积分方程求解对称天线的电流分布

```
clear;clc;

% 常数赋值
range=1/4;                                   %求解的天线归一化长度
point=3;                                     %选取三个待定系数
wave_length=1;                               %波长
measurement=7.022*1e-3;                      %物体电尺寸
v0=1;                                        %电压常数

k=(2*pi)/wave_length;                        %波数
a=measurement*wave_length;                   %导体半径
l=range*wave_length;                         %天线长度
step=l/(point-1);                            %点匹配间距

i_point=1:point;                             %匹配点赋值
matrix_match(i_point)=step*(i_point-1);

z=linspace(-1,1,100);                        %积分离散

% 求阻抗矩阵
```

```
    for i_point=1:point;
      r=((matrix_ match(i_point)-z).^2 + a^2).^(1/2);   %场源距离
      g=exp(-j*k*r)./r;                                   %格林函数
      A(i_point)=trapz(z,cos(k*z).*g);                    %积分求阻抗矩阵第一列元素
      B(i_point)=trapz(z,sin(2*k*abs(z)).*g);             %积分求阻抗矩阵第二列元素
      C(i_point)=cos(k*matrix_ match(i_point));           %求阻抗矩阵第三列元素
    end

    % 组合得到阻抗矩阵
    impedance_matrix=[A.',B.',C.'];

    % 电压矩阵确定
    for i_point=1:point;
       voltage_matrix(i_point)=(-j*v0/60)*sin(k*abs(matrix_
match(i_point)));
    end

    % 求解得到待定系数;
    current=impedance_matrix\voltage_matrix';

    % 绘制电流图
    z_distribute=linspace(0,l,100);
    current_function=current(1,1)*sin(k*(l-abs(z_distribute)))+...
                   current(2,1)*sin(2*k*(l-abs(z_distribute))); %离散化电流分布
    current_re=real(current_function);                          %电流实部
    current_im=imag(current_function);                          %电流虚部
    plot(current_re,z_distribute,'r','LineWidth',2);
    hold on;
    plot(current_im,z_distribute,'--black','LineWidth',2);
    xlabel('current distribution(V)');
    ylabel('unitary distance(wavelength)');
    title('antenna current distribution plot');
    legend('real current','imag current',2);
```